建筑构造与识图

主 编 申 琳
副主编 李萍萍 王雪妮
马 琳 闫 龙
主 审 张 迪

U0308927

北京理工大学出版社
BEIJING INSTITUTE OF TECHNOLOGY PRESS

内 容 提 要

本书按照高等职业教育土建施工类专业的教学要求，以现行国家标准、规范为依据，根据编者多年工作经验和教学实践编写而成；全书共 11 个模块，主要内容包括民用建筑构造认知、基础和地下室、墙体、楼地层、楼梯与电梯、屋顶、门窗、装配式建筑、节能及绿色建筑、工业建筑概论、建筑施工图等。本书以土建施工员、助理造价工程师、二级建造师等职业岗位能力培养为导向，内容丰富、通俗易懂、叙述规范、简练，图文并茂。

本书可作为高等职业教育土建类相近专业（如建筑施工、建筑监理、建筑装饰工程技术以及建筑设备类各专业）的教学用书，也可作为建筑类各种培训的教学用书。

图书在版编目（CIP）数据

建筑构造与识图 / 申琳主编 . -- 北京：北京理工
大学出版社，2025.1.
ISBN 978-7-5763-4775-3

Ⅰ. TU204；TU204.21

中国国家版本馆 CIP 数据核字第 2025JJ9224 号

责任编辑：江 立 　　　　文案编辑：江 立
责任校对：周瑞红 　　　　责任印制：王美丽

出版发行 / 北京理工大学出版社有限责任公司
社　　址 / 北京市丰台区四合庄路 6 号
邮　　编 / 100070
电　　话 / （010）68914026（教材售后服务热线）
　　　　　　　（010）63726648（课件资源服务热线）
网　　址 / http://www.bitpress.com.cn
版 印 次 / 2025 年 1 月第 1 版第 1 次印刷
印　　刷 / 天津旭非印刷有限公司
开　　本 / 787 mm×1092 mm　1/16
印　　张 / 18
字　　数 / 436 千字
定　　价 / 89.00 元

前言

党的二十大报告指出："统筹职业教育、高等教育、继续教育协同创新，推进职普融通、产教融合、科教融汇，优化职业教育类型定位。"本书以落实立德树人为根本任务，对接专业标准、课程标准、"1＋X"职业技能等级标准，结合现行国家规范、标准，对建筑构造的基本原理和方法进行了较为全面、系统的阐述。

"建筑构造与识图"是高等院校土建类专业的主干课程之一，也是一门实践性和综合性较强的课程。本课程既要运用现代多媒体等教学手段，增强学生的感性认识，以便学生能够更好地掌握理论知识，又必须增加实习、参观等实践性教学环节，认真完成各项作业，通过必要的课程实训，帮助学生系统地掌握所学知识，培养学生的综合应用能力。其主要任务是根据建筑物的使用功能、艺术造型、经济的构造方案，阐述工业与民用建筑中房屋各组成部分的构造原理、构造方法。通过这门课程的学习，学生能够了解民用建筑中的工程术语，熟悉常见建筑的构造特点，具备建筑工程图的识读能力和简单图样的绘制能力。

本书在编写过程中，根据课程的特点和要求，注意总结教学和实际应用中的经验，遵循教学规律。本书以职业活动为向导，以模块化教学为载体，训练学生的施工图识读能力和绘制能力，实现理论与实践一体化的教学，紧紧围绕以"学"为中心，优化内容体系，贯彻以必需、够用为度的原则。

本书由杨凌职业技术学院申琳担任主编，由杨凌职业技术学院李萍萍、王雪妮、马琳、闫龙担任副主编。编写分工如下：模块1、模块6、模块11由申琳编写；模块2、模块5由马琳编写；模块3、模块4由李萍萍编写；模块7、模块10王雪妮编写；模块8、模块9由闫龙编写。全书由咸阳职业技术学院张迪主审。

本书在编写过程中参考了建筑构造方面的一些书籍和资料，本书配套视频主要由广州中望龙腾软件股份有限公司提供，在此谨向相关作者及广州中望龙腾软件股份有限公司表示衷心的感谢。

由于编者水平有限，书中难免存在疏漏之处，恳请广大读者批评指正。

编　者

目录

模块 1　民用建筑构造认知

知识目标

1. 了解建筑物的构造组成及影响建筑构造的因素。
2. 熟悉建筑的分类、等级划分和建筑模数的概念。
3. 掌握几种尺寸的关系。
4. 掌握变形缝的类型与构造要求。
5. 掌握建筑物定位轴线的编号方法。

能力目标

1. 能够描述建筑物与构筑物的区别。
2. 能够描述建筑构造组成内容及各部分功能。
3. 能够根据建筑的分类标准准确划分建筑类别。
4. 具有应用建筑模数协调原则的能力。
5. 能够识读变形缝施工图。
6. 能够正确识读定位轴线。

素养目标

1. 以建筑构造组成为内容，增强学生的协作意识和集体观念。
2. 通过案例讲解建筑设计使用年限的意义，增强学生提高工程质量意识及塑造学生的诚信意识。

1.1　民用建筑构造组成及影响因素

1.1.1　建筑的含义

通常认为建筑是建筑物和构筑物的总称。建筑本质上是人工创造的空间环境，是人们劳动创造的物质财富。其中，供人们直接在其中生产、生活和进行各种社会活动的房屋或场所叫作建筑物，如住宅、教学楼、办公楼等，人们习惯上也将建筑物称为建筑。而人们不直接在其中生产、生活的建筑，称为构筑物，如水塔、支架、烟囱等。

建筑具有双重价值：一是它的实用价值，属于社会的物质产品；二是它的审美价值，反映了特定的历史时期社会的思想意识，同时，建筑也是具备艺术性的精神产品。

1.1.2 建筑构造研究的对象和任务

建筑构造是一门研究建筑物的构成，以及各组成部分的组合原理和构造方法的学科，是建筑设计不可分割的一部分。建筑构造具有很强的实践性和综合性，在内容上是对实践经验的高度概括，并且涉及建筑材料、建筑力学、建筑结构、建筑施工及建筑经济等方面的知识。因此，建筑构造的主要任务是根据建筑物的使用功能、技术经济和艺术造型要求，提供合理的构造方案，以作为建筑设计中综合解决技术问题及进行施工图设计、绘制大样图的依据和保证。

剖开一座建筑物，会发现它是由许多部分构成的，而这些构成部分在建筑工程上被称为构件或配件。因此，建筑构造原理就是综合多方面的技术知识，根据多种客观因素，以选材、选型、工艺、安装为依据，研究各种构、配件的合理性（包括适用、安全、经济、美观），以及能更有效地满足建筑使用功能的实践应用。

构造方法是在理论指导下，如何运用各种材料有机地组成各种构、配件，以及使构、配件之间牢固结合的具体办法。

1.1.3 民用建筑的构造组成

一幢民用建筑通常由基础、墙体和柱、楼地层、屋顶、楼梯和电梯、门窗等几大部分组成，这些构件位于不同的部位，发挥着各自不同的作用。除上述主要组成部分外，还有阳台、雨篷、台阶、散水等一些附属的构、配件，称为建筑的次要组成部分，如图1-1和图1-2所示。

1. 基础

基础位于建筑物的最下部，埋于室外设计地坪以下，是建筑物最下部的承重构件。其作用是承受建筑物的全部载荷，并将这部分载荷连同基础自重一起传递给下部的地基。因此，基础必须具有足够的强度、刚度及稳定性，并能经受冰冻、地下水及所含化学物质等各种

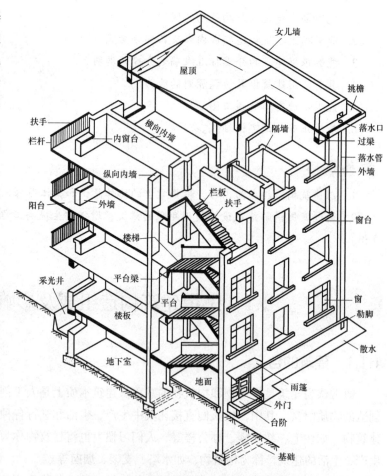

图1-1 民用建筑的构造组成（墙体承重结构）

有害因素的侵蚀。同时，由于基础埋于地下，维修不方便，所以要求基础应具有一定的耐久性，不能早于上部建筑发生破坏。

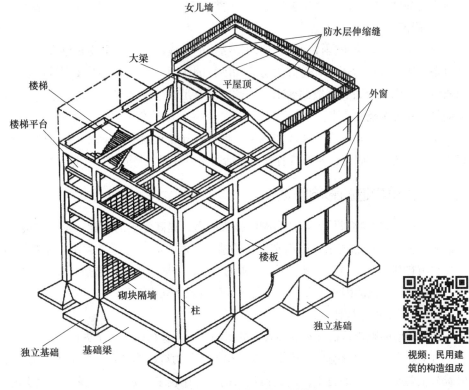

视频：民用建筑的构造组成

图1-2 民用建筑的构造组成（骨架承重结构）

2. 墙体和柱

墙体和柱是建筑物的竖向承重构件和围护构件。当墙作为竖向承重构件时，墙体具有承重、围护和水平分隔的作用，承受着屋顶或楼板传来的载荷，并将这些载荷传递给基础。外墙用以抵御自然界各种因素对室内的侵袭，内墙用作房间的分隔、隔声。在框架或排架结构的建筑物中，柱起着竖向承重的作用，墙体只具有围护和分隔作用。因此，要求墙体具有足够的强度、稳定性，并具备保温、隔热、隔声、防火、防水等能力。

3. 楼地层

楼地层包括楼板层和地坪层。楼板层是建筑中的水平承重构件，直接承受着家具、设备、人的载荷，并将这些载荷连同自重传递给墙体或柱；同时，楼板层对墙或柱具有水平支撑作用；另外，楼板层还具有在竖向划分建筑内部空间的功能。因此，楼板层必须具有足够的强度和刚度，还应具备防水、防火、隔声的性能。地坪层是建筑物底层房间与下部土层相接触的部分，它承受着底层房间的地面载荷。要求地坪层具有耐磨、防潮、防水、保温等性能。

4. 屋顶

屋顶是建筑物顶部的承重构件和围护构件，可以抵抗自然界的风、霜、雪、雨等的侵蚀和太阳辐射的影响，同时承受作用在屋顶上的风、雪载荷及施工、检修等载荷，并将这些载荷连同自重传递给卜部的墙或柱。因此，要求屋顶具有足够的强度、刚度，还要求满足保温、隔热、防水等性能。

5. 楼梯

楼梯是建筑中联系上下各层的垂直交通设施，供人们上下楼层和紧急疏散之用。因此，要求楼梯具有足够的通行能力和承载能力，还要求其满足坚固、防火、耐磨、防滑等要求。

6. 门窗

门窗均属于非承重构件，是房屋围护结构的组成部分。门主要是供人们内外交通及搬运家具设备之用，同时，还兼具有分隔房间和围护的作用。由于门是人及家具设备进出建筑和房间的通道，要满足交通和疏散的要求，因此门应有足够的宽度和高度，其数量、位置和开启方式也应符合有关规范的要求。

窗的主要作用是采光、通风和眺望，也具有分隔和围护的作用，在建筑的立面处理中占有相当重要的地位。因此，要求具有开关灵活，密封性好，坚固耐久，以及防火、防水等性能。

1.1.4 建筑构造的影响因素

为了提高建筑物对外界各种影响的抵御能力，提高建筑的质量，延长建筑的使用寿命，更好地满足使用功能的要求，因而在进行构造设计时，必须充分考虑影响建筑构造的各种因素，尽量利用有利因素，避免或减轻不利因素的影响，采取相应的构造措施和构造方案。

影响建筑构造的因素很多，归纳起来大致有以下几个方面。

1. 外界环境的影响

外界环境的影响是指自然界和人为的影响，主要包括以下三个方面。

（1）外力作用的影响。直接作用在结构上的外力统称为载荷。载荷可分为恒载荷和活载荷。恒载荷主要是指建筑的自重；活载荷包括的内容比较多，如人体、家具、风雪的质量。这些载荷的大小和性质是结构设计的主要依据，也是进行建筑物结构选型、材料使用及构造设计的重要依据。

（2）自然条件的影响。我国幅员辽阔，各地区地理位置及环境不同，气候条件相差悬殊。太阳的辐射热，自然界的风、雨、雪、霜、地下水等，构成了影响建筑物使用功能及建筑构件和配件使用质量的因素。因此，在进行构造设计时，必须掌握建筑物所在地的自然气候条件及其对建筑物的影响性质和程度，对建筑物相应的构件采取必要的防范措施，如防水、防潮、隔热、保温、设变形缝、设隔蒸汽层等，以保证建筑物的正常使用。

（3）各种人为因素的影响。人们在建筑物内部从事的生产和生活活动往往也会对建筑物产生影响，如火灾、爆炸、机械振动、化学腐蚀、噪声等属于人为因素的影响。在构造上应采取相应的防火、防爆、防振、防腐、隔声等措施，避免和减少不利因素对建筑物造成的损害。

2. 技术条件的影响

随着科学技术的发展，各种新材料、新技术、新工艺不断涌现，建筑构造也要以构造原理为基础，在原有的、标准的、典型的构造方法的基础上，不断研究或创新，设计出更先进、更合理的构造方案。

3. 经济条件的影响

根据经济条件进行建筑构造设计是建筑设计的基本原则。在进行构造设计时，应综合地、全面地考虑经济问题，在确保建筑功能、工程质量的前提下，降低工程造价；同时，对不同等级和质量标准的建筑物，在经济问题上的考虑应区别对待，既要避免出现忽视标准和盲目追求豪华而带来的浪费，又要杜绝片面讲究节约所造成的安全隐患。

1.2 建筑的分类及等级划分

视频：建筑的分类

1.2.1 建筑的分类

1. 按建筑物的使用功能分类

按建筑物的使用功能，建筑物可分为民用建筑、工业建筑和农业建筑。

（1）民用建筑。民用建筑是指供人们生活起居、行政办公、医疗、科研、文化、娱乐及商业、服务等各种活动的建筑，有居住建筑和公共建筑之分。

1）居住建筑。居住建筑是指供人们生活起居用的建筑。居住建筑包括住宅建筑和宿舍建筑，如住宅、公寓和宿舍等。

2）公共建筑。公共建筑是指供人们进行各种社会活动的建筑物，如行政办公、文教、医疗、商业、影剧院、展览、交通、通信、园林等建筑。

（2）工业建筑。工业建筑是指为工业生产服务的各类生产性建筑物，如生产车间、辅助车间、动力用房、仓库等建筑。

（3）农业建筑。农业建筑是指供农、牧业生产和加工用的建筑，如畜禽饲养场、水产品养殖场、农畜产品加工厂、农产品仓库及农业机械用房等建筑。

2. 按建筑层数与高度分类

在《民用建筑设计统一标准》（GB 50352—2019）中，民用建筑按地上建筑高度或层数进行分类应符合下列规定：

（1）建筑高度不大于27.0 m的住宅建筑、建筑高度不大于24.0 m的公共建筑及建筑高度大于24.0 m的单层公共建筑，为低层或多层民用建筑。

（2）建筑高度大于27.0 m的住宅建筑和建筑高度大于24.0 m的非单层公共建筑，且高度不大于100.0 m的，为高层民用建筑。

（3）建筑高度大于100.0 m的，为超高层建筑。

一般建筑按层数划分时，公共建筑和宿舍建筑1～3层为低层，4～6层为多层，大于或等于7层为高层；住宅建筑1～3层为低层，4～9层为多层，10层及以上为高层。

3. 按建筑物主要承重结构的材料分类

（1）土木结构。土木结构是以生土墙和木屋架作为建筑物主要承重结构的建筑。这类建筑材料易于就地取材，造价低，但抗震性能差，曾常用于村镇建筑，目前已很少使用。

（2）砖木结构。砖木结构是指以砖墙或砖柱、木屋架作为主要承重结构的建筑。这种结构具有构造简单、施工方便、节约钢材和水泥等优点，是我国古代建筑的主要结构类型，一般只适用于3层及3层以下的建筑。

（3）砖混结构。砖混结构是以砖墙或砖柱、钢筋混凝土楼板或屋面板作为承重结构的建筑。这种结构易于就地取材、造价较低、施工简单，但抗震性能较差，只适用于6层及6层以下的建筑。

（4）钢筋混凝土结构。钢筋混凝土结构是指建筑物的主要承重构件全部采用钢筋混凝土制成的建筑，其围护构件是由轻质砖或其他砌体做成的。这种结构具有坚固耐久、抗震性能好、防火和可塑性强等优点，是我国目前房屋建筑中应用最为广泛的一种结构形式，如框架结构、剪力墙结构、框架－剪力墙结构、筒体结构等。

（5）钢结构。钢结构是指建筑物的主要承重构件全部采用钢材制作的结构。这种结构具有力学性能好、制作安装方便、自重轻、施工简单等优点，但耗钢量大，目前多用于高层公共建筑和大跨度建筑。随着建筑的发展，钢结构的应用将有进一步发展的趋势。

4. 按建筑规模和数量分类

（1）大量性建筑。大量性建筑是指单体建筑规模不大，但建造数量多、涉及面广的建筑，如住宅、学校、医院、商店、中小型影剧院、中小型工厂等。

（2）大型性建筑。大型性建筑是指规模大、投资多、影响大的建筑，如大型体育馆、航空港、火车站及大型工厂等。

5. 按施工方法分类

（1）全现浇（现砌）式：房屋的主要承重构件均在现场浇筑（砌筑）而成。

（2）部分现浇（现砌）、部分装配式：房屋的部分构件采用现场浇筑（砌筑），部分构件采用预制厂预制。

（3）装配式：房屋的主要承重构件均在预制厂预制，然后在施工现场进行组装。

1.2.2 建筑物的等级划分

建筑物的等级一般按耐久年限和耐火性能进行划分。

1. 按建筑物耐久年限划分

根据《民用建筑设计统一标准》（GB 50352—2019）的规定，民用建筑按建筑物的耐久年限（设计使用年限）可分为四类，具体划分见表1-1。

表1-1　民用建筑按设计使用年限分类

类别	设计使用年限／年	示例
1	5	临时性建筑
2	25	易于替换结构构件的建筑
3	50	普通建筑和构筑物
4	100	纪念性建筑和特别重要的建筑
注：此表依据《建筑结构可靠性设计统一标准》（GB 50068—2018），并与其协调一致			

2. 按耐火性能划分

根据《建筑设计防火规范（2018年版）》（GB 50016—2014）规定，民用建筑的耐火等级根据建筑结构或构件的燃烧性能和耐火极限可分为四级。不同耐火等级建筑相应构件的燃烧性能和耐火极限不应低于表1-2的规定。

表 1-2　不同耐火等级建筑相应构件的燃烧性能和耐火极限

构件名称	耐火等级	一级	二级	三级	四级
墙	防火墙	不燃性 3.00	不燃性 3.00	不燃性 3.00	不燃性 3.00
	承重墙	不燃性 3.00	不燃性 2.50	不燃性 2.00	难燃性 0.50
	楼梯间和前室的墙 电梯井的墙	不燃性 2.00	不燃性 2.00	不燃性 1.50	难燃性 0.50
	疏散走道两侧的隔墙	不燃性 1.00	不燃性 1.00	不燃性 0.50	难燃性 0.25
	非承重外墙 房间隔墙	不燃性 0.75	不燃性 0.50	不燃性 0.50	难燃性 0.50
柱		不燃性 3.00	不燃性 2.50	不燃性 2.00	难燃性 0.50
梁		不燃性 2.00	不燃性 1.50	不燃性 1.00	难燃性 0.50
楼板		不燃性 1.50	不燃性 1.00	不燃性 0.50	难燃性 0.50
屋顶承重构件		不燃性 1.50	不燃性 1.00	不燃性 0.50	可燃性
疏散楼梯		不燃性 1.50	不燃性 1.00	不燃性 0.50	可燃性
吊顶（包括吊顶搁栅）		不燃性 0.25	难燃性 0.25	难燃性 0.15	可燃性

注：二级耐火等级建筑内采用不燃材料的吊顶，其耐火极限不限

耐火极限是指在标准耐火试验条件下，建筑构、配件或结构从受到火的作用时起，至失去承载能力或完整性被破坏或失去隔火作用时为止的这段时间，用小时表示。

燃烧性能是指组成建筑物的主要构件在明火或高温作用下燃烧与否及燃烧的难易程度。构件按燃烧性能可分为不燃烧体、难燃烧体和燃烧体三种。

1.3　建筑的结构类型

建筑结构是指承受建筑物载荷的主要部分所形成的承重体系，一般包括以下几种类型。

1.3.1　砖混结构

砖混结构是指竖向承重构件采用砖墙或砖柱，水平承重构件采用钢筋混凝土楼板或屋顶的混合结构，如图 1-3 所示。这种结构易于就地取材、造价较低、施工简单，但抗震性能较差，只适用于 6 层及 6 层以下的建筑。

1.3.2　框架结构

框架结构是指由梁和柱以刚接或铰接相连接而成构成承重体系的结构，即由梁和柱组成框架共同抵抗使用过程中出现的水平载荷和竖向载荷，如图 1-4 所示。这种结构建筑平面布置灵

活，可形成较大的建筑空间；但层数较多时，会产生过大的侧移，常用于大跨度的公共建筑、多层工业厂房和一些特殊用途的建筑物中，如剧场、商场、体育馆、火车站、展览厅、造船厂、飞机库、停车场、轻工业车间等，一般适用于10层及10层以下的建筑物。

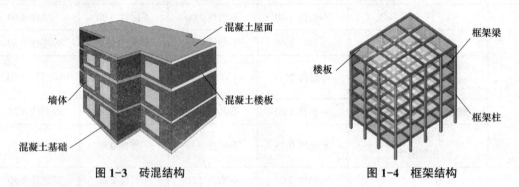

图1-3 砖混结构　　　　　　　　　　　图1-4 框架结构

1.3.3 剪力墙结构

剪力墙结构是指利用钢筋混凝土墙既承受垂直载荷，又承受水平载荷的建筑，如图1-5所示。这种结构整体性好，侧向刚度大，在水平载荷作用下侧向变形小；但是剪力墙间距小、建筑平面布置不灵活，不适用于大空间的公共建筑，多用于住宅、旅馆等开间要求较小的建筑或高层建筑。

1.3.4 框架－剪力墙结构

在框架结构中设置一定数量的钢筋混凝土剪力墙，形成框架和剪力墙结合在一起共同承受竖向和水平力的体系叫作框架－剪力墙体系，简称框剪结构，如图1-6所示。这种结构具有平面布置灵活、空间较大、侧向刚度较大的优点。在框架－剪力墙结构中，剪力墙主要承受水平载荷，竖向载荷由框架承担，一般用于10～20层的建筑。

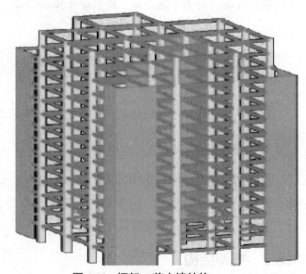

图1-5 剪力墙结构　　　　　　　　　　图1-6 框架－剪力墙结构

1.3.5　框支–剪力墙结构

框支–剪力墙指的是结构中部分剪力墙因建筑要求不能落地，直接落在下层框架梁上，再由框架梁将载荷传至框架柱上，这样的梁叫作框支梁，柱叫作框支柱，上面的墙叫作框支–剪力墙，如图1-7所示。一般只有部分剪力墙是框支–剪力墙，大部分剪力墙一般都会落地的。

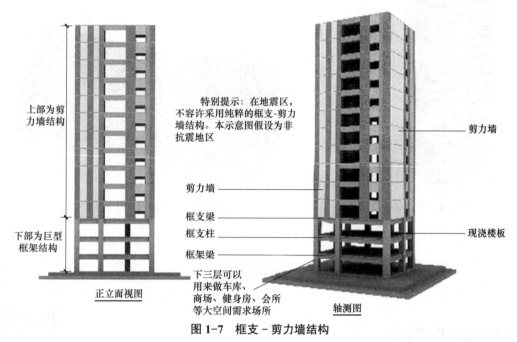

图 1-7　框支 – 剪力墙结构

这种结构抗震性能差、造价高，应尽量避免采用。但它能满足现代建筑不同功能组合的需要，有时结构设计又不可避免此种结构形式，对此，应采取措施积极改善其抗震性能，尽可能减少材料消耗，以降低工程造价，一般多用于下部要求大开间，上部住宅、酒店且房间内不能出现柱角的综合高层房屋。

1.3.6　筒体结构

筒体结构是由框架 – 剪力墙结构与全剪力墙结构综合演变和发展而来的，是将剪力墙或密柱框架集中到房屋的内部和外围而形成的空间封闭式的筒体，如图1-8所示。这种结构剪力墙集中布置在房屋的内部和外围，形成空间封闭筒体，抗侧移刚度大，且因剪力墙的集中而获得较大的空间，使建筑平面设计灵活。筒体结构可分为框架 – 核心筒体系、框筒体系、筒中筒体系和束筒体系四种，多用于写字楼建筑。

1.3.7　其他空间结构

其他空间结构包括桁架结构、网架结构、拱式结构、悬索结构等。这些结构特别适用于大跨度、大空间、对内部设柱受限的大型公共建筑，如体育馆等，如图1-9所示。

图 1-8　筒体结构

图 1-9　空间结构（网架结构）

1.4　建筑模数

1.4.1　建筑模数简介

视频：建筑模数

实现建筑工业化的前提是房屋设计标准化。为了实现工业化大规模生产，使不同材料、不同形式和不同制造方法的建筑构配件、组合件具有一定的通用性和互换性，在建筑业中必须共同遵守《建筑模数协调标准》(GB/T 50002—2013) 的规定。

建筑模数是选定的标准尺寸单位，作为建筑物、构配件、建筑制品及有关设备尺寸之间相互协调的增值单位，包括基本模数和导出模数。

1. 基本模数

基本模数是模数协调中的尺寸单位，数值为 100 mm，表示符号为 M，即 1M 等于 100 mm，整个建筑物或其中一部分及建筑组合件的模数化尺寸均应是基本模数的倍数。

2. 导出模数

导出模数可分为扩大模数和分模数。

扩大模数是基本模数的整倍数；分模数是基本模数的分数值，一般为整数分数。其基数应符合下列规定：

（1）扩大模数的基数为 2M、3M、6M、12M……。

（2）分模数的基数为 M/10、M/5、M/2。

3. 模数数列

模数数列是指以基本模数、扩大模数、分模数为基础，扩展成的一系列尺寸。

模数数列应根据功能性和经济性原则确定。

（1）建筑物的开间或进深，柱距或跨度，梁、板、隔墙和门窗洞口宽度等分部件的截面尺寸，宜采用水平基本模数和水平扩大模数数列，且水平扩大模数数列宜采用 $2n$M、$3n$M（n 为自然数）。

（2）建筑的高度、层高和门窗洞口高度等宜采用竖向基本模数和竖向扩大模数数列，且竖向扩大模数数列宜采用 nM（n 为自然数）。

（3）构造节点和分部件的接口尺寸等宜采用分模数数列，且分模数数列宜采用 M/10、M/5、M/2。

1.4.2 几种尺寸及相互间的关系

为了保证建筑制品、构配件等有关尺寸间的统一与协调，在建筑模数协调中尺寸可分为标志尺寸、构造尺寸、实际尺寸和技术尺寸。

（1）标志尺寸：应符合模数数列的规定，用以标注建筑物定位轴线或基准面之间的距离（如开间、柱距、跨度、层高等），以及建筑部件、建筑分部件、有关设备安装基准面之间的距离。

（2）构造尺寸：制作部件或分部件所依据的设计尺寸。一般情况下，标志尺寸减去缝隙尺寸或加上支撑尺寸长度等于构造尺寸。

（3）实际尺寸：部件、分部件等生产制作后的实际测得的尺寸。实际尺寸与构造尺寸之间的差应满足允许偏差幅度的限制。

（4）技术尺寸：在模数尺寸条件下，非模数尺寸或生产过程中出现误差时所需的技术处理尺寸。

标志尺寸、构造尺寸和缝隙尺寸的关系如图 1-10 所示。

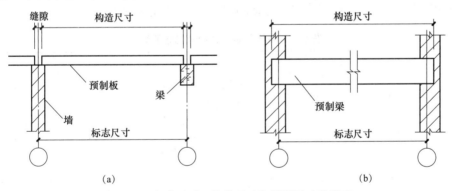

图 1-10 标志尺寸、构造尺寸和缝隙尺寸的关系

（a）标志尺寸大于构造尺寸；（b）标志尺寸小于构造尺寸

1.5 变形缝

1.5.1 变形缝的含义及类型

房屋的构造要受到许多因素的影响，有些影响因素（如温度变化、地基不均匀沉降及地震等）会使房屋结构内部产生附加应力和变形。如果在构造上处理不当，将会使房屋产生裂缝，甚至倒塌，影响使用和安全。为避免这种状态的发生，一般有两种方法：一种方法是预先在这些容易产生裂缝的敏感部位将结构断开，预留一定的缝隙，以保证缝隙两侧房屋的各部分有足够的变形空间；另一种方法是增强房屋的整体性，使房屋本身具有足够的强度和刚度来克服这些破坏力，从而保证房屋不产生破坏。工程中，通常采用预先设置缝隙的方法，将房屋垂直分割开，并采取一些构造处理措施，这个预留的缝隙就称为变形缝。因此，变形缝是为了防止在外界因素（如温度变化、地基不均匀沉降及地震等）作用下产生的变形，导致建筑物开裂甚至破坏而预先设置的构造缝。

1.5.2 变形缝的分类

视频：变形缝　视频：变形缝
构造（一）　构造（二）

变形缝按其使用性质不同，可分为伸缩缝、沉降缝和防震缝等类型。

1. 伸缩缝

当建筑物的长度或宽度较大时，为避免由于温度变化引起材料的热胀冷缩导致建筑构件开裂，而沿建筑物的高度方向设置在基础以上的缝隙，称为伸缩缝。

伸缩缝要求建筑物基础以上建筑构件全部断开（包括墙体、楼地层、屋顶等），并在两个建筑构件之间留出适当的缝隙，以保证伸缩缝两侧的建筑构件能在水平方向自由伸缩，而基础因埋在土中，受温度变化影响较小，可不断开。伸缩缝的宽度一般为 20 ～ 40 mm。为保证伸缩缝两侧的建筑构件能在水平方向自由伸缩，伸缩缝内应填充弹性保温材料。伸缩缝的位置和间距与建筑物的结构类型、材料、施工条件及当地温度变化情况有关。伸缩缝应设置在因温度和收缩变形可能引起应力集中、结构产生裂缝可能性最大的地方。

钢筋混凝土结构和砌体房屋伸缩缝的最大间距分别见表 1-3 和表 1-4。

表 1-3　钢筋混凝土结构伸缩缝的最大间距　　　　　　　　　　　　　m

屋顶或楼板层的类别		间距
整体式或装配整体式钢筋混凝土结构	有保温层或隔热层的屋顶、楼板层	50
	无保温层或隔热层的屋顶	40
装配式无檩体系钢筋混凝土结构	有保温层或隔热层的屋顶	60
	无保温层或隔热层的屋顶	50
装配式有檩体系钢筋混凝土结构	有保温层或隔热层的屋顶	75
	无保温层或隔热层的屋顶	60
瓦材屋盖、木屋盖或楼盖、轻钢屋盖		100

表 1-4　砌体房屋伸缩缝的最大间距　　　　　　　　　　　　　m

项次	结构类型		室内或土中	露天
1	排架结构	装配式	100	70
2	框架结构	装配式	75	50
		现浇式	55	35
3	剪力墙结构	装配式	65	40
		现浇式	45	30
4	挡土墙及地下室墙壁等结构	装配式	40	30
		现浇式	30	20

2．沉降缝

在同一幢建筑中，由于其高度、载荷、结构及地基承载力的不同，致使建筑物各部分沉降不均匀，墙体拉裂。在建筑物某些部位设置从基础到屋顶全部断开的垂直缝，使两侧成为可自由沉降的独立单元。

这种为了预防建筑物各部分由于不均匀沉降引起的破坏，沿建筑物高度方向设置的变形缝，称为沉降缝。

符合下列条件之一者应设置沉降缝：

（1）当建筑物相邻两部分高差相差较大、载荷大小相差悬殊或结构变化较大、结构形式不同，易导致地基沉降不均匀时。

（2）当建筑各部分相邻基础的形式、宽度及埋深相差较大，造成基础底部压力具有很大的差异，容易形成不均匀沉降时。

（3）当建筑物建造在不同地基上，且难以保证均匀沉降时。

（4）形体比较复杂、连接部位又比较薄弱时。

（5）新建建筑物与原有建筑紧紧毗连时。

沉降缝的设置是为了满足房屋各部分在垂直方向上的自由变形，因此设置沉降缝时，要求建筑物从基础到屋顶全部断开，成为两个独立的单元，各单元能够竖向自由沉降，互不影响。

沉降缝的宽度与地基情况和建筑物的高度有关，地基越软弱，建筑物的高度越大，沉降缝的宽度也越大。建于软弱地基上的建筑物，由于地基的不均匀沉降，沉降缝两侧的结构可能发生倾斜，因此应加大缝宽。不同地基下沉降缝的宽度见表1-5。

表1-5　沉降缝的宽度

地基情况	建筑物的高度	沉降缝的宽度 /mm
一般地基	$H < 5$ m	30
	$H = 5 \sim 10$ m	50
	$H = 10 \sim 15$ m	70
软弱地基	2～3 层	50～80
	4～5 层	80～120
	5 层以上	> 120
湿陷性黄土地基	—	≥30～70

3．防震缝

防震缝是为了防止建筑物各部分在地震作用时，相互撞击引起破坏而设置的。地震设防烈度为6度的地区，可不进行抗震设防。地震设防烈度为7～9度的地区，当建筑物体形复杂或各部分的结构刚度、高度、质量相差较大时，应在变形敏感部位设缝，可将建筑物分为若干个体形规整、结构单一的单元，防止在地震波的作用下相互挤压、拉伸，造成变形破坏。

当地震设防烈度为8度和9度，遇到下列情况之一时应设置防震缝：

（1）建筑物平面体形复杂，有较长的凸出部分，应用防震缝将其分开，使其形成几个简单、规整的独立单元。

（2）建筑物立面高差在6 m以上。

（3）建筑物有错层且楼板错层高差较大。

（4）建筑物各部分结构刚度、质量相差悬殊。

当设置防震缝时，一般基础可不断开，但在平面复杂的建筑中，当建筑各相连部分的刚度差别很大时，必须将基础断开。防震缝应沿建筑的全高设置，缝的两侧应设置墙或柱，形成双墙、双柱或一墙一柱，使各部分封闭，增加刚度，如图1-11所示。

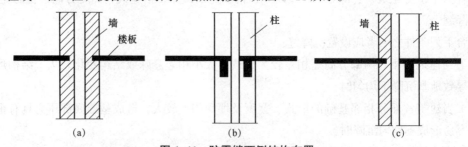

图1-11　防震缝两侧结构布置
（a）双墙方案；（b）双柱方案；（c）一墙一柱方案

防震缝的宽度在多层砖混结构中按地震设防烈度的不同取 50 ~ 100 mm；在多层和高层钢筋混凝土结构中，应尽量选用合理的建筑结构方案，不设置防震缝。当必须设置防震缝时，其最小宽度应符合下列要求：建筑物的高度不大于 15 m 时，可采用 70 mm；当建筑物高度大于 15 m 时，按不同地震设防烈度在缝宽为 70 mm 的基础上增大防震缝的宽度。

地震设防烈度为 7 度的地区，建筑物每增高 4 m，防震缝的宽度在 70 mm 基础上增加 20 mm。

地震设防烈度为 8 度的地区，建筑物每增高 3 m，防震缝的宽度在 70 mm 基础上增加 20 mm。

地震设防烈度为 9 度的地区，建筑物每增高 2 m，防震缝的宽度在 70 mm 基础上增加 20 mm。

伸缩缝、沉降缝和防震缝应根据情况统一设置，当只设置其中两种缝时，一般沉降缝可以代替伸缩缝，防震缝也可以代替伸缩缝。当伸缩缝、沉降缝和防震缝均需要设置时，常三缝合一，通常构造上以沉降缝的设置为主，缝的宽度和构造处理应满足防震缝的要求，同时，也应兼顾伸缩缝的最大间距要求。

1.6　定位轴线

定位轴线是确定建筑物主要结构构件位置及其标志尺寸的基准线，同时，也是施工放线的基线。房屋的定位轴线包括平面定位轴线和竖向定位轴线。平面的定位通常采用平面定位轴线；竖向的定位通常采用标高。

视频：定位轴线

1.6.1　平面定位轴线

平面定位轴线有横向定位轴线和纵向定位轴线。与建筑物短边平行的轴线称为横向定位轴线；与建筑物长边平行的轴线称为纵向定位轴线。定位轴线一般应编号，编号应注写在轴线端部的圆内。圆应采用细实线绘制，直径为 8 ~ 10 mm，定位轴线圆的圆心应在定位轴线的延长线上或延长线的折线上。在对平面定位轴线进行编号时应注意以下几项：

（1）平面上的定位轴线的编号宜标注在图样的下方及左侧，或在图样的四面标注。横向定位轴线编号应用阿拉伯数字，从左至右顺序编写；纵向定位轴线编号应用大写拉丁字母，从下至上顺序编写，其中 O、I、Z 三个大写字母不得作为纵向定位轴线的编号，如图 1-12 所示。当字母数量不够使用时，可用双字母或单字母加数字注脚编写。

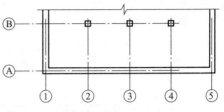

图 1-12　定位轴线的编号顺序

（2）附加定位轴线的编号应以分数形式表示，并应按下列规定编写：两根轴线间的附加轴线应以分母表示前一轴线的编号，分子表示附加轴线的编号，编号宜用阿拉伯数字按顺序编写；①号轴线或Ⓐ号轴线之前的附加轴线的分母应以 01 或 0A 表示，如图 1-13 所示。

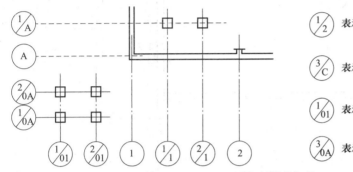

图 1-13　附加轴线的标注

（3）一个详图适用于几根轴线时，应同时注明各有关轴线的编号，如图 1-14 所示。通用详图中的定位轴线，应只画圆，不注写轴线编号。

图 1-14　详图的轴线编号

（4）圆形平面图中定位轴线的编号，其径向轴线宜用阿拉伯数字表示，从左下角开始，按逆时针顺序编写；其圆周轴线宜用大写拉丁字母表示，从外向内顺序编写，如图 1-15 所示。

（5）折线形平面图中定位轴线的编号可按图 1-16 的形式编写。

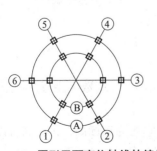

图 1-15　圆形平面定位轴线的编号

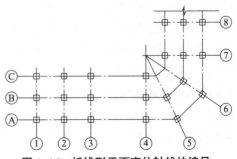

图 1-16　折线形平面定位轴线的编号

（6）组合较复杂的平面图中定位轴线也可采用分区编号，注写形式为"分区号—该区轴线号"，如图 1-17 所示。

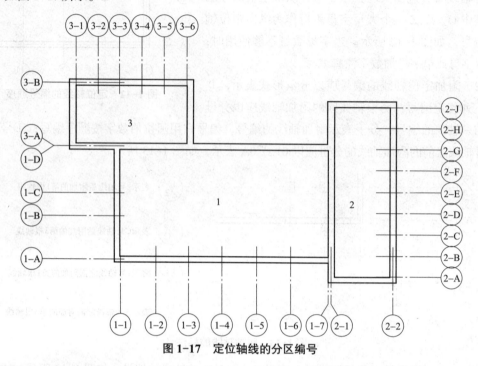

图 1-17　定位轴线的分区编号

1.6.2　竖向定位轴线

工程图中除表示出建筑物的平面尺寸外，还应标注出建筑物的高度尺寸，建筑物各部分的高度应用标高来表示。标高表示建筑物各部分的高度，是建筑物某一部位相对于基准面（标高的零点）的竖向高度，是竖向定位的依据。

按基准面选取的不同，标高可分为绝对标高与相对标高。我国将青岛黄海平均海平面定为绝对标高的基准面，即青岛黄海平均海平面的高度为零，全国各地以此作为绝对标高的起算面。绝对标高就是地面上的点到青岛黄海平均海平面的距离。相对标高一般用于一个单体建筑。相对标高是指建筑物上某一点高出另一点的垂直距离，一般是将室内首层地面作为相对标高的起算面，即将室内首层地面的高度定为相对标高的零点。

对于一个单体建筑物来说，标高又可分为建筑标高和结构标高。在相对标高中，凡是包括装饰层厚度的标高，称为建筑标高，注写在构件的装饰层面上；凡是不包括装饰层厚度的标高，称为结构标高，注写在构件的底部，是构件的安装或施工高度。

标高符号应以细实线绘制的高为 3 mm 的等腰直角三角形表示。

标高的注意事项有以下几点：

（1）总平面图室外地面标高符号为涂黑的等腰直角三角形，标高数字注写在符号的右侧、上方或右上方。

（2）基准面的标高注写为 ±0.000，读作正负零，高于它的为正标高，正标高可以不标注"＋"，如 3.000；低于它的为负标高，负标高应标注"－"号，如－0.450。

（3）在标准层平面图中，同一位置可同时标注几个标高。

（4）标高符号的尖端应指至被标注的高度位置，尖端可向上，也可向下。

（5）标高的单位：m。

1.6.3 建筑中常用的名词

（1）建筑物：直接供人们生活、生产服务的房屋。

（2）构筑物：间接为人们生活、生产服务的建筑设施。

视频：建筑高度

（3）建筑红线：规划部门批给建设单位的占地范围，一般用红笔圈在图纸上，具有法律效力。

（4）地面：自然地面。

（5）开间：两条横向轴线之间的距离。

（6）进深：两条纵向轴线之间的距离。

视频：开间与进深

（7）层高：建筑物各层之间以楼、地面面层（完成面）计算的垂直距离。屋顶层由该层楼面面层（完成面）至平屋面的结构面层或至坡顶的结构面层与外墙外皮延长线的交点计算的垂直距离。

（8）室内净高：从楼、地面层（完成面）至吊顶、楼板或梁底面之间的垂直距离计算。

视频：层高与净高

（9）建筑总高度：从室外设计地面至檐口或女儿墙顶部的高度。

（10）建筑面积：房屋各层面积的总和。

（11）结构面积：房屋各层平面中结构所占的面积总和。

（12）有效面积：房屋各层平面中可供使用的面积总和，即建筑面积减去结构面积。

（13）交通面积：房屋内外之间、各层之间联系通行的面积，即走廊、门厅、楼梯电梯等所占的面积。

（14）使用面积：房屋有效面积减去交通面积。

（15）使用面积系数：使用面积占建筑面积的百分数。

📁 ➤ 模块小结

本模块主要介绍了建筑构造的组成及影响因素、民用建筑的分类及等级划分、建筑结构类型、建筑模数及定位轴线的相关内容。

通过本模块的学习，学生应了解影响建筑构造的因素，理解建筑物的结构体系特点，掌握建筑物的组成及各组成部分的作用、建筑模数的内容及定位轴线的编号原则等。

📁 ➤ 课后习题

一、填空题

1．建筑物按照使用性质，通常可分为_____、_____、_____；民用建筑又可分为_____和_____。

2．居住建筑是指＿＿＿＿＿＿＿＿的建筑，公共建筑是指＿＿＿＿＿＿＿＿的建筑，工业建筑是指＿＿＿＿＿＿＿＿＿＿＿＿＿＿＿＿的建筑。

3．民用建筑按耐久年限，可分为＿＿＿＿＿＿级；按耐火等级分类，多层建筑可分为＿＿＿＿＿＿级，高层建筑可分为＿＿＿＿＿＿级。

4．建筑构件按照燃烧性能，可分为不燃烧体、难燃烧体和燃烧体，如＿＿＿＿＿＿是不燃烧体；＿＿＿＿＿＿是难燃烧体；＿＿＿＿＿＿是燃烧体。

5．建筑构件的耐火极限是指对任一建筑构件在规定的耐火试验条件下，从受到火的作用时起，到＿＿＿＿＿＿或＿＿＿＿＿＿或＿＿＿＿＿＿的这段时间，用小时表示。

6．常见的民用建筑一般都由＿＿＿＿＿＿、＿＿＿＿＿＿、＿＿＿＿＿＿、＿＿＿＿＿＿、＿＿＿＿＿＿、＿＿＿＿＿＿六个基本组成部分。

7．建筑模数是选定的＿＿＿＿＿＿，作为＿＿＿＿＿＿、＿＿＿＿＿＿、＿＿＿＿＿＿及有关设备尺寸间＿＿＿＿＿＿的增值单位；建筑模数分为＿＿＿＿＿＿和＿＿＿＿＿＿；基本模数是指＿＿＿＿＿＿＿＿的单位，基本模数用 M 表示，其数值是＿＿＿＿＿＿。

8．＿＿＿＿＿＿是指建筑的轴线尺寸；＿＿＿＿＿＿是指建筑构配件、建筑组合件、建筑制品等生产制作后的实有尺寸。

9．建筑标高是指＿＿＿＿＿＿的标高，结构标高等于＿＿＿＿＿＿减去楼（地）面面层的构造厚度。

10．横向定位轴线的编号应从＿＿＿＿＿＿至＿＿＿＿＿＿用＿＿＿＿＿＿注写，纵向定位轴线的编号应从＿＿＿＿＿＿至＿＿＿＿＿＿用大写的＿＿＿＿＿＿编写，其中不得用于轴线编号的字母是＿＿＿＿＿＿，以免与数字0、1、2混淆。

11．变形缝包括＿＿＿＿＿＿＿＿、＿＿＿＿＿＿和＿＿＿＿＿＿三种类型。

二、选择题

1．相对标高的零点正确的注写方式为（　　　）。

A．0.000　　　　　　B．－0.000　　　　　　C．±0.000　　　　　　D．＋0.000

2．下面既属承重构件，又是围护构件的是（　　　）。

A．门窗、墙　　　　B．基础、楼板　　　　C．屋顶、基础　　　　D．墙、屋顶

3．建筑按主要承重结构的材料分类，没有（　　　）。

A．砖混结构　　　　B．钢筋混凝土结构　　C．框架结构　　　　D．钢结构

4．建筑物的设计使用年限为50年，适用于（　　　）。

A．临时性结构　　　　　　　　　　　B．易于替换的结构构件

C．普通房屋和构筑物　　　　　　　　D．纪念性建筑和特别重要的建筑结构

5．结构的承重部分为梁柱体系，墙体只起围护和分隔作用，此种建筑结构称为（　　　）。

A．砌体结构　　　　B．框架结构　　　　　C．板墙结构　　　　D．空间结构

6．除住宅建筑之外的民用建筑高度大于（　　　）m为高层建筑（不包括单层主体建筑），建筑总高度大于（　　　）时为超高层建筑。

A．16，20层　　　　B．16，40层　　　　　C．24，100层　　　　D．24，100 m

7．一般民用建筑的组成没有（　　　）。

A．屋顶　　　　　　B．基础　　　　　　　C．地基　　　　　　D．楼梯

8．基本模数是模数协调中选定的基本尺寸单位，其符号为 M，数值为（　　　）mm。

A．10　　　　　　　　B．100　　　　　　　　C．1 000　　　　　　　D．10 000

9．建筑的耐火等级可分为（　　　）级。

A．3　　　　　　　　B．4　　　　　　　　C．5　　　　　　　　D．6

10．相对标高是以建筑的（　　　）高度为零点参照点。

A．基础顶面　　　　B．基础底面　　　　C．室外地面　　　　D．室内首层地面

11．除居住建筑之外的民用建筑高度不大于（　　　）m 者为单层和多层建筑。

A．24　　　　　　　　B．20　　　　　　　　C．18　　　　　　　　D．15

12．模数系列主要用于缝隙、构造节点，属于（　　　）。

A．基本模数　　　　B．扩大模数　　　　C．分模数　　　　　D．标准模数

三、实践题

1．试按照建筑物不同的分类方式对你所居住的宿舍楼进行分类。

2．观察校园内的各个建筑，试分析各个建筑的建筑结构类型。

模块 2　基础和地下室

知识目标

1. 了解地基和基础的概念。
2. 理解基础的埋深及影响基础埋深的因素。
3. 理解基础的类型和地下室的组成。
4. 掌握地下室的防潮、防水构造。

能力目标

1. 能够正确识读基础和地下室施工图。
2. 能够根据工程特点进行基础和地下室施工组织设计。
3. 能够根据具体要求进行基础和地下室构造处理。

素养目标

1. 通过学习建筑构造、基础和地下室的结构、功能等知识，培养学生的责任感、创新精神和实践能力。
2. 学习应对基础和地下室可能出现的问题的解决方法，提高分析问题、提出解决方案的能力，培养严谨、专注、创新的工匠精神。
3. 强化实践教学，通过实训，感受基础的防水和防潮做法，在实践中践行社会主义核心价值观。

2.1　地基与基础

2.1.1　地基与基础的概念

基础是房屋建筑的重要组成部分，建筑工程中将位于建筑物最下部并且埋入地下直接作用于土层的承重构件称为基础。它承受建筑物上部结构传来的全部载荷，并将这些载荷连同自身重量一起有效地传递给地基。地基是指基础底面以下受到载荷作用影响范围内的部分岩体或土体。地基承受建筑物的载荷而产生的应力和应变随着土层深度的增加而减小，在达到一定深度后就可以忽略不计。直接承受载荷的土层称为持力层，持力层以下的土层称为下卧层（图2-1）。

地基具有压缩、沉降、抗剪和滑坡等特性，因此，地基要有足够的承载力和抗变形能力来保证建筑物的正常使用和整体稳定性。由于地基上所承受的全部载荷是通过基础传递的，当载荷一定时，可通过加大基础底面面积来减小地基单位面积上所受到的压力，以保证建筑物基础底面的压力不大于地基承载力。

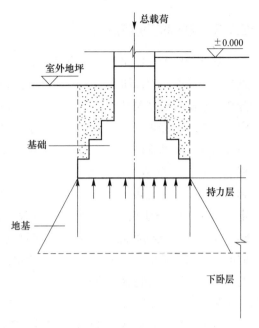

图 2-1 地基、基础与载荷的关系

2.1.2 地基的分类

建筑物的地基可分为天然地基和人工地基两大类。

1. 天然地基

天然地基是指凡具有足够的承载力和稳定性，不需要进行地基人工处理便能满足承载力要求并直接建造房屋的地基。岩石、碎石土、砂土、粉土、黏性土等，一般可作为天然地基。

2. 人工地基

人工地基是指当土层的承载能力较低或虽然土层较好，但因上部载荷较大，土层不能满足承受建筑载荷的要求，必须对土层进行人工处理，以提高承载能力，改善其变形性质或渗透性质的地基。人工地基的处理方法通常有压实法、换土法、水泥搅拌法、化学加固法、强夯法、深层挤密法等。

（1）压实法。压实法是采用重锤夯实、强夯，振动压实等方法压实地基土，可用于处理由建筑垃圾或工业废料组成的杂填土地基。压实法适用于大面积填土地基的施工。

（2）换土法。换土法是指把基础或建筑物下一定深度的软弱（性质差）的土层通过挖土置换成性质好的土层或砂石的地基处理方法，常用于淤泥质土、湿陷性黄土、素填土、杂填土地基及暗沟、暗塘等浅层软弱地基与不均匀地基的处理。换土法的处理深度可达 3 m，适于浅层地基处理。

（3）水泥搅拌法。水泥搅拌法可分为浆液深层搅拌法（简称为湿法）和粉体喷搅法（简称为干法），是利用水泥或石灰作为固化剂，通过深层搅拌机械，在一定深度范围内把地基土与水泥或其他固化剂强行拌和固化，使软土硬结成具有整体性、水稳定性和一定强度的水泥加固土，从而提高地基强度。该方法适用于处理正常固结的淤泥与淤泥质土、黏性土、粉土、饱和黄土、素填土及无流动地下水的饱和松散砂土等地基。

（4）化学加固法。化学加固法是指利用化学浆液或胶粘剂，通过压力或电渗原理，采用灌注、压入、高压喷射或拌和，使浆液与土粒胶结，以改善地基土的物理与力学性质的地基处理方法。目前，采用的浆液有水泥浆液、以水玻璃为主的浆液、以丙烯酰胺为主的浆液、以木质素为主的浆液等。

《建筑地基基础设计规范》（GB 50007—2011）规定：建筑地基土（岩）可分为岩石、碎石土、砂土、粉土、黏性土和人工填土六大类。

2.1.3 基础的埋置深度

基础的埋置深度是指室外设计地面到基础底面的垂直高度，简称埋深，如图 2-2 所示。根据基础埋置深度分类，基础有深基础和浅基础之分。一般情况下，将埋深大于 5 m 的称为深基础，将埋深小于或等于 5 m 的称为浅基础。从基础的经济效果看，其埋置深度越小，工程造价越低，在满足地基稳定和变形要求的前提下基础宜浅埋。由于地表土层成分复杂，各方面性能不够稳定，为了不影响建筑安全，基础的埋深一般不应小于 500 mm，否则基础底面土层受到压力后可能会把基础四周的土挤出，基础会产生滑移而失去稳定，或是受外界的影响而损坏，影响建筑的使用安全。

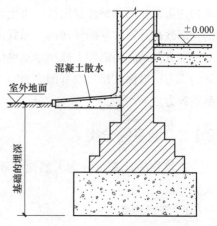

图 2-2 基础的埋置深度

基础埋置深度的影响因素很多，一般应根据下列条件综合考虑后来确定。

（1）建筑物的用途：如有无地下室、设备基础和地下管道及基础的形式和构造等。为了保护基础不露出地面，要求基础顶面距离室外设计地面不得小于 100 mm。

（2）作用在地基上的载荷的大小和性质：载荷有恒载荷和活载荷之分。其中，恒载荷引起的沉降量最大；活载荷引起的沉降量相对较小。因此，当恒载荷较大时，基础埋置深度应大一些。

视频：基础的埋深和类型

（3）工程地质与水文地质条件：一般情况下，基础应设置在坚实的土层上，而不要设置在耕植土、淤泥等软弱土层上。当表面软弱土层很厚，加深基础不经济时，可采用人工地基或采取其他结构措施。基础宜设在地下水水位以上，以减少特殊的防水措施，有利于施工。如必须设置在地下水水位以下时，则应使基础底面低于最低地下水水位 200 mm。

视频：基础的埋深构造

（4）地基土冻胀和融陷的影响：基础底面以下的土层如果冻胀，会对基础产生向上的冻胀力，严重的会使基础隆起，如果融陷，会使基础下沉。这样的过程会使建筑物周期性地处于不均匀的升降状态中，会导致建筑物产生裂缝和破坏，因此，在寒冷地区的基础埋深最好设置在当地冰冻线以下 200 mm 处，以防止土壤冻胀导致基础破坏。但不冻胀土（如碎石、卵石、粗砂、中砂等）对冰冻的影响不大，处于不冻胀土时，其埋深可不考虑冰冻线的影响。

（5）相邻建筑物基础的影响：新建建筑物的基础埋深不宜深于相邻原有建筑基础的埋深。当新建基础深于原有建筑基础时，两基础之间应保持一定的净距，一般净距取相邻两基础底面高差的 2 倍以上。如上述要求不能满足时，应采取措施临时加固原有地基或分段施工、设置临时加固支撑、打板桩、地下连续墙等施工措施，使原有建筑物地基不被扰动。

2.2 基础的类型与构造

基础的类型很多，采用什么样的基础类型，应当根据建筑物的结构类型、体量高度、载荷大小、地质水文和地方材料供应等综合因素来确定。

2.2.1 按基础的材料和受力特点分类

基础按其材料和受力特点分类，可分为刚性基础和柔性基础。

1. 刚性基础

刚性基础又称为无筋扩展基础，是由刚性材料制作的基础。一般抗压强度高，而抗拉强度、抗剪强度较低的材料称为刚性材料，包括砖、灰土、混凝土、三合土、毛石等。共同点是它们抗压强度都很好，但抗拉强度、抗剪强度较低。为了满足地基容许承载力的要求，一般情况下，地基承载力低于结构墙体或柱等上部结构的抗压强度，故基础底面宽度均要大于上部墙或柱的宽度，如图 2-3 中 B 大于 B_0。地基承载力越小，基础底面宽度越大。从基础受力方面分析，加宽挑出部分的基础相当于一个悬臂构件，它的底面将受拉，当它挑出的部分过长且较薄时，其挑出部分的底面受拉区的拉应力超过材料的抗拉强度时，基础底面将因受拉而开裂，使基础破坏。那么用砖、石、灰土、混凝土等刚性材料建造基础时，为保证基础不被拉应力和冲切应力破坏，基础就必须具有足够的高度。也就是说，对基础大放脚的挑出宽度 b 与高度 H 之比（称基础放脚高度比）进行限制，以保证基础的可靠性与安全性。按通常刚性材料的受力状况，基础在传力时只能在材料允许范围内控制，这个控制范围的夹角称为刚性角，用 α 表示。图 2-3（a）所示在基础宽度加大的同时，也增大基础高度，使基础放脚宽高比控制在允许范围内。图 2-3（b）所示基础宽度加大，其放脚宽高比超过允许刚性角范围，基础因受拉开裂而破坏。因此，凡是受刚性角限制的基础，称为刚性基础。一般砖、石基础的刚性角控制在 $26° \sim 33°$（$1:1.50 \sim 1:1.25$）以内，混凝土基础刚性角控制在 $45°$（$1:1$）以内。

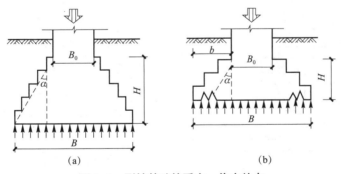

图 2-3 刚性基础的受力、传力特点

（a）增大基础高度，使基础放脚宽高比控制在允许范围；（b）基础宽度加大，其放脚宽高比超过允许范围

一般来说，刚性基础多用于地基承载力较好的低层或多层的民用建筑及墙承重的轻型厂房等。

（1）砖基础。砖基础多用于地基土质好、地下水水位低、五层以下的多层混合结构民用建筑。该基础的优点是就地取材、砌筑方便，造价低等，但砖基础强度低且抗冻性差。因此不宜建筑在寒冷地区。一般来说，在砖基础下面先做 100 mm 厚的 C10 混凝土垫层。为保证其耐久性，砖的强度等级不应低于 MU10，砌筑砂浆不应低于 M5，砖基础剖面一般砌筑成阶梯形，称为大放脚。大放脚从垫层上开始砌筑，通常采用等高或间隔（不等高）式两种形式。等高式大放脚是每一皮砖或每二皮砖一收，每次收进 1/4 砖长加灰缝；不等高砖大放脚是二皮一收与一皮一收相间隔。一皮即一层砖，标志尺寸为 60 mm，如图 2-4 所示。

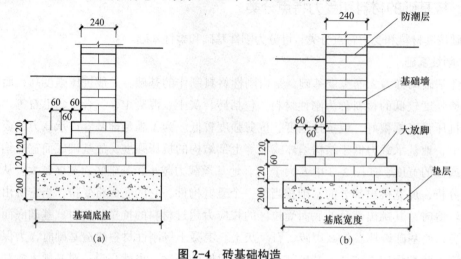

图 2-4　砖基础构造
（a）等高式大放脚；（b）间隔式大放脚

（2）毛石基础。毛石基础是用强度等级不低于 MU20 的毛石，不低于 M5 的砂浆砌筑而成的。该基础具有强度高、抗冻性好、耐久性好的优点。相对于砖基础，毛石基础可以用于地下水水位线较高的地区。毛石尺寸差别较大，为保证砌筑质量，毛石基础每台阶高度和基础墙厚度不宜小于 400 mm，每阶两边各伸出宽度不宜大于 200 mm。石块应错缝搭砌，缝内砂浆应饱满，如图 2-5 所示。

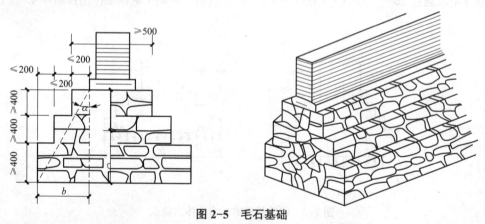

图 2-5　毛石基础

（3）混凝土基础。混凝土基础强度高，耐久性、整体性和抗冻性均较好，其混凝土强度等级一般可采用 C15 以上，常用于载荷较大、潮湿地基，以及地基的均匀性较差或冷冻作用的墙柱基础。混凝土基础的断面形式有矩形、阶梯形和锥形三种。为了施工方便，当基础宽度小于 350 mm 时多做成矩形；当基础宽度大于 350 mm 时，多做成阶梯形；当基础底面宽度大于 2 000 mm 时，还可做成锥形，锥形断面能节约混凝土，从而减轻基础自重。

混凝土基础的刚性角 α 为 45°，阶梯形断面宽高比应小于 1∶1 或 1∶1.5。混凝土浇筑前应进行验槽，轴线、基坑（槽）尺寸和土质等均应符合设计要求，基坑（槽）内浮土、积水、淤泥、杂物等均应清除干净，基底局部软弱土层应挖去，用灰土或砂砾回填夯实至基底相平。

（4）灰土与三合土基础。灰土是用熟化石灰和粉土或黏性土拌和而成的。按体积配合比为3：7或2：8加适量水拌和均匀，铺在基槽内分层夯实，每层虚铺220～250 mm，夯实至150 mm。灰土基础造价低，但其抗冻、耐水性差，因此地下水水位较高时不宜采用。多用于五层及五层以下的民用建筑及轻型厂房等。

三合土是由石灰、砂和集料（矿渣、碎砖或石子），按体积比为1：2：4或1：3：6加适量水拌和均匀，铺在基槽内分层夯实，每层虚铺220 mm厚，夯实至150 mm。三合土基础强度较低，一般用于四层及四层以下的民用房屋。

2. 柔性（非刚性）基础

当建筑物的载荷较大、地基承载力较小时，基础底面面积必须加大。如果仍然采用砖、石、灰土、混凝土材料做基础，由于基础刚性角的限制，势必会加大基础的高度和埋置深度，这样既增加了基础材料的用量，又使土方工程量大大增加，对工期和造价都十分不利。那么在混凝土基础的受拉区增设了受拉钢筋，利用钢筋承受拉应力，使基础底部能承受较大的弯矩，这时，由于不受基础放脚宽高比的限制，基础底面面积的增加不需要以加大基础高度和基础深度为代价，基础的适应性就大大提高了。不受刚性角限制的基础称为柔性基础或非刚性基础，如图2-6所示。

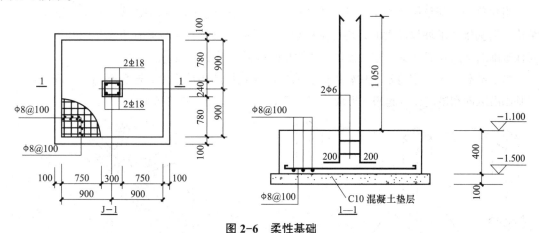

图2-6　柔性基础

钢筋混凝土基础适用范围广泛，由于其强度、耐久性、整体性和抗冻性均很好，常用于建筑载荷较大、地基均匀性较差及基础位于地下水水位以下与抗冻要求高的建筑。钢筋混凝土基础是在混凝土基础下部配置钢筋来承受底面的拉力，因此，基础不受宽高比的限制，可以做得宽而薄，一般为扁锥形，端部最薄处的厚度不宜小于200 mm。基础中受力钢筋的数量应通过计算确定，但钢筋直径不宜小于8 mm，间距不宜大于200 mm。基础混凝土强度等级不宜低于C20。为了使基础底面能够均匀传力和便于配置钢筋，基础下面一般用强度等级为C10的混凝土做垫层，厚度宜为50～100 mm。有垫层时，钢筋下面保护层的厚度不宜小于40 mm，不设置垫层时，保护层的厚度不宜小于70 mm，如图2-7所示。

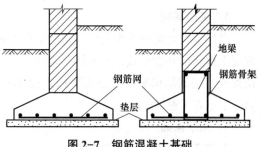

图2-7　钢筋混凝土基础

2.2.2 按基础的构造类型分类

基础按构造类型，可分为条形基础、独立基础、筏形基础、箱形基础及桩基础等。

1. 条形基础

当建筑物上部结构采用墙承重时，基础沿墙身设置呈长条形，这种基础称为条形基础或带形基础（图2-8）。条形基础一般由垫层、大放脚和砖墙三部分组成。

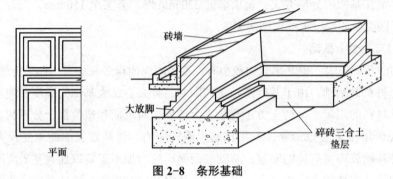

图 2-8　条形基础

2. 独立基础

当建筑物上部结构是由梁、柱构成的框架、单层排架及刚架结构，或建筑物上部为墙承重结构，但基础要求埋深较大时，均可采用独立柱基础。独立柱基础是柱下基础的基本形式，独立柱基础的优点是能减少土方工程量，节约基础材料［图2-9（a）］。

当上部载荷较大或地基条件较差时，为提高建筑物的整体刚度，避免不均匀沉降，常将独立基础沿纵向和横向连接起来，形成十字交叉的井格式基础［图2-9（b）］。

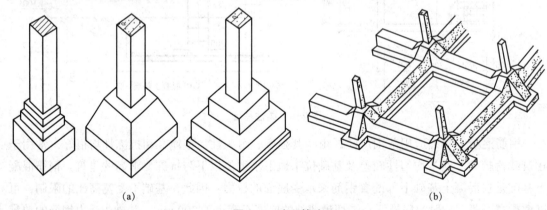

图 2-9　独立基础
（a）独立柱基础；（b）井格式基础

3. 筏形基础

当建筑物上部载荷很大而地基的承载力很小时，可将墙或柱下基础底面扩大为整片的钢筋混凝土板状的基础形式，形成筏形基础，又称板式基础或筏片基础。筏形基础用钢筋混凝土现浇而成，按其结构形式可分为平板式和梁板式两种（图2-10）。筏形基础的优点是整体性好，减少了土方工程量。

4. 箱形基础

当钢筋混凝土基础埋置深度较大时，为了增加建筑物的整体刚度、有效抵抗地基的不均匀沉降，常采用由钢筋混凝土底板、顶板和若干纵横墙组成的空心箱体基础，这种基础称为箱形基础（图2-11）。箱形基础具有较大的强度和刚度及较好的整体性，其内部的空间可作为地下室使用，故常用于载荷较大的高层建筑和设有地下室的建筑。

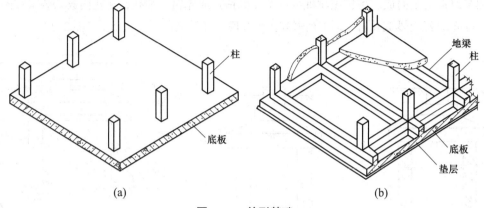

(a)　　　　　　　　　　　　　　　(b)

图2-10　筏形基础
（a）平板式；（b）梁板式

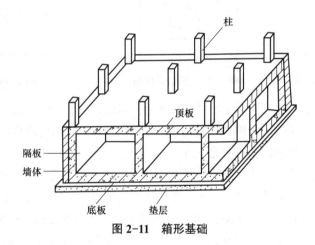

图2-11　箱形基础

5. 桩基础

当天然地基上的浅基础沉降量过大或地基稳定性不能满足建筑物的要求时，常采用桩基础。桩基础一般由设置于土中的桩身和承接上部结构的承台组成。承台下桩的数量、间距和布置方式及桩身尺寸是按设计确定的。在桩的顶部设置钢筋混凝土承台，以支承上部结构，使建筑物载荷均匀地传递给桩基。

桩基础具有承载力高、沉降量小、节约基础材料、减少挖填土方工程量、改善施工条件和缩短工期等优点，因此应用较为广泛。

桩基础的种类较多，按桩的形状和竖向受力情况可分为端承桩和摩擦桩；按桩的施工特点可分为打入桩、振入桩、压入桩和钻孔桩等；按材料可分为混凝土桩、钢筋混凝土桩和钢管桩；按桩的断面形状可分为圆形、方形、筒形及六角形桩等；按桩的制作方法可分为预制桩和灌注桩两类。目前我国常用的桩基础有钢筋混凝土预制桩、振动灌注桩、钻孔灌注桩、爆扩灌注桩等。

钢筋混凝土预制桩在预制厂或施工现场预制，由桩尖、桩身和桩帽三部分组成，断面多为方形，施工时用打桩机打入土层，然后在桩帽上浇筑钢筋混凝土承台，如图2-12所示。

振动灌注桩是将带有活瓣桩尖的钢管经振动沉入土中，至设计标高后向钢管内灌入混凝土，再将钢管随振随拔，使混凝土留入土中而成（图2-13）。钻孔灌注桩是利用钻孔机钻孔，然后在孔内浇筑混凝土而成。爆扩灌注桩可用钻孔机钻孔或先钻一细孔，在孔内放入装有炸药的塑料管（药条），经引爆成孔后，用炸药爆炸扩大孔底，然后灌注混凝土形成（图2-14）。

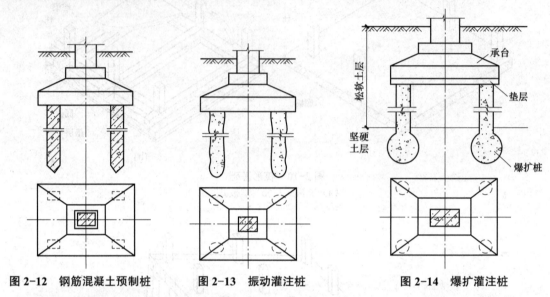

图2-12　钢筋混凝土预制桩　　　图2-13　振动灌注桩　　　图2-14　爆扩灌注桩

摩擦桩是通过桩侧表面与周围土的摩擦力来承担载荷，适用于软土层较厚、坚硬土层较深、载荷较小的情况［图2-15（a）］；端承桩是将建筑物的载荷通过桩端传递给地基深处的坚硬土层，适用于坚硬土层较浅、载荷较大的情况［图2-15（b）］。

人工挖孔桩是利用人工挖孔，在孔内放置钢筋笼、灌注混凝土的一种桩型。它能够适应平坦地形、山区地形等各种地貌，尤其是土质变化较大的场地土环境。人工挖孔桩施工操作方便，施工质量可靠；占用场地小，无泥浆排出，对周围环境及建筑物影响小；可同时展开多个工作面，大大缩短工期；且不需要大型机械设备，造价低。特别是在扩大头的桩基础中，人工挖孔桩施工更具有优越性（图2-16）。

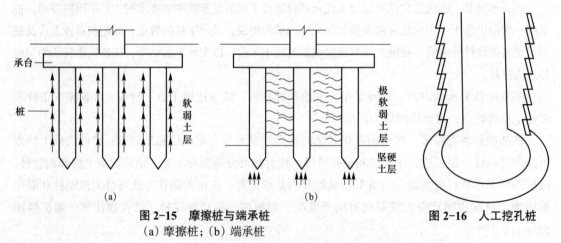

（a）　　　　　　　　　（b）
图2-15　摩擦桩与端承桩　　　　图2-16　人工挖孔桩
（a）摩擦桩；（b）端承桩

2.3 地下室构造

2.3.1 地下室的构造组成

建筑物下部的地下使用空间称为地下室。地下室一般由墙体、顶板、底板、门窗、楼梯等部分组成，如图 2-17 所示。

1. 墙体

采用筏形基础的地下室，地下室钢筋混凝土外墙厚度不应小于 250 mm，内墙厚度不应小于

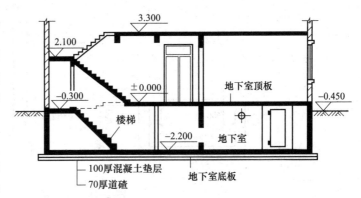

图 2-17　地下室

200 mm。墙的截面设计除满足承载力要求外，还应考虑变形、抗裂和防渗等要求。墙体内应设置双面钢筋，竖向和水平钢筋直径不应小于 12 mm，间距不应大于 300 mm。

高层建筑地下室外墙设计应满足水土压力及地面载荷侧压作用下承载力要求，其竖向分布钢筋和水平分布钢筋应双层双向布置，间距不宜大于 150 mm，配筋率不宜小于 0.3%。

2. 顶板

顶板可用预制、现浇板或预制板上做现浇层（装配整体式楼板）。若为防空地下室，则必须采用现浇板，并按有关规定决定厚度和混凝土强度等级，在无采暖的地下室顶板上，即首层地板处应设置保温层，以利于首层房间的使用舒适。

视频：地下室

3. 底板

当地板处于最高地下水水位以上，并且无压力产生作用的可能时，可按一般地面工程处理，即垫层上现浇混凝土 60 ～ 80 mm 厚，再做面层。当底板处于最高地下水水位以下时，底板不仅承受上部垂直载荷，还承受地下水的浮力载荷，因此应采用钢筋混凝土底板，并双层配筋，底板下垫层上还应设置防水层，以防止渗漏。

4. 门窗

普通地下室的门窗与地上房间门窗相同，地下室外窗若在室外地坪以下，应设置采光井和防护箅，以利于室内采光、通风和室外行走安全。防空地下室一般不允许设置窗，若需要开窗，则应设置战时堵严设施。防空地下室的外门应按防空等级要求，设置相应的防护构造。

5. 楼梯

楼梯可与地面上房间结合设置，层高低或用作辅助房间的地下室可设置单跑楼梯。有防空要求的地下室至少要设置两部楼梯通向地面的安全出口，并且必须有一个是独立的安全出口。这个安全出口周围不得有较高建筑物，以防止空袭倒塌堵塞出口，影响疏散。

6. 采光井

半地下室窗外一般应设置采光井，一般每个窗设置一个独立的采光井。当窗的距离很近时，也可将采光井连在一起。采光井由侧墙和底板构成，侧墙一般用砖砌筑，井底板则用混凝

土浇筑，如图 2-18 所示。采光井的深度由地下室窗台的高度而定，一般窗台应高于采光井底板面层 250 ～ 300 mm，采光井的长度应比窗宽 1 000 mm 左右；采光井的宽度视采光井的深度而定，当采光井深度为 1 ～ 2 m 时，宽度为 1 m 左右。采光井侧墙顶面应比室外设计地面高 250 ～ 300 mm，以防止地面水流入井内。

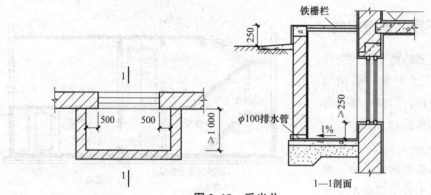

图 2-18　采光井

2.3.2　地下室的分类

1. 按埋入地下深度分类

（1）全地下室。全地下室是指地下室地面低于室外地坪的高度超过该房间净高的 1/2 的地下空间。

（2）半地下室。半地下室是指地下室地面低于室外地坪的高度为该房间净高的 1/3 ～ 1/2 的地下空间。

2. 按使用功能分类

（1）普通地下室。普通地下室一般用作高层建筑的地下停车库、设备用房，根据用途及结构需要可做成 1 层或 2 层、3 层、多层地下室，如图 2-19 所示。

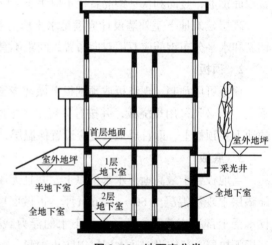

图 2-19　地下室分类

（2）人防地下室。人防地下室是结合人防要求设置的地下空间，用以应付战时情况下人员的隐蔽和疏散，并具备保障人身安全的各项技术措施。

2.3.3　地下室的防潮与防水

地下室的外墙和底板常年埋在地下，受到土中水分和地下水的侵蚀，如不采取有效的构造措施，地下室将受到水的渗透，轻则引起墙皮脱落、墙面霉变，影响美观和使用；重则将影响建筑物的耐久性。因此，保证地下室不潮湿、不进水是地下室设计和施工的重要任务。

1. 地下室的防潮、防水设计原则

（1）根据地下水水位的高度确定防潮、防水方案。

1）地下水水位低于地下室地坪，并且无法形成上层滞水可能时，地下室底板和墙体应以防潮为主。

2）地下水水位高于地下室地坪时，必须考虑底板及墙体防水处理，防水高度大于室外地面500 mm。

（2）根据不同基地土性质和地下水水位高度确定防潮防水方案：地下室周围土层属于弱透水性，并有滞水性存在的可能，防水层按有压水考虑，设计高度应超过地面。

2．地下室的防潮

当地下水的常年水位和最高水位都在地下室地面标高以下时，地下水不可能直接侵入室内，墙和底板仅受土层中潮气的影响，这时地下室只需要做防潮处理。

地下室的防潮是在地下室外墙外面设置防潮层。具体做法：在外墙外侧先抹 20 mm 厚 1：2.5 水泥砂浆（高出散水 300 mm 以上），然后涂冷底子油一道和热沥青两道（至散水底），最后在其外侧回填隔水层。北方常用 2：8 灰土，南方常用炉渣，其宽度不少于 500 mm。

地下室顶板和底板中间位置应设置水平防潮层，使整个地下室防潮层连成整体，以达到防潮目的，如图 2-20 所示。

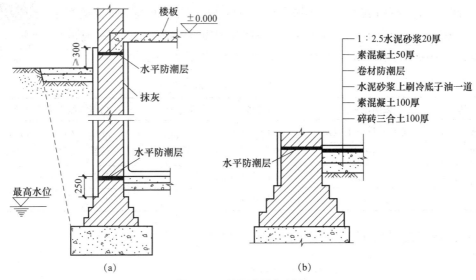

图 2-20　地下室防潮处理
（a）墙体防潮；（b）地坪处防潮

3．地下室的防水

当最高地下水水位高于地下室地坪时，地下水不仅可以侵入地下室，而且地下室外墙和底板还分别受到地下水的侧压力和浮力。水压力的大小与地下水高出地下室地坪的高度有关，高差越大，压力越大。这时，对地下室必须采取防水处理。

地下工程防水等级划分见表 2-1。

表 2-1　地下工程防水等级划分

防水等级	标　准
1 级	不允许渗水，结构表面无湿渍
2 级	不允许漏水，结构表面可有少量湿渍。 工业与民用建筑：湿渍总面积不大于总防水面积的 1%，单个湿渍面积不大于 0.1 m²，任意 100 m² 防水面积不超过一处，其他地下工程：湿渍总面积不大于防水面积的 6%，单个湿渍面积不大于 0.2 m²，任意 100 m² 防水面积不超过 4 处

防水等级	标　　准
3 级	有少量漏水点，不得有线流和漏泥砂。单个湿渍面积不大于 0.3 m²，单个漏水点的漏水量不大于 2.5 L/d，任意 100 m² 防水面积不超过 7 处
4 级	有漏水点，不得有线流和漏泥砂。整个工程平均漏水量不大于 2 L/（m²·d），任意 100 m² 防水面积的平均漏水量不大于 4 L/（m²·d）

地下室防水构造通常有卷材防水、砂浆防水和涂料防水等。

（1）卷材防水。卷材防水构造适用于受侵蚀性介质或受振动作用的地下工程。卷材应采用高聚物改性沥青防水卷材和合成高分子防水卷材，铺设在地下室混凝土结构主体的迎水面上。铺设位置是自底板垫层至墙体顶端的基面上，同时，应在外围形成封闭的防水层。

地下室卷材防水做法：防水卷材铺贴前应在基层表面上涂刷基层处理剂，基层处理剂应与卷材及胶粘剂的材料相容，可采用喷涂或涂刷法施工，喷涂应均匀一致、不露底，待表面干燥后方可铺贴卷材。两幅卷材短边和长边的搭接宽度均不应小于 100 mm。当采用多层卷材时，上下两层和相邻两幅卷材的接缝应错开1/3 幅宽，且两层卷材不得相互垂直铺贴。防水卷材厚度见表 2-2。

视频：全埋式地下室卷材外防水构造

表 2-2　防水卷材厚度

防水等级	设防道数	合成高分子防水卷材	高聚物改性沥青防水卷材
1 级	三道或三道以上设防	单层：不应小于 1.5 mm；双层：总厚不应小于 2.4 mm	单层：不应小于 4 mm；双层：总厚不应小于 6 mm
2 级	二道设防		
3 级	一道设防	不应小于 1.5 mm	不应小于 4 mm
	复合设防	不应小于 1.2 mm	不应小于 3 mm

地下室顶板在室外地坪以下的具体构造及其细部做法如图 2-21 所示。

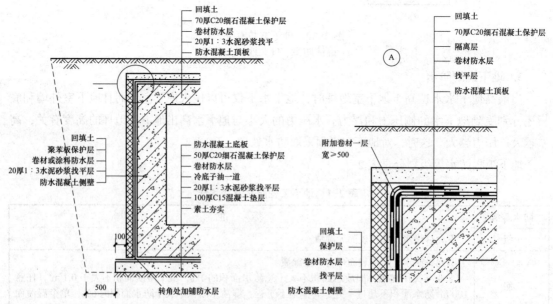

图 2-21　地下室顶板在室外地坪以下的具体构造及其细部做法

在阴、阳角处，卷材应做成圆弧，而且应当像在有女儿墙处的卷材防水屋面做法一样，加铺一道相同的卷材，宽度≥500 mm。

（2）砂浆防水。砂浆防水构造适用于混凝土或砌体结构的基层，不适用于环境有侵蚀性、持续振动或温度高于80 ℃的地下工程。所用砂浆应为水泥砂浆或高聚物水泥砂浆、掺外加剂或掺合料的防水砂浆。

地下室砂浆防水做法：施工应采取多层抹压法。水泥砂浆的配合比应为1:2～1:1.5。高聚物水泥砂浆单层厚度为6～8 mm，双层厚度为10～12 mm。掺外加剂或掺合料的防水砂浆防水层厚度为18～20 mm。

（3）涂料防水。有机防水涂料主要包括合成橡胶类、合成树脂类和橡胶沥青类，适宜做在主体结构的迎水面。其中，如氯丁橡胶防水涂料、SBS改性沥青防水涂料等聚合物乳液防水涂料，属挥发固化型；聚氨酯防水涂料等属反应固化型。另有聚合物水泥涂料，国外称之为弹性水泥防水涂料。

无机防水涂料主要包括聚合物改性水泥基防水涂料和水泥基渗透结晶型防水涂料，应认为是刚性防水材料，所以不适用于变形较大或受振动部位，适宜做在主体结构的背水面。

防水涂料的厚度见表2-3。

表2-3　防水涂料的厚度　　　　　　　　　　　　　mm

防水等级	设防道数	有机涂料			无机涂料	
		反应型	水乳型	聚合物型	水泥基	水泥基渗透结晶型
1级	三道或三道以上设防	1.2～2.0	1.2～1.5	1.5～2.0	1.5～2.0	≥0.8
2级	二道设防	1.2～2.0	1.2～1.5	1.5～2.0	1.5～2.0	≥0.8
3级	一道设防	—	—	≥2.0	≥2.0	
	复合设防	—	—	≥1.5	≥1.5	

模块小结

地基是承受建筑物载荷的土层，地基可分为天然地基和人工地基。基础是建筑物地面以下的承重构件；基础的埋深是指从室外设计地面到基础底面的垂直距离，埋深小于5 m时称为浅基础，大于5 m时称为深基础，且基础埋深一般不小于0.5 m；基础的类型根据其材料及传力特点主要分为刚性基础和柔性基础；根据其形式主要分为条形基础、独立基础、筏形基础、箱形基础、桩基础。

当最高地下水水位低于地下室地坪且无滞水可能时，做防潮处理。当最高地下水水位高于地下室地坪时，做防水处理。防水材料主要包括刚性防水材料、柔性防水材料和弹性防水材料三类。

> 课后习题

一、填空题

1. 地基按是否需要处理可分为_____和_____两大类。

2. 建筑物的载荷在地基中向下传递时，地基应力与应变逐渐递减至忽略不计，据此可将地基分为_____层和_____层两个层次。

3. 基础按所用材料和受力特点可分为_____和_____两大类。

4. 当埋深变化时，刚性基础底宽的增加要受到_____的限制。

5. 基础按构造形式可分为条形基础、独立基础与联合基础三大类，其中常见的联合基础形式有_____基础、_____基础、_____基础等。

6. 地下室防潮包括_____防潮和_____防潮两个方面以使整个地下室防潮层连成整体，形成整体防潮。

7. 地下室柔性防水构造可分为_____与_____两种做法。

二、选择题

1. 地基是（　　）。

A. 建筑物地面以下的承重构件　　　　　B. 建筑物的下层结构

C. 承受由基础下传载荷的土层　　　　　D. 建筑物的一部分

2. 埋深大于 5 m 的基础称为（　　）。

A. 深基础　　　　　B. 浅基础　　　　　C. 柔性基础　　　　　D. 刚性基础

3. 当地下水水位很高，基础不能埋在地下水水位以上时，为减少和避免地下水的浮力和影响，应将基础底面埋至（　　）位置。

A. 最高水位 200 mm 以下　　　　　B. 最低水位 200 mm 以下

C. 最高水位 500 mm 以下　　　　　D. 最高水位与最低水位之间

4. 砖基础采用台阶式、逐级向下放大的做法，一般按每 2 皮砖挑出（　　）砌筑。

A. 1/2 砖　　　　　B. 1/4 砖　　　　　C. 3/4 砖　　　　　D. 1 皮砖

5. 刚性基础的受力特点是（　　）。

A. 抗拉强度大，抗压强度小　　　　　B. 抗拉、抗压强度均大

C. 抗剪强度大　　　　　D. 抗压强度大，抗拉强度小

6. 下列基础中属于柔性基础的是（　　）。

A. 钢筋混凝土基础　　B. 毛石基础　　　　　C. 砖基础　　　　　D. 素混凝土基础

三、简答题

1. 基础和地基有什么不同？分别叙述其概念。

2. 什么是基础的埋置深度？分析影响基础埋深的因素有哪些？

四、实践题

试绘制地下室的外包防水构造详图，并辅以必要的文字说明与尺寸标注。

模块 3 墙 体

3.1 墙体概述

3.1.1 墙体的作用

房屋建筑中的墙体一般有以下作用。

1. 承重作用

墙体承受屋顶、楼板、梁传递给它的载荷，本身的自重载荷，地震载荷和风载荷等。

2. 围护作用

墙体遮挡了自然界的风、雨、雪的侵袭，防止太阳的辐射、噪声的干扰及室内热量的散失等，起到保温、隔热、隔声、防水等作用。

3. 分隔作用

墙体根据使用需要，可将房屋划分为若干个房间和使用空间。

4. 装饰作用

装饰墙面满足室内外装饰和使用功能要求。

以上关于墙体的作用，并不是指一面墙体会同时具有这些作用。有的墙体既起承重作用又起围护作用，如砌体承重的混合结构体系和钢筋混凝土墙承重体系中的外墙；有的墙体只起围护作用，如框架结构中的外墙；有的墙体具有承重和分隔双重作用，如砌体承重的混合结构体系中的某些内墙；又有的墙体只起分隔作用，如框架承重体系中的某些内墙。

3.1.2　墙体的类型

1．按墙体所在位置分类

墙体按所处的位置不同可分为外墙和内墙，如图 3-1 所示。外墙是指房屋四周与室外接触的墙；内墙是指位于房屋内部的墙。

墙体按轴线方向又可分为纵墙和横墙。沿建筑物长轴方向布置的墙称为纵墙；沿建筑物短轴方向布置的墙称为横墙，外横墙又称为山墙（图 3-1）。

另外，窗与窗、窗与门之间的墙称为窗间墙，窗洞下部的墙称为窗下墙，屋顶上部的墙称为女儿墙。

2．按受力情况分类

根据受力情况不同，墙有承重墙和非承重墙之分。直接承受楼板、屋顶等传来载荷的墙称为承重墙；不承受这些外来载荷的墙称为非承重墙，非承重墙包括自承重墙、隔墙、填充墙和幕墙。

在砖混结构中，非承重墙可分为自承重墙和隔墙。自承重墙不承担外来载荷，仅承受自身质量，并把载荷传递给基础；隔墙是指分割室内空间的非承重构件，即不承受外力，并且把自重传递给楼板层或附加的梁等结构支撑系统中的相关构件。

在框架结构中，非承重墙可分为填充墙和幕墙。填充在框架结构中梁柱之间的墙体称为填充墙；幕墙一般是悬挂于框架梁柱外侧或楼板间的轻质外墙，起围护作用。幕墙虽然不承受竖向的外部载荷，但是受气流的影响需要承受水平风载荷，并通过与骨架的连接件将这些载荷和自重一并传递给骨架系统。墙体按受力分类如图 3-2 所示。

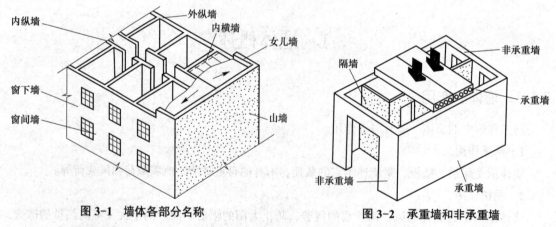

图 3-1　墙体各部分名称　　　　　图 3-2　承重墙和非承重墙

3．按材料分类

按所用材料的不同，墙有砖墙、石墙、土墙、混凝土墙、钢筋混凝土墙、轻质板材墙，以及各种砌块墙等。

4．按构造方式分类

按构造方式不同，墙可分为实体墙、空体墙和复合墙三种。实体墙是由单一材料组成，如砖墙、实心砌块墙等；空体墙也是由单一材料组成，可由单一材料砌成内部空腔，如空斗墙，也可用本身带孔的材料组合而成，如空心砌块墙等；复合墙由两种或两种以上材料组合而成，目的是提高墙体的保温、隔声或其他功能方面的要求，如加气混凝土复合板材墙，其中混凝土起承重作用，加气混凝土起保温、隔热作用。墙体的构造形式如图3-3所示。

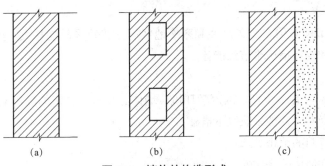

图3-3 墙体的构造形式
（a）实体墙；（b）空体墙；（c）复合墙

5. 按施工方法分类

根据施工方法不同，墙可分为块材墙、板筑墙和板材墙三种。块材墙是用砂浆等胶结材料将砖、石、砌块等组砌而成的，如砖墙、石墙；板筑墙是在施工现场立模板、现浇而成的墙体，如现浇钢筋混凝土墙；板材墙是预先制成墙板，在施工现场安装、拼接而成的墙体，如各种轻质条板内隔墙等。

3.1.3 墙体的设计要求

1. 具有足够的强度和稳定性

强度是指墙体承受载荷的能力，它与所采用的材料种类及其强度等级有关。作为承重墙的墙体，必须具有足够的强度，以确保结构的安全。

墙体的稳定性与墙的高度、长度和厚度有关。高而薄的墙体稳定性差，矮而厚的墙体稳定性好；长而薄的墙体稳定性差，短而厚的墙体稳定性好。墙的稳定性可通过验算确定，提高墙体稳定性的措施有增加墙厚，提高砌筑砂浆强度等级，增加墙垛、壁柱、构造柱、圈梁，墙内加筋等。

视频：墙体保温

2. 满足保温隔热等热工方面的要求

（1）墙体的保温要求。对有保温要求的墙体，须提高其构件的热阻，通常采取以下措施。

1）增加墙体的厚度。墙体的热阻与其厚度成正比，欲提高墙身的热阻，可增加其厚度。

2）选择导热系数小的墙体材料。要增加墙体的热阻，常选用导热系数小的保温材料，如泡沫混凝土、加气混凝土、陶粒混凝土、膨胀珍珠岩、膨胀蛭石、浮石及浮石混凝土、泡沫塑料、矿棉及玻璃棉等。其保温构造有单一材料的保温结构和复合保温结构之分。

3）采取隔蒸汽措施。为防止墙体产生内部凝结，常在墙体的保温层靠高温一侧，即蒸汽渗入的一侧，设置一道隔蒸汽层。隔蒸汽材料一般采用沥青、卷材、隔汽涂料及铝箔等防潮、防水材料。

（2）墙体的隔热要求。隔热措施如下：

1）外墙采用浅色而平滑的外饰面，如白色外墙涂料、玻璃马赛克、浅色墙地砖、金属外墙板等，以反射太阳光，减少墙体对太阳辐射的吸收。

2）在外墙内部设置通风间层，利用空气的流动带走热量，降低外墙内表面温度。

3）在窗口外侧设置遮阳设施，以遮挡太阳光直射室内。

4）在外墙外表面种植攀缘植物使之遮盖整个外墙，吸收太阳辐射热，从而起到隔热作用。

3. 建筑节能要求

为贯彻国家的节能政策，改善严寒和寒冷地区居住建筑采暖能耗大、热工效率差的状况，必须通过建筑设计和构造措施来节约能耗。

4. 隔声要求

为保证建筑的室内有一个良好的声学环境，墙体必须具有一定的隔声能力。墙体主要隔离由空气直接传播的噪声。一般采取以下措施：

（1）加强墙体缝隙的填密处理。

（2）增加墙厚和墙体的密实性。

（3）采用有空气间层式多孔性材料的夹层墙。

（4）尽量利用垂直绿化降低噪声。

5. 防火要求

墙体材料的燃烧性能和耐火极限都应符合防火规范中相应的规定。当建筑的占地面积或长度较大时，还应按防火规范要求设置防火墙，防止火灾蔓延。

6. 防水防潮要求

在卫生间、厨房、试验室等用水房间的墙体及地下室的墙体应满足防水防潮要求。通过选用良好的防水材料及恰当的构造做法，保证墙体的坚固耐久，使室内有良好的卫生环境。

7. 建筑工业化要求

在大量性民用建筑中，墙体工程量占有相当大的比重，同时劳动力消耗大，施工工期长。因此，建筑工业化的关键是墙体改革，逐步改革墙体材料的现状，向高强度、轻质等方向发展，减轻自重，降低成本，为建筑工业化创造条件。

3.1.4 墙体的承重方案

对于以墙体承重为主的结构，要求各层的承重墙上、下必须对齐，各层的门、窗洞孔也尽量做到上、下对齐。此外，还需要合理选择墙体结构布置方案。墙体结构的布置方案即承重墙的布置形式（也称承重方案）。在民用建筑砖混结构房屋中，常用的承重方案有横墙承重、纵墙承重、纵横墙混合承重、墙柱混合承重。

1. 横墙承重

横墙承重是将楼板及屋面板等水平承重构件沿纵向布置，搁置在两端的横墙上，如图3-4（a）所示，楼面及屋面载荷依次通过楼板、横墙、基础传递给地基。

视频：墙体的承重方案

这种承重方案建筑物的横墙间距较小、数量较多，建筑物的横向刚度较强，整体性好，有利于抵抗水平载荷（风载荷、地震作用等）和调整地基不均匀沉降，而且由于纵墙为自承重墙只承担自身重量，因此在纵墙上开门窗限制较少，并且比较容易组织起穿堂风。但是横墙间距受到限制，建筑开间尺寸不够灵活，材料消耗多。

这种布置方案适用于房间开间尺寸不大且较为整齐的建筑物，如住宅、宿舍、旅馆等。

2. 纵墙承重

纵墙承重是将楼板及屋面板等水平承重构件沿建筑物的横向布置，板的两端搁置在纵墙上，横墙只起分隔空间和连接纵墙的作用，如图3-4（b）所示，楼面及屋面载荷依次通过楼板（梁）、纵墙、基础传递给地基。

这种方案开间大小划分灵活，能分割出较大房间，材料消耗少。在北方地区，外纵墙因保温需要，其厚度往往大于承重所需的厚度，纵墙承重使较厚的外纵墙充分发挥了作用。但由于横墙不承重，这种方案抵抗水平载荷的能力比横墙承重差。故此方案纵向刚度强而横向刚度弱，而且承重纵墙上开设门窗洞口有时受到限制，并且楼板的跨度相对较大，从而使楼板的截面高度加大，占用竖向空间较多，即房屋的净高减少。

这一布置方案适用于需要较大房间的建筑，如办公楼、商店、教学楼、医院等，但不宜用于地震区。

3. 纵横墙混合承重

纵横墙混合承重就是在同一建筑物中，既有横墙承重，也有纵墙承重，如图3-4（c）所示。这种方案综合上述两种承重方案的优点，房屋平面布置灵活，两个方向的刚度也比较好。

这种方案适用于开间、进深变化较多且房间类型比较多的建筑物，如医院、教学楼等。

4. 墙与柱混合承重

在结构设计中，有时采用墙体和钢筋混凝土梁、柱组成的框架共同承受楼板和屋顶的载荷，这时，梁的一端支承在柱上，而另一端搁置在墙上，这种结构布置称为部分框架结构或内部框架承重方案，如图3-4（d）所示。它较适用于室内需要较大使用空间的建筑，如商场等。

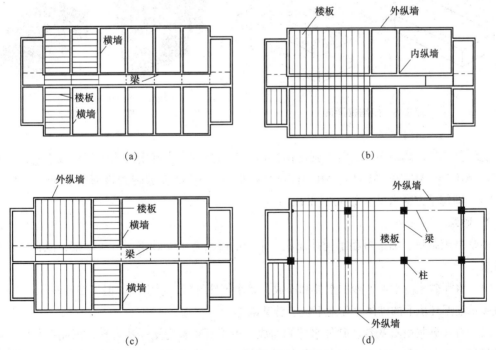

图 3-4 墙体的承重方案

（a）横墙承重体系；（b）纵墙承重体系；（c）纵横墙混合承重体系；（d）墙与柱混合承重体系

3.2　砖墙的基本构造

3.2.1　砖墙材料

砖墙是用砂浆将一块块砖按一定技术要求砌筑而成的砌体。其材料是砖和砂浆。

1. 砖

砖按材料不同，有黏土砖、页岩砖、粉煤灰砖、灰砂砖、炉渣砖等；按形状分，有实心砖、多孔砖和空心砖等。

我国标准砖的规格为 240 mm×115 mm×53 mm，砖长：宽：厚＝ 4：2：1（包括 10 mm 宽灰缝），如图 3-5（a）所示。标准砖砌筑墙体时是以砖宽度的倍数，即 115 ＋ 10 ＝ 125（mm）为模数。这与《建筑模数协调标准》（GB/T 50002—2013）中的基本模数 M ＝ 100 mm 不协调，因此在使用中，须注意标准砖的这一特征。常用多孔砖的尺寸为 240 mm（长）×115 mm（宽）× 90 mm（厚），如图 3-5（b）所示。

烧结普通砖以黏土为主要原料，经成型、干燥焙烧而成。烧结普通砖强度高，抗冻性好，制作方便，应用广泛。但由于制砖原料取之于黏土，毁坏农田，所以近年来各地区都改用其他材料制成灰砂砖、粉煤灰砖、炉渣砖、煤矸石砖、页岩砖等代替烧结普通砖，如图 3-6 所示。

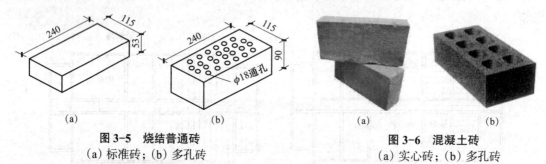

图 3-5　烧结普通砖　　　　图 3-6　混凝土砖
（a）标准砖；（b）多孔砖　　　（a）实心砖；（b）多孔砖

烧结普通砖、烧结多孔砖等的强度由其抗压及抗折等因素确定，用强度等级表示，分别为 MU30、MU25、MU20、MU15、MU10 五个级别。如 MU30 表示砖的极限抗压强度平均值为 30 MPa，即每平方毫米可承受 30 N 的压力。

2. 砂浆

砂浆由胶结料、细集料和水搅拌而成。常用的砂浆有水泥砂浆、石灰砂浆、混合砂浆和黏土砂浆。

（1）水泥砂浆由水泥、砂加水拌和而成，属水硬性材料，强度高，但可塑性和保水性较差，适宜砌筑潮湿环境下的砌体，如地下室、砖基础等。

（2）石灰砂浆由石灰膏、砂加水拌和而成。由于石灰膏为塑性掺合料，因此石灰砂浆的可塑性很好，但它的强度较低，且属于气硬性材料，遇水强度即降低，因此适宜砌筑次要的民用建筑的地上砌体。

（3）混合砂浆由水泥、石灰膏、砂加水拌和而成。既有较高的强度，也有良好的可塑性和保水性，故在民用建筑地上砌体中被广泛采用。

（4）黏土砂浆由黏土、砂和水拌和而成，强度很低，仅适用于土坯墙的砌筑，多用于乡村民居。它们的配合比取决于结构要求的强度。

砂浆强度是以强度等级划分的，可分为 M30、M25、M20、M15、M10、M7.5、M5 七个强度等级。

3.2.2 砖墙的基本尺寸

砖墙的尺度包括砖墙的厚度、墙段长度和洞口尺寸、砖墙的高度等。

1. 砖墙的厚度

实心砖墙的厚度是按半砖的倍数确定的，习惯上以砖长为基数进行称呼，如半砖墙、一砖墙、一砖半墙等；工程上以其标志尺寸进行称呼，如一二墙、二四墙、三七墙等。常用墙厚的尺寸规律见表 3-1。

表 3-1　砖墙厚度的组成

砖墙断面					
尺寸组成 /mm	115×1	115×1＋53＋10	115×2＋10	115×3＋20	115×4＋30
构造尺寸 /mm	115	178	240	365	490
标志尺寸 /mm	120	180	240	370	490
工程称谓	一二墙	一八墙	二四墙	三七墙	四九墙
习惯称谓	半砖墙	3/4 砖墙	一砖墙	一砖半墙	两砖墙

2. 墙段长度和洞口尺寸

《建筑模数协调标准》（GB/T 50002—2013）中规定，房间的开间、进深、门窗洞口尺寸都应是 3M（300 mm）的整数倍，1 m 内的小洞口可采用 100 mm 的倍数，而普通黏土砖砖墙的砖模数是砖宽加灰缝即 125 mm，多孔黏土砖墙的厚度是按 50 mm（1/2M）进级。这样，在一栋房屋中采用两种模数，必然会在施工中出现不协调现象，而砍砖过多会影响砌体强度，也会给施工带来麻烦，解决这一矛盾的另一办法是调整灰缝的大小。由于施工规范允许竖缝宽度为 8 ～ 12 mm，使墙段有少许的调整余地。但是，墙段短时，灰缝数量少，调整范围小，故墙段长度小于 1.5 m 时，设计时宜使其符合砖模数；墙段长度超过 1.5 m 时，可不再考虑砖模数。

另外，墙段长度尺寸还应满足结构需要的最小尺寸，以避免应力集中在小墙段上而导致墙体的破坏，对转角处的墙段和承重窗间墙尤其应注意。

3. 砖墙的高度

按砖模数要求，砖墙的高度应为 53 + 10 = 63（mm）的整倍数。但现行模数协调系列多为3M，如 2 700、3 000、3 300（mm）等，住宅建筑中层高尺寸则按 1M 递增，如 2 700、2 800、2 900（mm）等，均无法与砖墙皮数相适应。为此，砌筑前必须事先按设计尺寸反复推敲砌筑皮数，适当调整灰缝厚度，并制作若干根皮数杆以作为砌筑的依据。

3.2.3 砖墙的组砌方式

组砌方式是指块材在砌体中的排列方式。在砌筑时应遵循"错缝搭接、避免通缝、横平竖直、砂浆饱满"的基本原则，以提高墙体整体稳定性，减少开裂的可能性。

习惯上，将长边方向垂直于墙面砌筑的砖称为丁砖；将长边方向平行于墙面砌筑的砖称为顺砖。上下两皮砖之间的水平缝称为横缝，左右两块砖之间的缝称为竖缝。灰缝的尺寸为（10±2）mm。每排列一层砖称为一皮。

1. 实砌墙

实砌墙常见的组砌方式有全顺式、一顺一丁式、三顺一丁式或多顺一丁式、十字式、两平一侧式等。砖墙的组砌方式如图 3-7 所示。

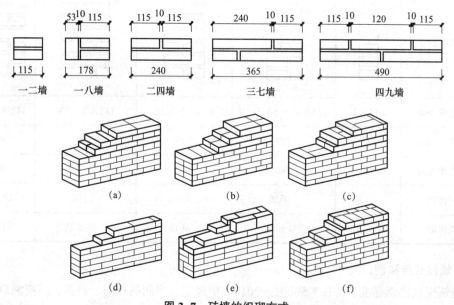

图 3-7　砖墙的组砌方式

（a）240 砖墙　一顺一丁式；（b）240 砖墙　多顺一丁式；
（c）240 砖墙　十字式；（d）120 砖墙；（e）180 砖墙；（f）370 砖墙

2. 空斗墙

空斗墙是指用砖侧砌或平、侧交替砌成的空心墙体。它具有用料省、自重轻和隔热、隔声性能好等优点，适用于 1 ～ 3 层民用建筑的承重墙或框架建筑的填充墙。空斗墙的砌筑方法可分为有眠空斗墙和无眠空斗墙两种。侧砌的砖称为斗砖；平砌的砖称为眠砖。有眠空斗墙是每隔 1 ～ 3 皮斗砖砌一皮眠砖，分别称为一眠一斗、一眠二斗、一眠三斗，如图 3-8 所示。无眠空斗墙只砌斗砖而无眠砖，所以又称为全斗墙，如图 3-8 所示。无论哪一种砌法，上下皮砖的竖缝都应错开，以保证墙体的整体性。

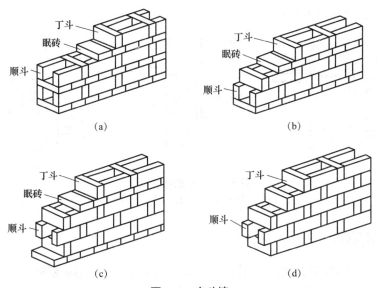

图 3-8 空斗墙

(a) 一眠一斗；(b) 一眠二斗；(c) 一眠三斗；(d) 全斗墙（无眠空斗墙）

3.3 墙体细部构造

墙体的细部构造包括勒脚、墙身防潮层、踢脚与墙裙、明沟与散水、门窗过梁、窗台、墙身加固措施、烟道与通风道等。

3.3.1 勒脚

勒脚是建筑物外墙的墙脚，即建筑物的外墙与室外地面或散水部分的接触墙体部位的加厚部分（也有的将室外地面至底层窗台的高度部分视为勒脚）。一般来说，勒脚的高度不应低于 700 mm。勒脚应与散水、墙身水平防潮层形成闭合的防潮系统。

视频：勒脚

勒脚有三个方面的作用：一是保护墙脚，防止外界机械碰撞而使墙身受损；二是保护近地墙身，防止地表水对墙脚的侵蚀破坏；三是增强建筑物立面美观。由于勒脚容易受到雨水、地面积雪和外界的破坏，因而影响建筑物的耐久性和美观，因此要求对勒脚在构造上采取防护措施。

视频：勒脚构造（石材饰面）

勒脚一般采用以下几种构造做法：

（1）抹灰：可采用 20 mm 厚 1∶3 水泥砂浆抹面、1∶2 水泥白石子浆水刷石或斩假石抹面。此法多用于一般建筑。

（2）贴面：可采用天然石材或人工石材，如花岗石、水磨石板等。其耐久性、装饰效果好，用于高标准建筑。

（3）替换墙材类：整个墙脚采用强度高、耐久性和防水性好的材料砌筑，如条石、混凝土、天然的石材等。

勒脚的构造做法如图 3-9 所示。

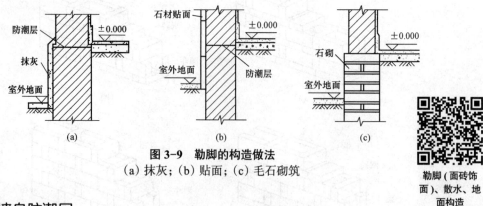

图 3-9　勒脚的构造做法
（a）抹灰；（b）贴面；（c）毛石砌筑

勒脚（面砖饰
面）、散水、地
面构造

3.3.2　墙身防潮层

为了防止土壤中的潮气沿墙体上升和地表水对墙体的侵蚀，提高墙体的坚固性与耐久性，保证室内干燥、卫生，必须在内、外墙脚部位连续设置防潮层。防潮层有水平防潮层和垂直防潮层两种。

视频：墙身防
潮层

1. 水平防潮层

（1）防潮层的位置。水平防潮层一般应在室内地面不透水垫层（如混凝土）范围以内，通常在 −0.060 m 标高处设置，而且至少要高于室外地坪 150 mm，以防止雨水溅湿墙身。当地面垫层为透水材料（如碎石、炉渣等）时，水平防潮层的位置应平齐或高于室内地面 60 mm，即在 +0.060 m 处。墙身防潮层的位置如图 3-10 所示。

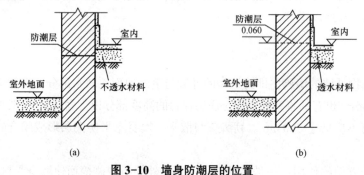

图 3-10　墙身防潮层的位置
（a）地面垫层为不透水材料；（b）地面垫层为透水材料

（2）防潮层的做法。墙身防潮层一般有以下几种做法：

1）油毡水平防潮层。在防潮层部位先抹 20 mm 厚 1：3 水泥砂浆找平层，然后用热沥青粘贴一毡二油。为了确保防潮效果，油毡的宽度应比墙每侧宽 10 mm，油毡搭接应不小于 100 mm。这种做法防潮效果好，但油毡削弱了墙身的整体性和抗震能力，不应在刚度要求高或地震区采用 ［图 3-11（a）］。

2）防水砂浆水平防潮层。采用 1：2 水泥砂浆加 3% ～ 5% 防水剂，厚度为 20 ～ 30 mm 或用防水砂浆砌三皮砖做防潮层。这种做法构造简单，不破坏墙体的整体性，但砂浆开裂或不饱满时会影响防潮效果，不宜用于地基会产生不均匀变形的建筑 ［图 3-11（b）］。

3）细石混凝土水平防潮层。在防潮层位置铺设 60 mm 厚 C20 细石混凝土，内配置 3φ6 或

3φ8 钢筋，分布钢筋为 φ4@250，形成钢筋网以抗裂。由于混凝土密实性好，防潮性能好，并与砌体结合紧密，故适用于整体刚度要求较高的建筑中［图 3-11（c）］。

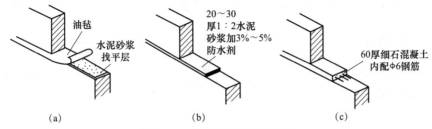

图 3-11 墙身水平防潮层构造
（a）油毡防潮；（b）水泥砂浆防潮；（c）细石混凝土防潮

以下两种情况可以不设置水平防潮层：如采用混凝土或石砌墙脚且顶面标高在 −0.060 m 时；当基础圈梁提高到室内地坪以下不超过 60 mm 的范围内，即钢筋混凝土圈梁的顶面标高为 −0.060 m 时。

2. 垂直防潮层

当相邻室内地坪出现高差或室内地坪低于室外地面时，需要在不同标高的室内地坪处设置水平防潮层，并且应该在上下两道水平防潮层之间设置垂直防潮层，以防止土层中的水分从地面高的一侧渗透到地面低一侧房间的墙身内（图 3-12）。

垂直防潮层的做法是在需要设置垂直防潮层的墙面（靠回填土一侧）先用水泥砂浆抹面，刷上冷底子油一道，再刷热沥青两道；也可以采用掺有防水剂的砂浆抹面的做法。

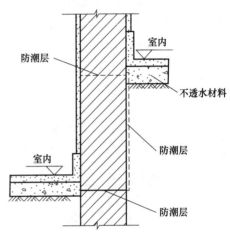

图 3-12 墙身垂直防潮层

3.3.3 踢脚与墙裙

1. 踢脚

踢脚（踢脚板、踢脚线）是外墙内侧和内墙两侧与室内地坪交接处的构造。踢脚作用的一方面是防止扫地时污染墙面，另一方面主要是防潮和保护墙脚。踢脚材料一般与地面相同。踢脚的高度一般为 120 ~ 150 mm（图 3-13）。

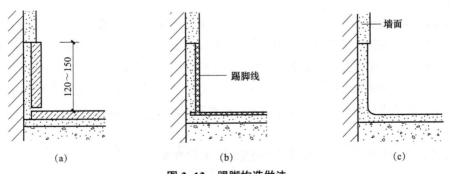

图 3-13 踢脚构造做法
（a）凸出墙面；（b）与墙面平齐；（c）凹进墙面

2. 墙裙

所谓墙裙，很直观、通俗地说就是立面墙上像围了裙子。这种装饰方法是在四周的墙上距地一定高度（如 1.5 m）范围之内全部用装饰面板、木线条等材料包住，常用于卧室和客厅。

3.3.4 明沟与散水

为了防止屋顶落水或地表水下渗侵蚀基础，必须沿外墙四周设置明沟或散水，以便将建筑物周围的积水及时排离。

1. 明沟

明沟是设置在外墙四周的排水沟，将屋面落水和地面积水有组织地导向集水井，然后流入排水系统，以保护外墙基础。

视频：散水与明沟

在年降雨量较大的地区可采用明沟排水。明沟是将雨水导入城市地下排水管网的排水设施。一般在年降雨量为 900 mm 以上的地区采用明沟排除建筑物周边的雨水。明沟宽一般为 200 mm 左右，材料为混凝土、砖等。明沟沟底应有不小于 1% 的坡度，以保证排水畅通。

明沟一般设置在墙边，当屋面为自由落水时，明沟外移，其中心线与屋面檐口对齐。其构造如图 3-14 所示。

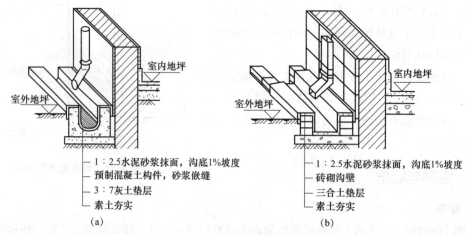

图 3-14 明沟的构造
（a）混凝土明沟；（b）砖砌明沟

2. 散水

散水是设置在外墙四周的倾斜的坡面，坡度一般为 3% ～ 5%，以便将雨水迅速排至远处，避免雨水对墙基的侵蚀。散水可用水泥砂浆、混凝土、砖砌、块石等材料做成，其宽度一般为 600 ～ 1 000 mm。当屋面为自由落水时，散水宽度应比屋面挑檐宽度大 200 ～ 300 mm。为了防止散水下沉，一般应使散水外缘高出室外地坪 30 ～ 50 mm（图 3-15）。散水沿长度方向应设置横向分隔缝，以适应材料由于温度变化引起的收缩和土壤不均匀沉降的影响，分隔缝内用沥青胶等材料塞实，如图 3-16 所示。

散水属于自由排水的方式，适用于降雨量较小的北方地区。

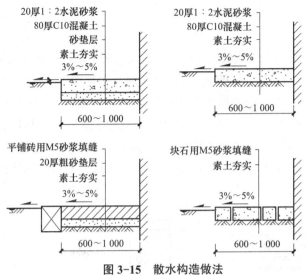

图 3-15　散水构造做法

图 3-16　散水伸缩缝构造

3. 散水（明沟）和勒脚的位置关系

勒脚做在外墙面上，而散水（明沟）是做在与勒脚相接触的地面上。由于建筑物的沉降，勒脚与散水施工时间的差异，在勒脚与散水交接处应留有缝隙，缝内填弹性材料，上嵌沥青胶盖缝，以防渗水。勒脚与散水交接处缝隙的构造如图 3-17 所示。

3.3.5　门窗过梁

当墙体上开设门窗洞口且洞口宽度大于 300 mm 时，为了支撑洞口上部砌体所传来的各种载荷，并将这些载荷传递给门窗等洞口两边的墙，常在门窗洞口上设置横梁，该梁称为过梁。

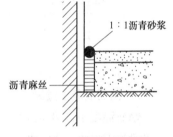

图 3-17　勒脚与散水交接处缝隙的构造

过梁的主要形式有砖拱过梁、钢筋砖过梁和钢筋混凝土过梁等几种，如图 3-18 所示。

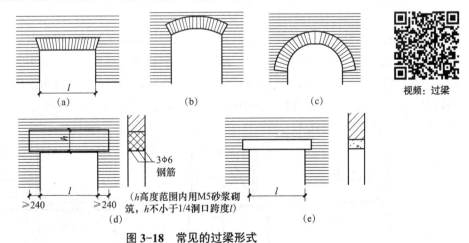

视频：过梁

图 3-18　常见的过梁形式

（a）平拱；（b）弧拱；（c）半圆砖拱；（d）钢筋砖过梁；（e）钢筋混凝土过梁

1. 砖拱过梁

砖拱过梁包括砖砌平拱过梁和砖砌弧拱过梁两种，适用于洞口较小且上部载荷不大的墙体。

由于其抗震和抗沉降能力较差，目前已较少使用。

2. 钢筋砖过梁

钢筋砖过梁是在门窗洞口上部砂浆层内配置钢筋，形成可以承受载荷的加筋平砌砖过梁，其砌筑方法与一般砖墙相同。将间距小于120 mm的φ6钢筋埋在洞口上部厚度为30 mm的1∶3水泥砂浆层内，钢筋两边伸入洞口两侧墙内的长度不宜小于240 mm。为使在洞口上的部分砌体和钢筋构成过梁，常在相当于1/4洞口跨度的高度范围内且不应小于5皮砖，用不低于MU7.5的砖和不低于M5的砂浆砌筑。钢筋砖过梁最大跨度为1.5 m且洞口上部无集中载荷。对有较大振动载荷或可能产生不均匀沉降的房屋，不应采用砖砌过梁，而应采用钢筋混凝土过梁。钢筋砖过梁构造如图3-19所示。

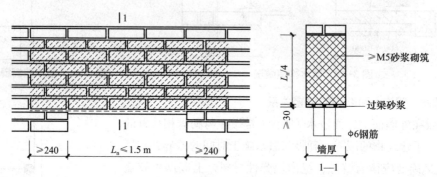

图 3-19　钢筋砖过梁构造示意

3. 钢筋混凝土过梁

钢筋混凝土过梁承载力强，一般不受跨度的限制。钢筋混凝土过梁有现浇和预制两种。预制过梁施工方便、速度快、省模板，且便于在门窗洞口上挑出装饰线条，是最常用的一种过梁。

过梁的截面尺寸应根据跨度及载荷计算确定，但为了施工方便，梁高应与砖的皮数相适应，以方便墙体连续砌筑，故常见梁高为60 mm、120 mm、180 mm、240 mm，即60 mm的整倍数，梁宽一般同墙厚。过梁两端支承在墙上的长度不少于240 mm，以保证足够的承压面积。

为了防止雨水沿门窗过梁向外墙内侧流淌，过梁底部的外侧抹灰时要做滴水。过梁的截面形式有矩形和L形，矩形截面多用于内墙和混水墙；L形截面多用于外墙和清水墙。为简化构造，节约材料，可将过梁与圈梁、悬挑雨篷、窗楣板或遮阳板等结合起来设计。如在南方炎热多雨地区，常从过梁上挑出300～500 mm宽的窗楣板，既保护窗户不淋雨，又可遮挡部分直射太阳光。钢筋混凝土过梁形式如图3-20所示。

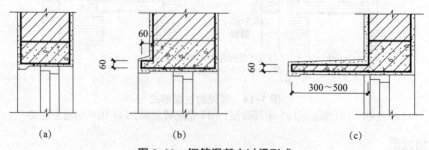

图 3-20　钢筋混凝土过梁形式

（a）平墙过梁；（b）带窗套过梁；（c）带窗楣板过梁

3.3.6 窗台

窗台是窗洞下部的构造，用来排除窗外侧留下的雨水和内侧的冷凝水，并起一定的装饰作用。位于室外的称为外窗台；位于室内的称为内窗台。当窗很薄，窗框沿墙内缘安装时，可不设置内窗台，如图 3-21 所示。

视频：窗台（一） 视频：窗台（二）

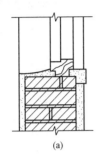 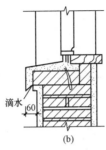 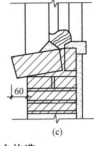 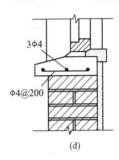

| (a) | (b) | (c) | (d) |

图 3-21 窗台构造

（a）不悬挑窗台；（b）抹滴水的悬挑窗台；（c）侧砌砖窗台；（d）预制钢筋混凝土窗台

1. 外窗台

外窗台一般应低于内窗台台面，并向外形成不低于 10% 的坡度，以利于排水，防止雨水积聚在窗下，侵入墙身和向室内渗透。外窗台应由不透水材料做面层。

视频：混凝土窗台构造

外窗台的构造有悬挑窗台和不悬挑窗台两种。当外墙面材料为贴面砖时，可不设悬挑窗台，仅将窗洞底面用面砖贴成斜面即可。悬挑窗台常用砖平砌或侧砌挑出 60 mm，也可采用钢筋混凝土窗台。窗台表面可由 1∶2.5 水泥砂浆抹成斜面或在挑砖下缘前端抹出宽度和深度均不小于 10 mm 的滴水。

2. 内窗台

内窗台一般为水平放置。若为砖砌窗台，则可直接在砖砌窗台上表面抹 20 mm 厚的 1∶2.5 水泥砂浆、贴面砖或做其他装饰面层，窗台一般略凸出墙面。在寒冷地区墙体厚度较大时，室内如为暖气采暖，常在内窗台下留置暖气槽，这时，内窗台可采用预制水磨石板或预制钢筋混凝土窗台板，如图 3-22 所示。装修要求更高的房间还可以采用木窗台板或天然石材窗台板。

3.3.7 墙身加固措施

对于多层砖混结构的承重墙，由于砖砌体为脆性材料，其承载能力有限，当墙体承受上部集中载荷、开洞及其他因素时，会造成墙体的强度及稳定性有所降低。

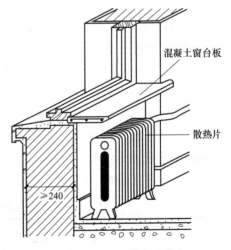

图 3-22 暖气槽与内窗台

因此要考虑对墙身采取加固措施，以提高墙体的稳定性及抗震性能和承载能力。

1. 壁柱

当建筑物的墙间墙上承受集中载荷，强度不能满足要求，或当墙体高厚比超过一定限度并影响墙体的稳定性时，常在墙身的适当位置增设壁柱，使之和墙体共同承担载荷并提高墙身的刚度。壁柱凸出墙面的尺寸应符合砖规格，一般为 120 mm×370 mm、240 mm×370 mm、240 mm×490 mm，据结构计算确定，如图 3-23（a）所示。

2. 门垛

墙体上开设门洞一般应设置门垛，特别是在墙体端部开启与之垂直的门洞时必须设置门垛，以保证墙身稳定和门框的安装。当在较薄的丁字墙体上开设门洞时，为便于门框的安置和保证墙体的稳定，须在门靠墙转角处或丁字接头墙体的一边设置门垛，门垛的长度一般为 120 mm 或 240 mm，宽度同墙厚，如图 3-23（b）所示。

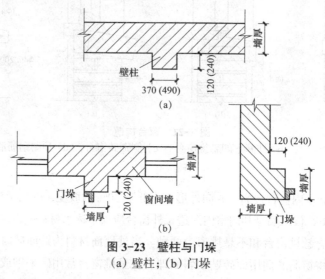

图 3-23　壁柱与门垛
（a）壁柱；（b）门垛

3. 圈梁

圈梁是在砖混结构中沿建筑物外墙四周及部分内墙所设置的连续闭合的梁。其作用是提高建筑物的空间刚度及整体性，增加墙体的稳定性，减少地基不均匀沉降引起的墙体开裂，提高房屋抗震能力。圈梁主要设置于基础顶面、楼板及屋面板底部。设置在基础顶面的称为基础圈梁，设置在楼板底部的称为楼层圈梁，设置在屋面板底部的称为檐口圈梁。

圈梁有钢筋砖圈梁和钢筋混凝土圈梁两种。钢筋砖圈梁多用于非抗震区。当圈梁兼作过梁时，过梁部分的钢筋应按计算用量另行配筋。圈梁的断面形式一般为矩形，其截面高度应与砖的皮数相适应，并不应小于 120 mm，宽度一般应与墙厚相同，当墙厚超过 240 mm 时，其宽度不宜小于墙厚的 2/3。圈梁的配筋不应少于 4 根直径为 12 mm 的钢筋，箍筋直径不应小于 6 mm，箍筋间距不应大于 200 mm。用于浇筑圈梁的混凝土强度等级不应低于 C20。

对有抗震设防要求的房屋，其圈梁的设置见表 3-2。

表 3-2　砖房现浇钢筋混凝土圈梁设置要求

墙类	烈度		
	6，7	8	9
外墙和内纵墙	屋盖处及每层楼盖处	屋盖处及每层楼盖处	屋盖处及每层楼盖处
内横墙	屋盖处及每层楼盖处；屋盖处间距不应大于 7 m，楼盖处间距不应大于 15 m，构造柱对应部位	屋盖处及每层楼盖处；屋盖处沿所有横墙，且间距不应大于 7 m，楼盖处间距不应大于 7 m，构造柱对应部位	屋盖处及每层楼盖处；各层所有横墙

横墙承重时,应按表 3-2 设置圈梁。若为纵墙承重,每层均应设置圈梁,且抗震横墙上的圈梁间距应比表内要求适当加密。

在特殊情况下,当遇有门窗洞口致使圈梁局部被截断时,应在洞口上部设置一根截面面积不小于原有圈梁截面面积的过梁,称为附加圈梁。其内部配筋应与原有圈梁截面配筋相同,两端与圈梁搭接长度不应小于其垂直间距的 2 倍,且不得小于 1 m,如图 3-24 所示,但对有抗震要求的建筑物,圈梁不宜被洞口截断。

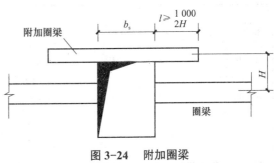

图 3-24　附加圈梁

4. 构造柱

(1) 构造柱的定义及作用。构造柱是在多层砌体房屋中,设置在墙体转角或某些墙体中部的钢筋混凝土柱。

构造柱必须与圈梁紧密连接,形成空间骨架,以增强房屋的整体刚度和延性,约束墙体裂缝的开展,提高墙体抵抗变形的能力,从而增加建筑物抵抗地震破坏的能力。由此可见,构造柱起到加固建筑物的作用,而不承受竖向载荷。

视频:墙身防潮层构造柱

(2) 构造柱的设置要求。从施工角度讲,构造柱要与圈梁、地梁、基础梁一起作用形成整体结构。构造柱与砖墙体要用水平拉结筋连接。如果构造柱在建筑物、构筑物中间位置,要与分布筋连接。

1) 构造柱的设置原则。对于大开间载荷较大或层高较高及层数大于等于 8 层的砌体结构房屋,宜按下列要求设置构造柱。

① 墙体的两端;

② 较大洞口的两侧;

③ 房屋纵横墙交界处;

④ 构造柱的间距,当按组合墙考虑构造柱受力时,或考虑构造柱提高墙体的稳定性时,其间距不宜大于 4 m,其他情况不宜大于墙高的 2 倍及 6 m,或按有关规范执行;

⑤ 构造柱应与圈梁有可靠的连接。

2) 下列情况宜设构造柱。

① 受力或稳定性不足的小墙垛;

② 跨度较大的梁下墙体的厚度受限制时,于梁下设置;

③ 墙体的高厚比较大,如自承重墙或风载荷较大时,可在墙的适当部位设置构造柱,以形成带壁柱的墙体,满足高厚比和承载力的要求,此时,构造柱的间距不宜大于 4 m,构造柱沿高度横向支点的距离与构造柱截面宽度之比不宜大于 30,构造柱的配筋应满足水平受力的要求。

3) 在砌体结构中构造柱的主要作用:一是和圈梁一起作用形成整体性,增强砌体结构的抗震性能;二是减少、控制墙体的裂缝产生,另外,还能增强砌体的强度。

在框架结构中,当填充墙长超过 2 倍层高或开了比较大的洞口,中间没有支撑时,纵向刚度就弱了,就要设置构造柱加强,防止墙体开裂。

构造柱的设置要求见表 3-3。

表 3-3　构造柱的设置要求

房屋层数				设置部位	
6 度	7 度	8 度	9 度		
四、五	三、四	二、三		外墙四角； 错层部位横墙与 外纵墙交接处； 大房间内外墙交接 处； 较大洞口两侧	7、8 度时，楼、电梯间的四角；隔 15 m 或单元横墙与外纵墙交接处
六、七	五	四	二		隔轴线开间（横墙）与外纵墙交接处，山墙与内纵墙交接处；7～9 度时，楼、电梯间的四角
八	六、七	五、六	三、四		内墙（轴线）与外墙交接处，内墙的局部较小墙垛处；7～9 度时，楼、电梯间的四角；9 度时内纵墙与横墙（轴线）交接处

（3）构造柱的构造要求。

1）构造柱的最小截面尺寸为 240 mm×180 mm，一般为 240 mm×240 mm；构造柱的最小配筋量：纵向钢筋 4Φ12，箍筋 Φ6，间距不宜大于 250 mm，在柱的上、下端宜适当加密。设防烈度 6、7 度时房屋超过 6 层，8 度时超过 5 层和 9 度时，构造柱纵向钢筋宜采用 4Φ14，箍筋间距不应大于 200 mm；房屋四角的构造柱应适当加大截面及配筋。

2）施工时应先放置构造柱钢筋骨架，后砌墙，随着墙体的升高而逐段现浇混凝土构造柱身。

3）构造柱可不单独设置基础，但应伸入室外地面下 500 mm，或与埋深小于 500 mm 的基础圈梁相连。

4）为加强构造柱与墙体的连接，在构造柱连接处墙体要砌成马牙槎，马牙槎间距 300 mm，先退后进各 60 mm，同时，应沿墙高方向每隔 500 mm 设置 2Φ6 拉结钢筋，拉结筋每边伸入墙内不小于 1 m。

5）由于女儿墙的上部是自由端而且位于建筑的顶部，在地震时易受破坏。一般情况下，构造柱应通至女儿墙顶部，并与钢筋混凝土压顶相连，而且女儿墙内的构造柱间距应当加密。

6）构造柱与圈梁连接处，构造柱的纵筋应穿过圈梁，保证构造柱纵筋上下贯通。

构造柱的构造如图 3-25 所示。

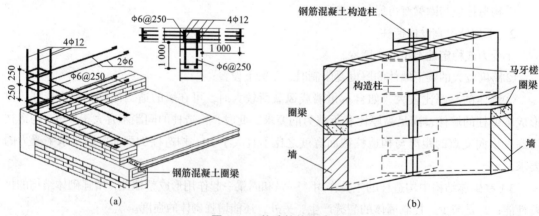

图 3-25　构造柱的构造
(a) 内外墙转角处的构造柱；(b) 构造柱马牙槎示意

3.3.8　烟道与通风道

在住宅或其他民用建筑中，为了排除炉灶的烟气或其他污浊气体，通常在墙内设置烟道与通风道。

排烟和通风不得使用同一管道系统。烟道与通风道应用非燃烧体材料制作，有现场砌筑和预制拼接两种做法。

砖砌烟道和通风道的断面尺寸应根据排气量来决定，但不应小于 120 mm×120 mm。烟道和通风道均应有进气口与排气口，烟道的排气口在下，距离楼板 1 m 左右较适合；通风道的排气口应靠上，距离楼板底 300 mm 较适合。烟道和通风道应伸出屋面，伸出高度应根据屋面形式、排出口周围遮挡物的高度、距离及积雪深度等因素来确定，但至少不应小于 0.60 m，顶部应有防倒灌措施。每层烟道的进烟口应设置密封盖，通风道的进风口应设置网片。

混凝土烟道、风道，一般为每层一个预制构件，上下拼接而成。

3.4　砌块墙的构造

砌块墙是采用预制好的砌块按一定技术要求砌筑而成的墙体。预制砌块利用工业废料（炉渣、矿渣等）和地方资源材料制作而成，既不占用耕地又减少环境污染，施工方便、适应性强，就地取材，具有生产投资小、见效快、生产工艺简单、节约能源等优点。采用砌块墙是我国目前墙体改革的重要途径之一。

3.4.1　砌块的类型、规格与尺寸

1. 砌块的类型

砌块按其构造方式可分为实心砌块和空心砌块。空心砌块有单排方孔、单排圆孔和多排扁孔三种形式，如图 3-26 所示，其中，多排扁孔砌块有利于保温。按其在组砌中的位置与作用可分为主砌块和辅助砌块；按砌块尺寸的大小可分为小型砌块、中型砌块和大型砌块，从使用情况看，以中小型砌块居多，尤其是混凝土小型空心砌块；按所用材料可分为加气混凝土砌块、陶粒混凝土砌块、普通混凝土砌块及各种工业废渣（如粉煤灰、煤矸石等）等材料制成的砌块。

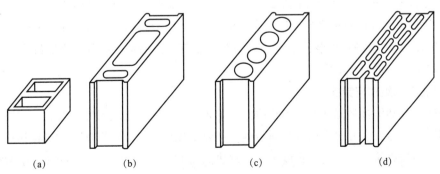

图 3-26　空心砌块的形式
(a)、(b) 单排方孔；(c) 单排圆孔；(d) 多排扁孔

2. 砌块的构造尺寸

单块质量在 20 kg 以下、系列中主规格高度为 115 ～ 380 mm 的称为小型砌块；单块质量为 20 ～ 350 kg、高度为 380 ～ 980 mm 的称为中型砌块；单块质量大于 350 kg、高度大于 980 mm 的称为大型砌块。砌块的厚度多为 190 mm 或 200 mm。小型砌块单块质量比较轻，便于人工砌筑。大型砌块和中型砌块由于体积大和质量较重，不便于人工搬运，必须采用起重运输设备施工。我国目前采用的砌块以中型和小型为主。

3.4.2　砌块墙的砌筑原则

砌块墙体在组砌过程中，力求横平竖直，以方便施工；上下粗缝搭接，避免产生垂直通缝；墙体转角及丁字墙交接处砌块也要求彼此搭接，有时还需要设置钢筋，以提高墙体的整体性，保证墙身强度和刚度；当采用混凝土空心砌块时，上下皮砌块应孔对孔、肋对肋，使其之间有足够的接触面，扩大受压面积。

中小型砌块体积较大、质量较重，不如砖块可以随意搬动，因此在砌块砌筑前，应在基础平面和楼层平面按每片纵、横墙分别绘制砌块排列图，放出第一皮砌块的轴线、边线和洞口线，对于空心砌块还应放出分块线。砌块排列应按下列原则：尽量采用主规格砌块；砌块应错缝搭砌，搭砌长度不得小于块高的 1/3，也不应小于 15 cm；纵横墙交接处，应交错搭砌；必须镶砖时，砖应分散、对称布置，以保证砌体受力均匀。砌块排列组合如图 3-27 所示。

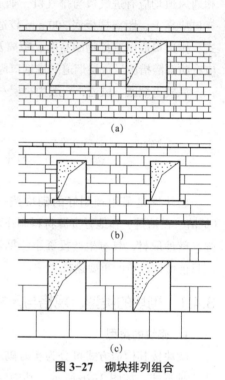

图 3-27　砌块排列组合

（a）小型砌块；（b）中型砌块；
（c）大型砌块

3.4.3　砌块墙细部构造

1. 砌块灰缝

砌块灰缝有平缝、凹槽缝和高低缝。平缝多用于水平缝，凹槽缝多用于垂直缝。灰缝的宽度主要根据砌块材料和规格大小确定，一般情况下，小型砌块为 10 ～ 15 mm，中型砌块为 15 ～ 20 mm，砌块墙砌筑砂浆的强度一般应为不低于 M5 的水泥砂浆。当竖缝宽大于 30 mm 时，须用 C20 细石混凝土灌实。

2. 砌块墙的组砌与错缝

良好的错缝和搭接是保证砌块墙整体性的重要措施。由于砌块尺寸比较大，砌块墙在厚度方向大多没有搭接，因此对砌块的长向错缝搭接要求比较高，要求纵横墙交接处和外墙转角处均应咬接。中型砌块上下皮搭接长度不少于砌块高度的 1/3，且不小于 150 mm。小型空心砌块上下皮搭接长度不小于 90 mm。当搭接长度不足时，应在水平灰缝内设置不小于 2φ4 的钢筋网片，网片每端均应超过该垂直缝不小于 300 mm，如图 3-28 所示。

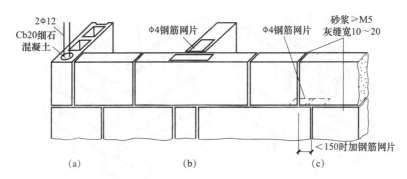

图 3-28　砌缝处理（以空心砌块为例）
（a）转角配筋；（b）丁字墙配筋；（c）错缝配筋

3. 圈梁

为加强砌块墙的整体性，多层砌块建筑应在适当的位置设置圈梁。设置圈梁的原则见表 3-4。

表 3-4　小砌块房屋圈梁设置要求

墙类型	地震烈度	
	6 度、7 度	8 度
外墙和内纵墙	屋盖处及每层楼盖处	屋盖处及每层楼盖处
内横墙	同上；屋盖处沿所有横墙；楼盖处间距不应大于 7 m；构造柱对应部位	同上；各层所有横墙

圈梁有现浇和预制两种。当圈梁与过梁标高相近时，圈梁可以代替窗过梁。为了增强建筑物的抗震性能，圈梁通常设置在楼板同一标高处，将楼板与圈梁联系起来。砌块预制圈梁构造如图 3-29 所示。

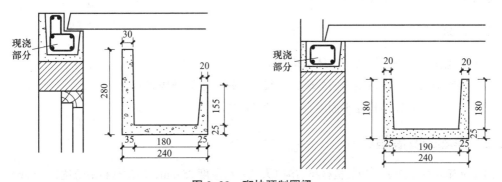

图 3-29　砌块预制圈梁

4. 砌块墙构造柱（墙芯柱）

当采用混凝土空心砌块时，应在纵横墙交接处、外墙转角处、楼梯间四角设置构造柱，将砌块在垂直方向连成整体。构造柱多利用空心砌块上下孔洞对齐，并在孔中用 φ12～φ14 的钢筋分层插入，再用 Cb20 细石混凝土分层灌实。构造柱与砌块墙连接处的拉结钢筋网片每边深入墙内不少于 1 m。空心砌块墙构造柱构造如图 3-30 所示。

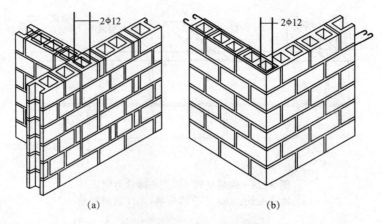

图 3-30 空心砌块墙构造柱
(a) 内外墙交接处构造柱；(b) 外墙转角处构造柱

5. 勒脚

砌块墙的勒脚根据具体情况确定。但吸水性较大的砌块不宜用来做勒脚，如硅酸盐砌块、加气混凝土砌块。

3.5 幕墙构造

幕墙是建筑的外墙围护，不承重，像幕布一样挂上去，故又称为"帷幕墙"，是现代大型和高层建筑常用的带有装饰效果的轻质墙体。由面板和支承结构体系组成，可相对主体结构有一定位移能力或自身有一定变形能力、不承担主体结构载荷和作用的建筑外围护结构或装饰性结构（外墙框架式支撑体系也是幕墙体系的一种）。幕墙的特点是装饰效果好、质量轻、安装速度快，是外墙轻型化、装配化较理想的形式。

3.5.1 幕墙的特征

（1）幕墙是一个独立完整的整体结构系统。

（2）幕墙通常用在主体结构的外侧，一般都包覆在主体结构表面之上。

（3）幕墙相对主体结构在平面内有一定的微动能力。

3.5.2 幕墙的发展趋势

（1）从笨重性走向更轻型的板材和结构（天然石材厚度 25 mm，新型材料最薄达到 1 mm）。

（2）品种少逐步走向多类型的板材及更丰富的色彩（目前有石材、陶瓷板、微晶玻璃、高压层板、水泥纤维丝板、玻璃、无机玻璃钢、陶土板、陶保板、金属板等近 60 种板材应用在外墙）。

（3）更高的安全性能。

（4）更灵活、方便、快捷的施工技术。

（5）更高的防水性能，延长了幕墙的寿命（从封闭式幕墙发展到开放式幕墙）。

（6）环保节能。现今欧美建筑市场比较常用的幕墙材料为金属装饰保温板，由经过彩色烤漆的铝锌合金雕花饰面、聚氨酯保温层、玻璃纤维布复合而成；兼顾装饰和保温节能功能，面漆 10 ～ 15 年无褪色，整体使用寿命可达 45 年。

3.5.3 幕墙的优点

（1）质量轻。在相同面积的比较下，玻璃幕墙的质量为粉刷砖墙的 1/12 ～ 1/10，是大理石、花岗石饰面湿工法墙的 1/15，是混凝土挂板的 1/7 ～ 1/5。对一般建筑，内、外墙的质量为建筑物总质量的 1/5 ～ 1/4。采用幕墙可大大地减轻建筑物的质量，从而减少基础工程费用。

（2）设计灵活。艺术效果好，建筑师可以根据自己的需求设计各种造型，可呈现不同的颜色，与周围环境协调，配合光照等使建筑物与自然融为一体，让高层建筑减少压迫感。

（3）抗震能力强。采用柔性设计，抗风抗震能力强，是高层建筑的理想选择。

（4）系统化施工。系统化施工更容易控制好工期，且耗时较短。

（5）现代化。可提高建筑新颖化、科技化，如光伏节能幕墙，双层通风道呼吸幕墙等与智能科技配套设计。

（6）更新维修方便。由于是在建筑外围结构搭建，因此方便对其进行维修或更新。

3.5.4 幕墙的分类

1. 按用途分类

幕墙可分为建筑幕墙、构件式建筑幕墙、单元式幕墙、玻璃幕墙、石材幕墙、金属板幕墙、全玻璃幕墙、点支承玻璃幕墙等。

2. 按镶嵌板分类

（1）玻璃幕墙。

1）按玻璃类型可分为单片玻璃幕墙、胶合玻璃幕墙、中空玻璃幕墙。

2）按玻璃安装方式可分为全玻璃幕墙、玻璃砖幕墙、点接驳式玻璃幕墙。

（2）金属板幕墙。金属板有单片铝板、复合铝板、铝塑板、不锈钢板、钛合金板、彩钢板、铜片板（已不用）。

（3）非金属板（玻璃除外）幕墙。非金属板有石材板、蜂巢复合板、千思板、陶瓷板、钙塑板、人造板、预铸造型水泥加工板。

3. 按构件分类

（1）框架式（元件式）幕墙：明框式幕墙、隐框式玻璃幕墙、横明竖隐式玻璃幕墙、横隐竖明式玻璃幕墙。

（2）单元式幕墙：单元式玻璃幕墙、半单元式玻璃幕墙、小单元式玻璃幕墙。

4. 按是否开放分类

幕墙可分为封闭式、开放式两类。

5. 按结构形式分类

常见的玻璃幕墙结构形式有隐框、半隐框、明框、点式、全玻璃等。

3.6 隔墙构造

隔墙是分隔建筑物内部空间的非承重构件，其本身质量由下面的楼板或墙下的梁承担。它可以在主体完工后制作。

隔墙的构造应满足以下几个方面的要求：

（1）自重轻，有利于减轻楼板载荷。

（2）具有隔声、防火、防水和防潮等性能。

（3）厚度薄，增加室内有效使用面积。

（4）便于安装和拆卸，满足空间变化的要求。

常见的隔墙按材料和构造方式的不同，可分为块材隔墙、轻骨架隔墙和板材隔墙三大类。

3.6.1 块材隔墙

块材隔墙是指用烧结普通砖、加气混凝土砌块等块材砌筑的非承重墙。常用的有普通砖隔墙和轻质砌块隔墙。

1. 普通砖隔墙

普通砖隔墙坚固耐久，有一定的隔声能力，但自重大，湿作业量大，施工麻烦，不易拆装，有顺砌半砖隔墙（120 mm）和侧砌 1/4 砖隔墙（60 mm）之分，一般采用半砖隔墙。

半砖隔墙的标志尺寸为 120 mm，采用普通砖顺砌而成。为了保证隔墙不承重，同时与楼板顶紧，在砖墙砌筑到楼板底时可采用立砖斜砌，或预留 30 mm 的空隙塞木楔打紧，然后用砂浆填缝。

由于墙体轻而薄，稳定性差，因此需要采取加固措施。根据国家抗震设防规定，后砌的非承重墙应沿墙高每隔 500 mm 配置 2φ6 的拉结钢筋与承重墙体或柱拉结。此外，还应沿隔墙墙身高度每隔 1.2 m 设置一道 30 mm 厚水泥砂浆层，内放 2φ6 钢筋。隔墙上有门时，需预埋防腐木砖、铁件，或将带有木楔的混凝土预制块砌入隔墙，以便固定门框。半砖隔墙构造如图 3-31 所示。

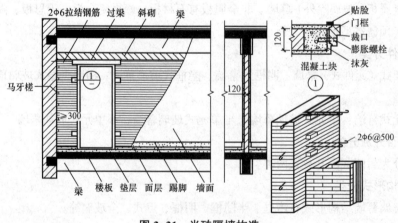

图 3-31 半砖隔墙构造

2．砌块隔墙

由于结构的要求，1/2 砖砌隔墙一般不允许直接砌在楼板上，而是要由楼板下的小梁支撑。设置承重梁就使建筑构件的种类增多，施工时比较麻烦，有时承受隔墙的小梁还会破坏下面房间顶棚空间的整体效果。

采用轻质砌块来砌筑隔墙，可以将隔墙直接砌在楼板上，不必在楼板下设置承墙梁。目前，砌块隔墙常用的砌块有加气混凝土砌块、水泥炉渣砌块、粉煤灰硅酸盐砌块等。砌块隔墙厚由砌块尺寸决定，一般为 90 ～ 120 mm。由于砌块孔隙率大、吸水量大，故在砌筑时先在墙下部实砌 3 ～ 5 皮烧结普通砖再砌砌块，砌块不够整块时宜采用烧结普通砖填补。砌块隔墙的加固措施同 1/2 砖隔墙的做法，如图 3-32 所示。

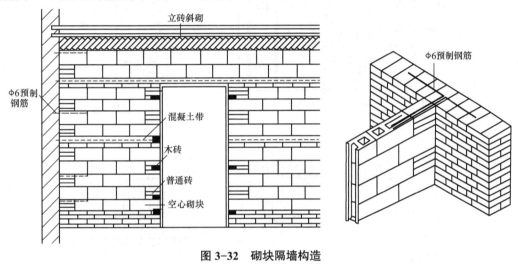

图 3-32　砌块隔墙构造

3.6.2　轻骨架隔墙

轻骨架隔墙是以木材、钢材或其他材料构成骨架，把面层钉结、涂抹或粘贴在骨架上形成的隔墙。轻骨架隔墙由骨架和面层两部分组成。由于是先立墙筋（骨架）后再做面层，因而又称为立筋式隔墙。

1．骨架

骨架由上槛、下槛、墙筋、横筋（又称横档）、斜撑等组成。

骨架有木骨架、轻钢骨架、石膏骨架、石棉水泥骨架和铝合金骨架等。木骨架自重轻、构造简单、便于拆装，故应用较广，但防水、防潮、防火、隔声性能较差，耗费大量木材。轻钢骨架常采用槽钢或工字钢，它具有强度高、刚度大、质量轻、整体性好、易于加工和大批量生产，且防火、防潮性能好等优点。石膏骨架、石棉水泥骨架和铝合金骨架，是利用工业废料和地方材料及轻金属制成的，具有良好的使用性能，同时可以节约木材和钢材，应推广采用。

墙筋的间距取决于面板的尺寸，一般为 400 ～ 600 mm。当饰面为抹灰时取 400 mm，当饰面为板材时取 500 mm 或 600 mm。骨架的安装过程是先用射钉将上槛、下槛（也称导向骨架）固定在楼板上，然后安装龙骨（墙筋和横撑）。

2．面层

骨架隔墙的面层有人造面板和抹灰面层。根据不同的面板和骨架材料可分别采用钉子、自攻螺钉、膨胀铆钉或金属夹子等,将面板固定在立筋骨架上。隔墙的名称是依据不同的面层材料而定的,如板条抹灰隔墙和人造板面层骨架隔墙等。

板条抹灰隔墙是先在木骨架的两侧钉灰板条,然后抹灰。灰板条的尺寸一般为 1 200 mm×24 mm×6 mm,其间隙为 9 mm 左右,以便让底灰挤入板条间隙的背面"咬"住灰板条;同时,为避免灰板条在一根墙筋上接缝过长而使抹灰层产生裂缝,板条的接头一般连续高度不应超过 500 mm,如图 3-33 所示。

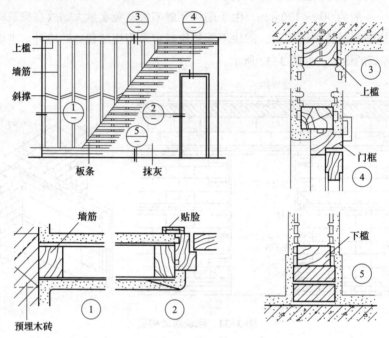

图 3-33 木骨架板条抹灰面层

人造板面层骨架隔墙常用的人造板面层(面板)有胶合板、纤维板、石膏板等。胶合板、硬质纤维板以木材为原料,多采用木骨架。石膏板多采用石膏或轻金属骨架。面板可用镀锌螺钉、自攻螺钉或金属夹子固定在骨架上,如图 3-34 所示。

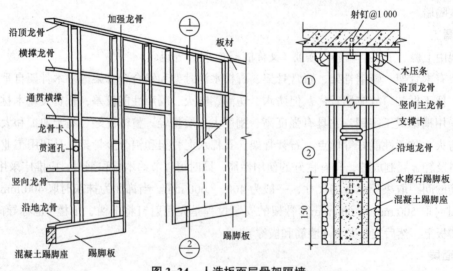

图 3-34 人造板面层骨架隔墙

隔墙一侧为卫生间或盥洗室用水房间，应做好防水、防潮处理。在构造处理上应先在楼板四周用细石混凝土浇筑一段不小于 150 mm 高的墙体，然后立骨架。在有水一侧的墙面可采用绑扎钢筋、固定钢板网并以水泥砂浆粉刷，可加贴墙面砖；而隔墙的另一面仍可采用纸面石膏板等面板。隔墙遇有门窗或特殊部位处，应使用附加龙骨来加固。

3.6.3　板材隔墙

板材隔墙是指采用各种高度相当于房间净高的轻质材料制成的各种预制条板材，面积较大，不依赖骨架，直接装配而成的隔墙。板材隔墙具有自重轻、安装方便、施工速度快、工业化程度高等优点。

板材目前多采用条板，如加气混凝土条板、石膏条板、碳化石灰板、石膏珍珠岩板及各种复合板。条板厚度多为 60 ~ 100 mm，宽度为 600 ~ 1 000 mm，长度略小于房间净高。安装时，条板下部先用一对对口木楔顶紧，然后用细石混凝土堵严，板缝用黏结砂浆或胶粘剂进行黏结，并用胶泥刮缝，平整后再做表面装修。板材隔墙构造如图 3-35 所示。

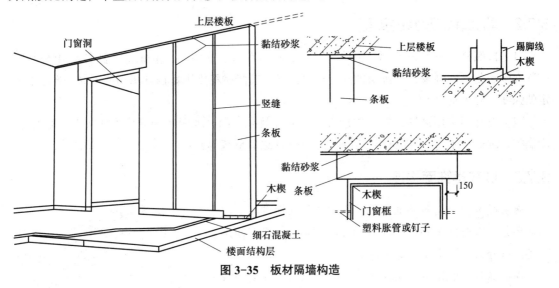

图 3-35　板材隔墙构造

3.7　墙面装饰装修

3.7.1　墙面装饰装修的作用

1. 保护墙体

外墙面装饰在一定程度上保护墙体不受外界的侵蚀和影响，提高墙体防潮、抗腐蚀、抗老化的能力，提高墙体的耐久性和坚固性。建筑物的内墙面与外墙饰面相同，也具有保护墙体的作用，如浴室、厨房等处，室内湿度相对较高，墙面会被溅湿或需水洗刷，若墙面贴瓷砖或进行防水、隔水处理，墙体就不会受潮；人流较多的门厅、走廊等处，在适当高度上做墙裙、内墙阳角处做护角线处理，能起到保护墙体的作用。

2. 改善墙体的使用功能

对墙面装饰处理，可以弥补和改善墙体材料在功能方面的某些不足。墙体经过装饰而厚度加大，或使用一些有特殊性能的材料，能够提高墙体保温、隔热、隔声等功能。

室内墙经过装饰变得平整、光滑，不仅便于清扫和保持卫生，而且可以增加光线和反射，提高室内照度，保证人们在室内的正常工作和生活需要。

当墙体本身热工性能不能满足使用要求时，可以在墙体内侧结合饰面做保温隔热处理，提高墙体的保温隔热能力。一些有特殊要求的空间，通过选用不同材料的饰面，能达到防尘、防腐蚀、防辐射等目的。

3. 提高建筑的艺术效果，美化环境

由于建筑物的立面是人们在正常视野内所能观赏到的一个主要面，所以外墙面的装饰处理即立面装饰所体现的质感、色彩、线形等，对构成建筑总体艺术效果具有十分重要的作用。

内墙装饰在不同程度上起到装饰和美化室内环境的作用，这种装饰美化应与地面、顶棚等的装饰效果相协调，同家具、灯具及其他陈设的风格相统一。

3.7.2　墙面装饰装修的类型

（1）按装修所处部位不同，装修有室外装修和室内装修两类。室外装修要求采用强度高、抗冻性强、耐水性好及具有抗腐蚀性的材料。室内装修材料则因室内使用功能不同，要求有一定的强度、耐水及耐火性。

（2）按饰面常用装饰材料、构造方式和装饰效果不同，墙面装饰可分为抹灰类、贴面类、涂刷类、镶板（材）类、卷材类、其他材料类（如玻璃幕墙等）。

3.7.3　抹灰类饰面构造

抹灰类饰面是用各种加色的、不加色的水泥砂浆，或者石灰砂浆、混合砂浆等做成的各种饰面抹灰层，根据使用要求不同可分为一般抹灰和装饰面抹灰。

墙面抹灰一般是由底层抹灰、中间层抹灰和面层抹灰三部分组成的，如图 3-36 所示。

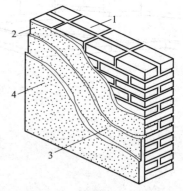

图 3-36　抹灰的构造组成
1—基层；2—底层；3—中间层；4—面层

1. 底层抹灰

底层抹灰主要是对墙体基层的表面处理，起到与基层黏结和初步找平的作用。抹灰施工时应先清理基层，除去浮尘，保证底层与基层黏结牢固。底层砂浆根据基层材料的不同和受水浸湿情况的不同，可分别选用石灰砂浆、水泥石灰混合砂浆和水泥砂浆，底层抹灰的厚度一般为 5 ~ 10 mm。

普通砖墙由于吸水性较大，在抹灰前须将墙面浇湿，以免抹灰后砖墙过多吸收砂浆中水分而影响黏结。

轻质砌块墙体因砌块表面空隙大，吸水性强，为避免抹灰砂浆中的水分被墙体吸收，而导致墙体与底层抹灰间的粘结力较低，常见处理方法是采用 108 胶水（配合比是 108 胶：水为 1：4），满涂墙面，以封闭砌块表面空隙，再做底层抹灰。在装饰要求较高的饰面中，还应在墙面满钉 0.7 mm 直径镀锌钢丝网（网格尺寸为 32 mm×32 mm），再做抹灰。内墙可用石灰砂浆或混合砂浆，外墙宜用混合砂浆。外墙门窗洞口的外侧壁、窗套、勒脚及腰线等应用水泥砂浆。

2. 中间层抹灰

中间层抹灰的主要作用是找平与黏结，还可以弥补底层砂浆的干缩裂缝。一般用料与底层相同，厚度为 5～10 mm，根据墙体平整度与饰面质量要求，可一次抹成，也可分多次抹成。

3. 面层抹灰

面层抹灰又称为"罩面"，主要是满足装饰和其他使用功能要求。根据所选装饰材料和施工方法不同，面层抹灰可分为各种不同性质和外观的抹灰。

外墙面抹灰一般面积较大，为操作方便、保证质量、利于日后维修、满足立面要求，通常对抹灰层进行分块。分块缝宽一般为 20 mm，有凸线、凹线和嵌线三种方式。凹线是最常见的一种形式。抹灰木引条构造如图 3-37 所示。

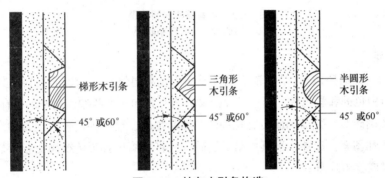

图 3-37　抹灰木引条构造

另外，由于抹灰类墙面阳角处很容易碰坏，通常在抹灰前应先在内墙阳角、门洞转角、柱子四角等处，用强度较高的 1∶2 水泥砂浆抹制护角或预埋角钢护角，护角高度应高出楼地面 1.5～2 m，每侧宽度不小于 50 mm，如图 3-38 所示。

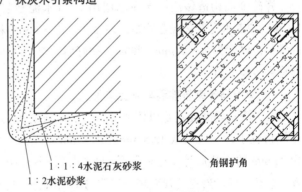

图 3-38　墙和柱的护角

3.7.4　贴面类饰面

常用的贴面材料可分为三类：一是陶瓷制品，如瓷砖、面砖、陶瓷马赛克、玻璃马赛克等；二是天然石材，如大理石、花岗石等；三是预制块材，如水磨石饰面板、人造石材等。由于块料的形状、质量、适用部位不同，其构造方法也有一定差异。轻而小的块面可以直接镶贴，构造比较简单，由底层砂浆、黏结层砂浆和块状贴面材料面层组成；大而厚重的块材必须采用一定的构造连接措施，用贴挂等方式加强与主体结构的连接。

1. 面砖饰面

面砖饰面的构造做法：先在基层上抹 15 mm 厚 1∶3 的水泥砂浆做底灰，分两层抹平即可；粘贴砂浆用 1∶2.5 水泥砂浆或 1∶0.2∶2.5 水泥石灰混合砂浆，其厚度不小于 10 mm。然后在其上贴面砖，并用 1∶1 白色水泥砂浆填缝，清理面砖表面，构造如图 3-39（a）所示。

面砖类型很多，按其特征有上釉的和不上釉的，釉面砖又可分为有光釉和无光釉的两种表面。砖的表面有平滑的和带一定纹理质感的，面砖背部质地粗糙且带有凹槽，以增强面砖和砂浆之间的粘结力，如图3-39（b）所示。

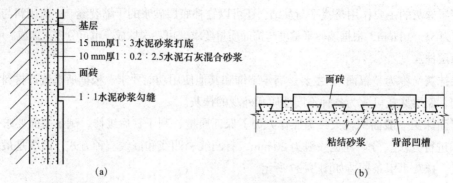

（a）
（b）

图3-39　外墙面砖饰面构造
（a）构造图；（b）粘贴状况

2. 瓷砖饰面

瓷砖又称为"釉面瓷砖"，是用瓷土或优质陶土经高温烧制成的饰面材料。其底胎均为白色，表面上釉有白色的和彩色的。彩色釉面砖又分为有光和无光两种。此外，还有装饰釉面砖、图案釉面砖、瓷画砖等。装饰釉面砖有花釉砖、结晶釉砖、斑纹釉砖、大理石釉砖等。图案砖能做成各种彩色和图案、浮雕，别具风格。瓷砖画是将画稿按我国传统陶瓷彩绘技术分块烧成釉面砖，然后拼成整幅画面。

瓷砖饰面构造做法：先在基层用1：3水泥砂浆打底，厚度为10～15 mm；粘贴砂浆用1：0.1：2.5水泥石灰混合砂浆，厚度为5～8 mm。粘贴砂浆也可用掺5%～7%的108胶的水泥素浆，厚度为2～3 mm。釉面砖贴好后，要用清水将表面擦洗干净，然后用白水泥擦缝，随即将瓷砖擦干净。

3. 陶瓷马赛克与玻璃马赛克饰面

（1）陶瓷马赛克：是以优质瓷土烧制而成的小块瓷砖，分为挂釉和不挂釉两种。陶瓷马赛克规格较小，一般做成18.5 mm×18.5 mm×5 mm、39 mm×39 mm×5 mm的小方块，或边长为25 mm的六角形等。这种制品出厂前已按各种图案反贴在牛皮纸上，每张大小约30 cm见方，称作一联。陶瓷马赛克是不透明的饰面材料，具有质地坚实，经久耐用，花色繁多，耐酸、耐碱、耐火、耐磨，不渗水，易清洁等优点，可用于工业与民用建筑的洁净车间、门厅、走廊、餐厅、厕所、浴室、工作间、化验室等处的地面和内墙面，并可作高级建筑物的外墙饰面材料。

陶瓷马赛克饰面构造做法：在清理好基层的基础上，用15 mm厚1：3的水泥砂浆打底；粘结层用2～3 mm厚，配合比为纸筋：石灰膏：水泥＝1：1：2的水泥浆，或采用掺加水泥量7%～10%的108胶或聚乙酸乙烯乳胶的水泥浆。

（2）玻璃马赛克：是由各种颜色玻璃掺入其他原料经高温熔炼发泡后，压制而成的。玻璃马赛克是乳浊状半透明的玻璃质饰面材料，色彩更为鲜明，并具有透明光亮的特征。

玻璃马赛克饰面的构造做法：在清理好基层的基础上，用15 mm厚1：3的水泥砂浆做底层并刮糙，分层抹平，两遍即可，若为混凝土墙板基层，在抹水泥砂浆前，应先刷一道素水泥浆（掺水泥质量5%的108胶）；抹3～4 mm厚1：（1～1.5）水泥砂浆黏结层，在黏结层水泥砂浆凝固前，适时粘贴玻璃马赛克。粘贴玻璃马赛克时，在其麻面上抹一层 $1 \sim 2\,mm$ 厚的白水泥浆，纸面朝外，把玻璃马赛克镶贴在黏结层上。为了使面层黏结牢固，应在白水泥素浆中掺水泥质量 $4\% \sim 5\%$ 的白胶及掺适量的与面层颜色相同的矿物颜料，然后用同种水泥色浆擦缝。玻璃马赛克饰面构造如图 3-40 所示。

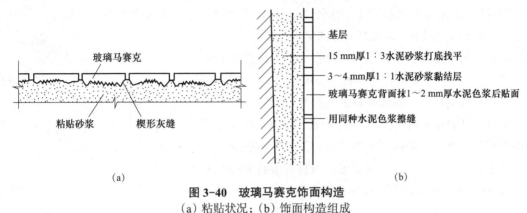

图 3-40　玻璃马赛克饰面构造
(a) 粘贴状况；(b) 饰面构造组成

4. 人造石材饰面

预制人造石材饰面板也称预制饰面板，大多在工厂预制，然后现场进行安装。其主要类型有人造大理石饰面板、预制水磨石饰面板、预制斩假石饰面板、预制水刷石饰面板及预制陶瓷砖饰面板。根据材料的厚度不同，饰面材料又可分为厚型和薄型两种。厚度为 $30 \sim 40\,mm$ 的称为板材；厚度为 $40 \sim 130\,mm$ 的称为块材。

（1）人造大理石饰面板饰面。人造大理石饰面板是仿天然大理石的纹理预制生产的一种墙面装饰材料，根据所用材料和生产工艺的不同可分为聚酯型人造大理石、无机胶结型人造大理石、复合型人造大理石和烧结型人造大理石四类，这四类人造大理石板在物理学性能、与水有关的性能、黏附性能等方面各不相同，对它们采用的构造固定方式也不同，有水泥砂浆粘贴法、聚酯砂浆粘贴法、有机胶粘剂粘贴法和挂贴法四种方法。

（2）预制水磨石饰面板饰面。预制水磨石饰面构造方法：先在墙体内预埋铁件或甩出钢筋，绑扎直径为 $6\,mm$、间距为 $400\,mm$ 的钢筋骨架后；通过预埋在预制板上的铁件与钢筋网固定牢，然后分层灌注 $1 : 2.5$ 水泥砂浆，每次灌浆高度为 $20 \sim 30\,mm$，灌浆接缝应留在预制板的水平接缝以下 $5 \sim 10\,cm$ 处。第一次灌浆完成，将上口临时固定石膏剔掉，清洗干净再安装第二行预制饰面板。

无论是哪种类型的人造石材饰面板，当板材厚度较大、尺寸规格较大、铺贴高度较高时，应考虑采用挂贴相结合的方法，以保证粘贴更为可靠。人造石材饰面板安装构造如图 3-41 所示。

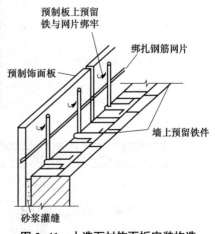

图 3-41　人造石材饰面板安装构造

5. 天然石材饰面

天然石料如花岗石、大理石等可以加工成板材、块材和面砖用作饰面材料。天然石材饰面板不仅具有各种颜色、花纹、斑点等天然材料的自然美感，装饰效果强，而且质地密实坚硬，故耐久性、耐磨性等均较好。

大理石和花岗石饰面板材的构造方法一般有钢筋网固定挂贴法、金属件锚固挂贴法、干挂法、聚酯砂浆固定法、树脂胶粘剂法等几种。

钢筋网固定挂贴法和金属件锚固挂贴法的基本构造层次分为基层、浇注层、饰面层，在饰面层和基层之间用挂件连接固定。这种"双保险"构造法，能够保证当饰面板（块）材尺寸大、质量大、铺贴高度高时，饰面材料与基层连接牢固。

（1）钢筋网挂贴法。首先剔凿出在结构中预留的钢筋头或预埋铁环钩，绑扎或焊接与板材相应尺寸的一个直径 6 mm 的钢筋网，横筋必须与饰面板材的连接孔位置一致，钢筋网与基层预埋件焊接牢固，如图 3-42 所示，按施工要求在板材侧面打孔洞；然后，将加工成型的石材绑扎在钢筋网上，或用不锈钢挂钩与基层的钢筋网套紧，石材与墙面之间的距离一般为 30～50 mm，墙面与石材之间灌注 1：2.5 水泥砂浆，第三层灌浆至板材上口 80～100 mm，所留余量为上排板材灌浆的结合层，以使上下排列成整体。石材墙面钢筋网挂贴法构造如图 3-43 所示。

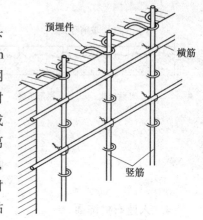

图 3-42　钢筋网固定

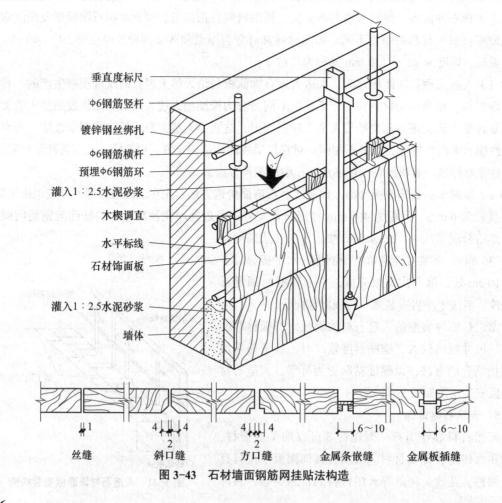

图 3-43　石材墙面钢筋网挂贴法构造

（2）金属件挂贴法。金属件挂贴法又称为木楔固定法，其主要构造做法：首先对石板钻孔和剔槽，对应板块上孔的位置对基体进行钻孔；板材安装定位后将U形钉端勾进石板直孔，并随即用硬木楔楔紧，U形钉另一端勾入基体上的斜孔，调整定位后用木楔塞紧基体斜孔内的U形钉部分，接着用大木楔塞紧于石板与基体之间；最后分层浇筑水泥砂浆，其做法与钢筋网挂贴法相同。木楔固定法构造如图3-44所示。

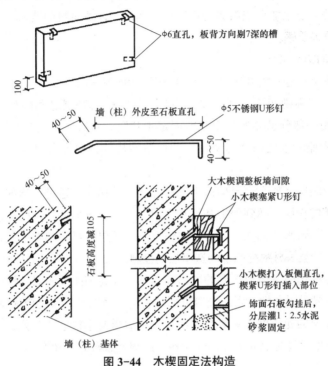

图 3-44　木楔固定法构造

（3）干挂法。直接用不锈钢型材或金属连接件将石板材支托并锚固在墙体基面上，而不采用灌浆湿作业的方法称为干挂法。干挂法的构造要点：按照设计在墙体基面上电钻打孔，固定不锈钢膨胀螺栓；将不锈钢挂件安装在膨胀螺栓上；安装石板，并调整固定。其基本构造如图3-45所示。

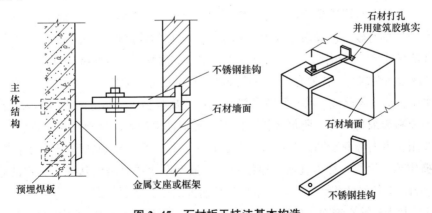

图 3-45　石材板干挂法基本构造

3.7.5 涂刷类墙体饰面

涂刷类饰面材料可以配制成绝大多数需要的颜色，为建筑设计提供灵活多样的表现手段，这也是在装饰效果上的其他饰面材料所不能及的。但由于涂料所形成的涂层较薄，较为平滑，涂刷类饰面只能掩盖基层表面的微小瑕疵，不能形成凹凸程度较大的粗糙质感表面。即使采用厚涂料，或拉毛做法，也只能形成微弱的小毛面。因此，外墙涂料的装饰作用主要在于改变墙面色彩，而不在于改善质感。

1. 涂刷类饰面的构造层次

涂刷类饰面的涂层构造一般可分为底层、中间层和面层三层。

（1）底层。底层俗称刷底漆，其主要作用是增加涂层与基层之间的黏附力，进一步清理基层表面的灰尘，使一部分悬浮的灰尘颗粒固定于基层。底层涂层还具有基层封闭剂（封底）的作用，可以防止木脂、水泥砂浆抹灰层中的可溶性盐等物质渗出表面，造成对涂饰饰面的破坏。

（2）中间层。中间层是整个涂层构造中的成型层。其作用是通过适当的工艺，形成具有一定厚度的、匀实饱满的涂层，达到保护基层和形成所需的装饰效果。中间层的质量好，不仅可以保证涂层的耐久性、耐水性和强度，在某些情况下对基层还可起到补强的作用，近年来常采用厚涂料、白水泥、砂粒等材料配制中间造型层的涂料。

（3）面层。面层的作用是体现涂层的色彩和光感，提高饰面层的耐久性和耐污染能力。为了保证色彩均匀，并满足耐久性、耐磨性等方面的要求，面层最低限度应涂刷两遍。一般来说，油性涂料、溶剂型涂料的光泽度普遍要高一些。采用适当的涂料生产工艺、施工工艺，水性涂料和无机涂料的光泽度可以赶上或超过油性涂料、溶剂型涂料的光泽度。

2. 刷浆类饰面

刷浆类饰面是将水质类涂料刷在建筑物抹灰层或基体等表面上形成的装饰层。水质涂料的种类很多，主要有水泥浆、石灰浆、大白粉浆饰面和可赛银浆等。

3. 涂料类饰面

（1）溶剂型涂料饰面。溶剂型涂料是以高分子合成树脂为主要成膜物质，有机溶剂为稀释剂，加入适量的颜料填料及辅料，经辊轧塑化、研磨搅拌溶解而配制成的一种挥发性涂料。溶剂型涂料一般都有较好的硬度、光泽、耐水性、耐化学药品性及一定的耐老化性。它与类似树脂的乳液型外墙涂料相比，在耐大气污染、耐水和耐酸碱性方面都比较好。

（2）乳液型涂料饰面。各种有机物单体经乳液聚合反应后生成的聚合物，以非常细小的颗粒分散在水中，形成乳状液，将这种乳状液作为主要成膜物质配制成的涂料称为乳液型涂料。当所用的填充料为细粉末时，所得涂料可以形成类似油漆涂膜的平滑涂层，这种涂料称为乳胶漆，一般用于室内墙面装饰。若掺有类似云母粉、粗砂粒等粗填料所配得的涂料，能形成有一定粗糙质感的涂层，称为乳液型厚涂料，乳液型厚涂料对墙面基层有一定的遮盖能力，涂层均实饱满，有较好的装饰质感，通常用于建筑外墙或大墙面装饰。

（3）硅酸盐无机涂料饰面。硅酸盐无机涂料以碱性硅酸盐为基料（常用硅酸钠、硅酸钾和胶体氧化硅），外加硬化剂、颜料、填料及助剂配制而成。硅酸盐无机涂料具有良好的耐光、耐热、耐放射线及耐老化性，加入硬化剂后涂层具有较好的耐水性及耐冻融性，有较好的装饰效果，同时无机涂料的原料来源方便、无毒、对空气无污染，成膜温度比乳液涂料低，适用于一般建筑外饰面。无机建筑涂料用喷涂或滚涂的施工方法。

（4）水溶性涂料饰面（如聚乙烯醇类涂料饰面）。聚乙烯醇内墙涂料是以聚乙烯醇树脂为主要成膜物质，其优点是不掉粉，有的能经受湿布轻擦，价格不高，施工也较方便。它是介于大白粉浆与油漆和乳胶漆之间的一种饰面材料。聚乙烯醇类涂料主要有聚乙烯醇水玻璃内墙涂料和聚乙烯醇缩甲醛内墙涂料。聚乙烯醇水玻璃内墙涂料的商品名称是"106内墙涂料"，聚乙烯醇缩甲醛内墙涂料又称SJ-803内墙涂料。

4. 油漆类饰面

油漆是指涂刷在材料表面能够干结成膜的有机涂料，用这种涂料做成的饰面称为油漆饰面。油漆的类型有很多，按使用效果分为清漆、色漆等；按使用方法分为喷漆、烘漆等；按漆膜外观分为有光漆、亚光漆、皱纹漆等；按成膜物进行分类，有油基漆、含油合成树脂漆、不含油合成树脂漆、纤维衍生物漆、橡胶衍生物漆等。

油漆耐水、易清洗，装饰效果好，但涂层的耐光性差，施工工序烦琐，工期长。

用油漆做墙面装饰时，要求基层平整，充分干燥，且无任何细小裂纹。油漆墙面一般构造做法是，先在墙面上用水泥石灰砂浆打底，再用水泥、石灰膏、细黄砂粉面两层，总厚度20 mm左右，最后刷油漆，一般油漆至少涂刷一底二度。

3.7.6 镶板（材）类墙体饰面

1. 镶板（材）类饰面的特点

（1）装饰效果丰富。不同的饰面板，因材质不同，可以达到不同的装饰效果。如采用木条、木板做墙裙、护壁使人感到温暖、亲切、舒适、美观；采用木材还可以按设计需要加工成各种弧面或形体转折，若保持木材原有的纹理和色泽，则更显质朴、高雅；采用经过烤漆、镀锌、电化等处理过的铜、不锈钢等金属薄板饰面，则会使墙体饰面色泽美观，花纹精巧，装饰效果华贵。

（2）耐久性能好。根据墙体所处环境选择适宜的饰板材料，若技术措施和构造处理合理，墙体饰面必然具有良好的耐久性。

（3）施工安装简便。饰面板通过镶、钉、拼、贴等构造方法与墙体基层固定，虽然施工技术要求较高，但现场湿作业量少，安全简便。

2. 镶板（材）类墙体饰面的分类

（1）木与木制品护壁的基本构造。光洁坚硬的原木、胶合板、装饰板、硬质纤维板等可用作墙面护壁，护壁高度为1～1.8 m，甚至与顶棚做平。其构造方法：先在墙内预埋木砖，墙面抹底灰，刷热沥青或铺油毡防潮，然后钉双向木墙筋，一般为400～600 mm（视面板规格而定），木筋断面为（20～45）mm×（40～45）mm。当要求护壁与墙面有一定距离时，可由木砖挑出。木护壁构造如图3-46所示。

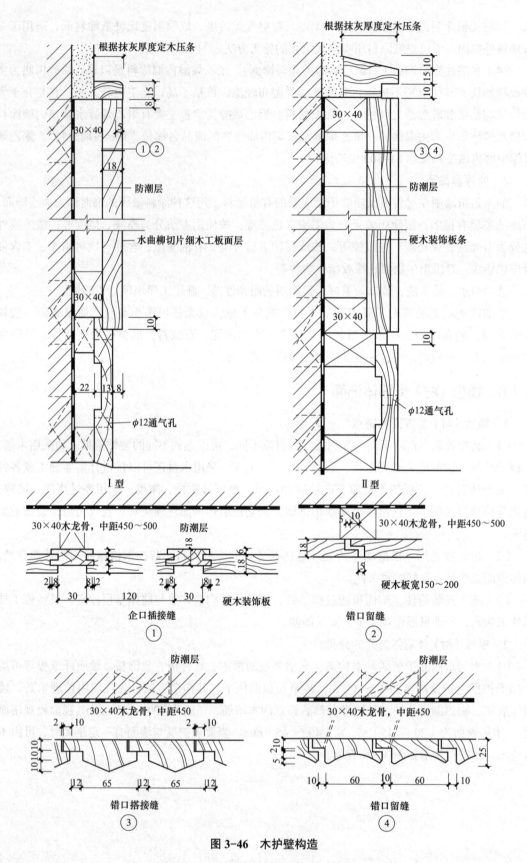

图 3-46 木护壁构造

（2）金属薄板饰面。金属饰面板是利用一些轻金属，如铝、铜、铝合金、不锈钢、钢材等，经加工制成各类压型薄板，或者在这些薄板上进行搪瓷、烤漆、喷漆、镀锌、电化覆盖塑料等处理后，用作室内外墙面装饰的材料。工程中应用较多的有单层铝合金板、塑铝板、不锈钢板、镜面不锈钢板、钛金板、彩色搪瓷钢板、铜合金板等。金属板饰面的构造层次与木质类饰面基本相同，在具体连接固定和用料上又有区别。

（3）铝合金饰面板。铝合金饰面板根据表面处理的不同，可分为阳极氧化处理和漆膜处理两种；根据几何尺寸的不同，可分为条形扣板和方形板。条形扣板的板条宽度在 150 mm 以下，长度可视使用要求确定；方形板包括正方形板、矩形板、异形板。有时为了加强板的刚度，可压出肋条加劲；有时为保暖、隔声，还可将其断面加工成空腔蜂窝状板材。

铝合金饰面板一般安装在型钢或铝合金型材所构成的骨架上，由于型钢强度高、焊接方便、价格低、操作简便，所以用型钢做骨架的较多。

铝合金饰面板构造连接方式通常有两种：一是直接固定，将铝合金板块用螺栓直接固定在型钢上，因其耐久性好，常用于外墙饰面工程；二是利用铝合金板材压延、拉伸、冲压成型的特点，做成各种形状。然后将其压卡在特制的龙骨上，这种连接方式适用于内墙装饰。铝合金墙板构造如图 3-47 所示。

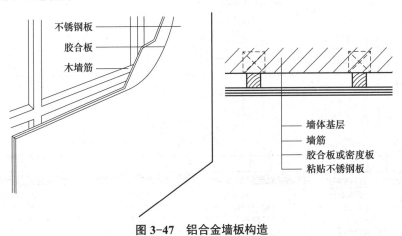

图 3-47　铝合金墙板构造

（4）不锈钢板饰面。不锈钢板按其表面处理方式不同可分为镜面不锈钢板、压光不锈钢板、彩色不锈钢板和不锈钢浮雕板。不锈钢板的构造固定与铝合金饰面板构造相似，通常将骨架与墙体固定，用木板或木夹板固定在龙骨架上作为结合层，将不锈钢饰面镶嵌或粘贴在结合层上，如图 3-48 所示。也可以采用直接贴墙法，即不需要龙骨，将不锈钢饰面直接粘贴在墙表面上。

（5）玻璃饰面。玻璃饰面是采用各种平板玻璃、压花玻璃、磨砂玻璃、彩绘玻璃、蚀刻玻璃、镜面玻璃等作为墙体饰面。玻璃饰面具有光滑、易于清洁，装饰效果豪华美观的特点，如采用镜面玻璃墙面可使视觉延伸、扩大空间感、与灯具和照明结合起来会形成各种不同的环境气氛和光影趣味。但玻璃饰面容易破碎，故不宜设置在墙、柱面较低的部位，否则要加以保护。

玻璃饰面基本构造：在墙基层上设置一层隔汽防潮层；按要求立木筋，间距按玻璃尺寸，做成木框格；在木筋上钉一层胶合板或纤维板等衬板；最后将玻璃固定在木边框上。

固定玻璃的方法主要有四种：一是螺钉固定法，在玻璃上钻孔，用不锈钢螺钉或铜螺钉直接把玻璃固定在板筋上；二是嵌条固定法，用硬木、塑料、金属（铝合金、不锈钢、铜）等压条压住玻璃，压条用螺钉固定在板筋上；三是嵌钉固定法，在玻璃的交点用嵌钉固定；四是粘贴固定法，用环氧树脂把玻璃直接粘在衬板上。其构造方法如图 3-49 所示。

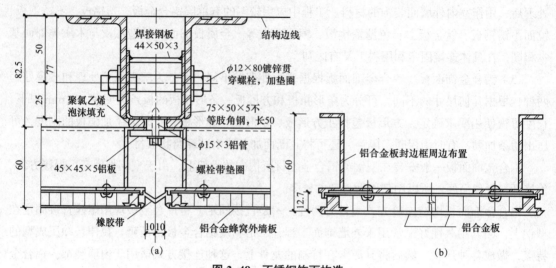

图 3-48 不锈钢饰面构造
（a）节点大样；（b）铝合金外墙板

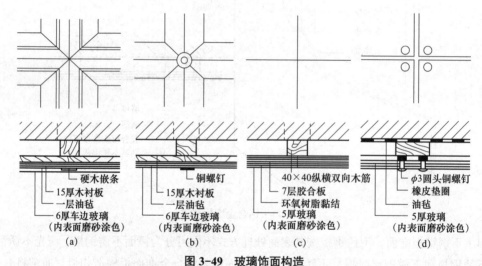

图 3-49 玻璃饰面构造
（a）嵌条固定；（b）嵌钉固定；（c）粘贴固定；（d）螺钉固定

（6）装饰吸声板。常用的装饰吸声板有石膏纤维装饰吸声板、软质纤维装饰吸声板、硬质纤维装饰吸声板、钙塑泡沫装饰吸声板、矿棉装饰吸声板、玻璃棉装饰吸声板、聚苯乙烯泡沫塑料装饰吸声板和珍珠岩装饰吸声板等。它们具有良好的吸声效果，质轻、防火、保温、隔热，多用于室内墙面。装饰吸声板饰面的构造比较简单，一般方法是直接贴在墙面上或钉在龙骨上。

3.7.7 卷材类内墙饰面构造

壁纸的种类有很多，按外观装饰效果可分为印花壁纸、压花壁纸、浮雕壁纸等；按施工方法可分为现场刷胶裱贴壁纸和背面预涂胶直接铺贴壁纸；按使用功能可分为防火壁纸、耐水壁纸、装饰性壁纸；按壁纸的所用材料可分为塑料壁纸、纸质壁纸、织物壁纸、石棉纤维或玻璃纤维壁纸、天然材料壁纸等。

1. 壁布饰面

（1）玻纤贴壁布。玻纤贴壁布是以中碱玻璃纤维作为基材，表面涂以耐磨树脂，经染色印花而成的一种卷材。这种壁布本身有布纹质感，经套色印花后色彩鲜艳，有较好的装饰效果。玻璃纤维壁布除具有材料强度大、韧性好、耐水耐火、不褪色、不老化、价格相对较低、裱糊工艺比较简单等优点外，它还是不燃烧体。

（2）无纺贴壁布。无纺贴壁布是采用棉、麻等天然纤维或涤纶、腈纶等合成纤维，经无纺成型，然后上树脂、印花而成的卷材。无纺贴壁布挺括光洁、表面色彩鲜艳、有绒毛感；有一定的透气性和防潮性，有弹性，不易折断，能擦洗不褪色，纤维不老化，适用于各种建筑的内墙面。

（3）锦缎壁布。锦缎壁布是丝织物的一种，它的优点是花纹图案绚丽多彩、质感柔软、接触感很好，是一种高级墙面装饰材料。

壁纸壁布饰面构造如图3-50所示。

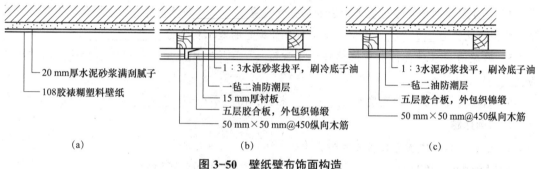

（a）　　　　　　　　（b）　　　　　　　　（c）

图3-50　壁纸壁布饰面构造
（a）塑料壁纸；（b）分块式织锦缎；（c）织锦缎

2. 微薄木饰面

微薄木是由天然木材经机械旋切加工而成0.2～0.5 mm厚的薄木片。其特点是厚薄均匀、木纹清晰，并且保持了天然木材的真实质感。微薄木表面可以是经旋切后再复上一层增强用的衬纸所形成的复合贴面材料，一般规格尺寸为2 100 mm×1 350 mm，微薄木是一种新型的高档室内装饰材料。

微薄木的基本构造与裱贴壁纸相似。首先是基层处理，在基层上以化学浆糊加老粉调成腻子，满批两遍，干后用0号砂纸打磨平整，再满涂清油一道；然后涂胶粘贴，在微薄木背面和基层表面同时均匀涂刷胶液（聚乙烯乙酸乳液∶108胶＝7∶30），涂胶晾置10～15 min，当粘贴表面胶液呈半干状态时，即可开始粘贴，接缝处采用衔接拼缝，拼缝后，宜随手用电熨斗烫平压实；最后漆饰处理，待微薄木干后，即可按木材饰面的设计要求进行漆饰处理，油漆表面必须尽可能地将木材纹理显露出来。

▶ 模块小结

在建筑中，墙体是组成建筑空间的竖向构件，墙体主要包括承重墙与非承重墙，主要起围护、分隔空间的作用。墙承重结构建筑的墙体，承重与围护合一，骨架结构体系建筑墙体的作用是围护与分隔空间。墙体要有足够的强度和稳定性，具有保温、隔热、隔声、防火、防水的功能。墙体的种类较多，有单一材料的墙体，有复合材料的墙体。综合考虑围护、承重、节能、美观等因素，设计合理的墙体方案，是建筑构造的重要任务。

▸ 课后习题

一、填空题

1. 墙体按其受力状况不同，可分为_____和_____两类。其中_____包括自承重墙、隔墙、填充墙等。

2. 当墙身两侧室内地面标高有高差时，为避免墙身受潮，常在室内地面处设_____并在靠土的垂直墙面设_____。

3. 散水坡度为_____，宽度为_____，并要求比无组织排水屋顶檐口宽出_____mm左右。

4. 在建筑物的墙身接近室外地面的部分常设置_____以保护墙身。在墙体门窗洞口上部设置的传力构件为_____。在窗洞下部靠室外设置的泄水构件为_____。

5. 砂浆有很多种类，其中潮湿环境下常用_____，广泛用于民用建筑的地上砌筑砂浆为_____。

6. 钢筋混凝土圈梁的宽度宜与_____相同，高度不小于_____。

二、选择题

1. 一八、三七砖墙构造尺寸分别为（　　　）。

A．180 mm、360 mm　　　　　　　　　B．185 mm、365 mm

C．178 mm、365 mm　　　　　　　　　D．180 mm、365 mm

2. 钢筋混凝土过梁在洞口两侧深入墙内长度不应小于（　　　）mm。

A．120　　　　　　　　　　　　　　　B．180

C．200　　　　　　　　　　　　　　　D．240

3. 当门窗洞口上部有集中载荷作用时，其过梁可选用（　　　）。

A．平拱砖过梁　　　　　　　　　　　B．弧拱砖过梁

C．钢筋砖过梁　　　　　　　　　　　D．钢筋混凝土过梁

4. 为增强建筑物的整体刚度可采取（　　　）等措施。

A．构造柱　　　　　　　　　　　　　B．变形缝

C．预制板　　　　　　　　　　　　　D．过梁

5. 勒脚的做法可在勒脚部位（　　　）。

（1）贴天然石材；（2）抹混合砂浆；（3）抹水泥砂浆；（4）抹石灰砂浆。

A．（1）（2）　　　B．（2）（4）　　　C．（1）（3）　　　　D．（3）（4）

6. 圈梁遇洞口中断，所设的附加圈梁与原圈梁的搭接长度应满足（　　　）（注：H 为附加圈梁与原圈梁的垂直距离）。

A．$\leq 2H$ 且 $\leq 1\,000$ mm　　　　　　B．$\leq 4H$ 且 $\leq 1\,500$ mm

C．$\geq 2H$ 且 $\geq 1\,000$ mm　　　　　　D．$\geq 4H$ 且 $\geq 1\,500$ mm

7．在下列隔墙中，不适用于卫生间隔墙的是（　　　　）。

A．砖砌隔墙 B．水泥玻纤轻质板隔墙

C．轻钢龙骨纸面石膏板隔墙 D．轻钢龙骨钢板网抹灰隔墙

8．砖砌窗台的出挑尺寸一般为（　　　　）mm。

A．60 B．90

C．120 D．180

9．横墙承重布置方案适用于房间（　　　　）的建筑。

A．开间尺寸大 B．大空间

C．横墙间距小 D．开间大小变化较多

10．散水是将屋面雨水有组织导向地下集水井，起保护建筑物四周（　　　　）的作用。

A．勒脚 B．墙基

C．保护底层地面不受潮 D．只起排除雨水作用

11．墙体设计中，构造柱的最小尺寸为（　　　　）。

A．180 mm×180 mm B．180 mm×240 mm

C．240 mm×240 mm D．370 mm×370 mm

三、简答题

1．砌墙常用的砂浆有哪些？如何选用？

2．砖墙的组砌原则是什么？实心砖墙有哪些组砌方式？

3．墙的承重方案有几种？各自有什么优点、缺点？

4．防潮层的作用是什么？水平防潮层的位置应当如何确定？

5．圈梁的作用是什么？一般设置在什么位置？

6．简述构造柱的作用及构造。

四、实践题

1．绘制某工程实例的墙身节点大样图。

2．调研所在学校各建筑物勒脚、散水和窗台的尺寸及所用的建筑材料。

3．观察所在学校宿舍和教学楼墙面装修的类型。

模块 4 楼 地 层

4.1 楼地层基本构成及其分类

楼板层与地坪层是建筑空间的水平分隔构件，同时，又是建筑结构的承重构件。一方面承受自重和楼板层上的全部载荷，并合理有序地将载荷传递给墙和柱，增强房屋的刚度和整体稳定性；另一方面对墙体起水平支撑作用，以减少风和地震产生的水平力对墙体的影响，增加建筑物的整体刚度。此外，楼地层还具备一定的防火、隔声、防水、防潮等能力，并具有一定的装饰和保温作用。

4.1.1 楼地层的基本构成

1. 楼板层的构造组成

楼板层主要由面层、结构层和顶棚三部分组成。为了满足保温、隔声、隔热等方面的要求，必要时可根据实际情况增设附加层，如图 4-1 所示。

视频：楼地层
的构造

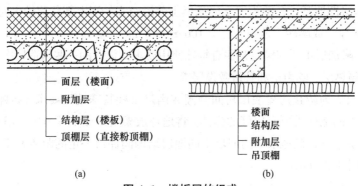

图 4-1 楼板层的组成
（a）预制钢筋混凝土楼板层；（b）现浇钢筋混凝土楼板层

（1）面层。面层又称为楼面或地面，位于楼板层的最上层，起着保护结构层、分布载荷、承受并传递载荷的作用，同时，又对室内起美化装饰作用。根据使用要求和选用材料的不同，面层有多种做法。

视频：面层构造

（2）结构层。结构层又称为楼板，是楼板层的承重构件，一般包括梁和板，主要功能是承受楼板层上的全部载荷，并将载荷传递给墙和柱，同时对墙身起水平支撑作用，以加强建筑物的刚度和整体性。

（3）顶棚层。顶棚层位于楼板层的最下层，主要起着保护楼板、安装灯具、遮掩各种水平管线设备、改善室内光照条件、装饰美化室内空间的作用，在构造上有直接抹灰顶棚、粘贴类顶棚和吊顶等多种形式。

视频：楼地层结构层构造

（4）附加层。附加层又称为功能层，根据楼板层的具体要求、使用功能的不同而设置，主要作用是保温、隔声、隔热、防水、防潮、防腐蚀、防静电等。根据需要，附加层有时和面层合二为一，有时又与吊顶合为一体。

2. 地坪层的构造组成

地坪层是指建筑物底层房间与土层的交接处，其所起作用是承受地坪上的载荷，并均匀地传递给地坪以下的土层。按地坪层与土层间的关系不同，地坪层可分为实铺地层和空铺地层两类。由于地坪层的位置特殊，对地坪层有防潮、防水及保温方面的要求。

视频：附加层构造、地面设计要求

（1）实铺地层。地坪的基本组成部分有面层、垫层和基层，对有特殊要求的地坪，常在面层和垫层之间增设附加层，如图 4-2 所示。

1）面层。地坪的面层又称为地面，起着保护结构层和美化室内的作用。地面的做法和楼面相同。

2）垫层。垫层是基层和面层之间的填充层，其作用是承重传力，一般采用 60 ～ 100 mm 厚的 C10 混凝土垫层。垫层材料可分为刚性和柔性两大类。刚性垫层（如混凝土、碎砖三合土等）有足够的整体刚度，受力后不产生塑性变形，多用于整体地面和小块块料地面；柔性垫层如砂、碎石、炉渣等松散材料，无整体刚度，受力后产生塑性变形，多用于块料地面。

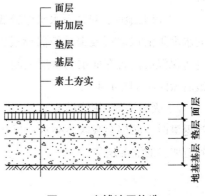

图 4-2 实铺地层构造

3）基层。基层即地基，一般为原土层或填土分层夯实。当上部载荷较大时，增设 2：8 灰土 100～150 mm 厚，或碎砖、道砟三合土 100～150 mm 厚。

4）附加层。附加层主要应满足某些有特殊使用要求而设置的一些构造层次，如防水层、防潮层、保温层、隔热层、隔声层和管道敷设层等。

（2）空铺地层。为防止房屋底层房间受潮或满足某些特殊使用要求（如舞台、体育训练、比赛场、幼儿园等的地层需要有较好的弹性）将地坪层架空形成空铺地层。用预制板或其他材料将底层室内地层架空，使地层下的回填土同地层结构间保留一定的距离，相互不接触。空铺地层构造做法如图 4-3 所示。

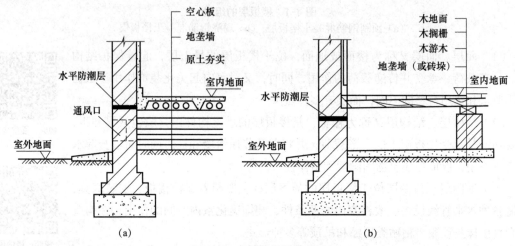

图 4-3　空铺地层构造做法
（a）钢筋混凝土板空铺地层；（b）木板空铺地层

（3）地坪防潮构造。地面返潮现象主要出现在我国南方，每当春夏之交，气温升高，加之雨水增多，空气中相对湿度较大，当地坪表面温度降到露点温度时，空气中的水蒸气遇冷便凝聚成小水珠附在地表面上，当地面的透水性较差时，往往会在地面形成一层水珠，使室内物品受潮。当空气湿度很大时，墙体和楼板层都会出现返潮现象。解决返潮现象主要是解决以下两个问题：一是解决围护结构内表面与室内空气温差过大的问题，使围护结构内表面温度在露点温度以上；二是降低空气相对湿度，加强通风。

在建筑构造上只是解决第一个问题，第二个问题可用机械设备（如去湿机）等手段来解决。

1）保温地面：对地下水水位较低、地基土壤干燥的地区，可在水泥地面以下铺设一层 1：3 的水泥炉渣保温层或聚苯板保温层，以改善地面温差过大的矛盾。在地下水水位较高的地区，可将保温层设置在面层与垫层之间，并在保温层下设置防水层，上铺 30 mm 厚细石混凝土层，最后做面层（图 4-4）。

2）吸湿地面：用烧结普通砖、大阶砖、陶土防潮砖做地面。由于这些材料中存在大量孔隙，当返潮时，面层会吸收冷凝水；当空气湿度较小时，水分又能自动蒸发掉，因此，地面不会感到有明显的潮湿现象。

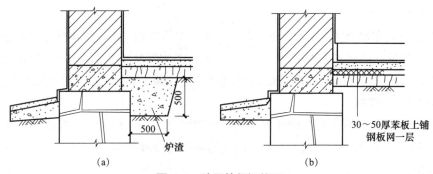

图 4-4　地层的保温处理

(a) 炉渣保温；(b) 苯板保温

4.1.2　楼板层的类型

楼板层按结构层所用材料的不同，可分为木楼板、砖拱楼板、钢筋混凝土楼板、钢楼板及压型钢板与混凝土组合楼板等，如图 4-5 所示。

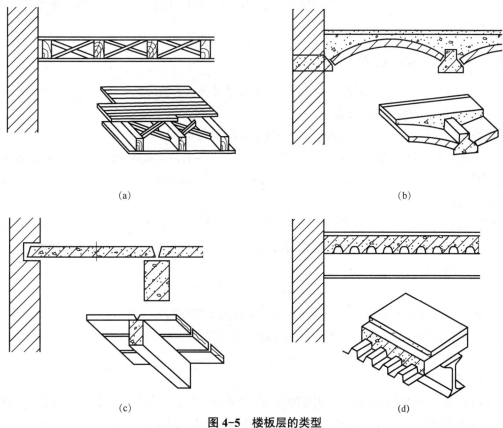

图 4-5　楼板层的类型

(a) 木楼板；(b) 砖拱楼板；(c) 钢筋混凝土楼板；(d) 压型钢板与混凝土组合楼板

1. 木楼板

木楼板是在木搁栅之间设置剪刀撑，形成有足够整体性和稳定性的骨架，并在木搁栅上下铺钉木板所形成的楼板，如图 4-5 (a) 所示。这种楼板构造简单、自重轻、导热系数小，但耐久性和耐火性差，耗费木材量大，除木材产区外较少采用。

2. 砖拱楼板

砖拱楼板是先在墙或柱上架设钢筋混凝土小梁，然后在钢筋混凝土小梁之间用砖砌成拱形结构所形成的楼板，如图 4-5（b）所示。砖拱楼板可节约钢材、水泥、木材，造价低，但承载能力和抗震能力差，结构层所占的空间大，顶棚不平整，施工较烦琐，因此现在已基本不使用。

3. 钢筋混凝土楼板

钢筋混凝土楼板的强度高、刚度大、耐久性和耐火性好，还具有良好的耐久性、防火性及可塑性，便于工业化生产和施工，是目前应用最广的楼板类型，如图 4-5（c）所示。

4. 钢楼板

钢楼板自重轻、强度高、整体性好、易连接、施工方便、便于建筑工业化，但用钢量大、造价高、易腐蚀、维护费用高、耐火性比钢筋混凝土差，一般常用于工业类建筑。

5. 压型钢板与混凝土组合楼板

压型钢板与混凝土组合楼板是在钢筋混凝土楼板的基础上发展起来的，利用压型钢板做衬板和底模，与混凝土浇筑在一起，既提高了楼板的刚度和强度，又加快了施工进度，是目前正大力推广的一种新型楼板。其特点是刚度大、整体性好、可简化施工程序，需要经常维护，如图 4-5（d）所示。

4.1.3 楼板层的设计要求

楼板层的设计应满足建筑的使用、结构、施工及经济等多方面的要求。

1. 楼板层具有足够的强度和刚度

楼板层必须具有足够的强度和刚度才能保证楼板正常与安全使用。

足够的强度是指楼板能够承受自重和不同的使用要求下的使用载荷（如人群、家具设备等，也称为活载荷）而不损坏。自重是楼板层构件材料的净重，其大小也将影响墙、柱、墩、基础等支撑部分的尺寸。

足够的刚度是楼板在一定的载荷作用下，不发生超过规定的形变挠度，以及人走动和重力作用下不发生显著的振动，否则就会使面层材料及其他构配件损坏，产生裂缝等。刚度用相对挠度来衡量，即绝对挠度与跨度的比值。

楼板层是在整体结构中保证房屋总体强度、刚度和稳定性的构件之一，对房屋起稳定作用。例如，在框架建筑中，楼板是保证全部结构在水平方向不变形的水平支承构件；在砖混结构建筑中，当横向隔墙间距较大时，楼板构件也可以使外墙承受的水平风载荷传至横向隔墙上，以增加房屋的稳定性。

2. 满足隔声要求

为了防止噪声通过楼板传到上下相邻的房间，影响其使用，楼板层应具有一定的隔声能力。不同使用要求的房间对隔声的要求不同，如居住建筑因为量大面广，所以必须考虑经济条件，我国对住宅楼板的隔声标准中规定：一级隔声标准为 65 dB，二级隔声标准为 75 dB 等。对一些有特殊使用要求的公共建筑使用空间，如医院、广播室、录音室等，则有着更高的隔声要求。

楼板的隔声包括隔绝空气传声和固体传声两个方面，后者更为重要。空气传声如说话声及演奏乐器的声音都是通过空气来传播的。隔绝空气传声应采取使楼板无裂缝、无孔洞及增加楼板层的重度等措施。固体传声一般由上层房间对下层产生影响，如步履声、移动家具对楼板的撞击声，缝纫机和洗衣机等振动对楼板的影响声等，都是通过楼板层构配件来传递的。由于声音在固体中传递时，声能衰减很少，因此固体传声的影响更大，是楼板隔声的重点。

提高楼层隔声能力的措施有以下几种：

（1）选用空心构件来隔绝空气传声；

（2）在楼板面铺设弹性面层，如橡胶、地毡等；

（3）在面层下铺设弹性垫层；

（4）在楼板下设置吊顶棚。

3. 满足热工、防火、防潮等要求

在冬季采暖建筑中，假如上下两层温度不同时，则应在楼板层构造中设置保温材料，尽可能使采暖方面减少热损失，并应使构件表面的温度与房间的温度相差不超过规定数值。在不采暖的建筑中如起居室、卧室等房间，从满足人们卫生和舒适要求出发，楼面铺面材料也不宜采用蓄热系数过小的材料，如砖、石块、马赛克、水磨石等，因为这些材料在冬季容易传导人们足部的热量而使人缺乏舒适感。采暖建筑中楼板等构件搁入外墙部分应具备足够的热阻，或可以设置保温材料提高该部分的隔热性能；否则热量可能通过此处散失，而且易产生凝结水，影响卫生及构件的寿命。

从防火和安全角度考虑，一般楼板层承重构件，应尽量采用耐火与半耐火材料制造。如果局部采用可燃材料时，应做防火特殊处理；木构件除防火外，还应注意防腐、防蛀。

潮湿的房间（如卫生间、厨房等）应要求楼板层具有不透水性。除支撑构件采用钢筋混凝土外，还可以设置有防水性能，易于清洁的各种铺面，如面砖、水磨石等。与防潮要求较高的房间上下相邻时，还应对楼板层做特殊处理。

4. 经济方面的要求

在多层房屋中，楼板层的造价一般占建筑造价的 20% ～ 30%，因此，楼板层的设计应力求经济合理。应尽量就地取材和提高装配化的程度，在进行结构布置和确定构造方案时，应与建筑物的质量标准和房间的使用要求相适应，并须结合施工要求，避免不切合实际而造成浪费。

5. 建筑工业化的要求

在多层或高层建筑中，楼板结构占相当大的比重，要求在楼板层设计时，应尽量考虑减轻自重和减少材料的消耗，并为建筑工业化创造条件，以加快建设速度。

4.2　钢筋混凝土楼板

钢筋混凝土楼板按其施工方法不同，可分为现浇式钢筋混凝土楼板、预制装配式钢筋混凝土楼板和装配整体式钢筋混凝土楼板三种。

（1）现浇式钢筋混凝土楼板是指在施工现场通过支模、绑扎钢筋、整体浇筑混凝土及养护等工序而成型的楼板。这种楼板具有整体性好、刚度大、利于抗震、梁板布置灵活等特点，但其模板耗材大，施工进度慢，施工受季节限制，适用于地震区及平面形状不规则或防水要求较高的房间。

（2）预制装配式钢筋混凝土楼板是指在构件预制厂或施工现场预先制作，然后在施工现场

装配而成的楼板。这种楼板可节省模板、改善劳动条件、提高生产效率、加快施工速度并利于推广建筑工业化，但楼板的整体性差，适用于非地震区、平面形状较规整的房间。

（3）装配整体式钢筋混凝土楼板是指预制构件与现浇混凝土面层叠合而成的楼板。它既可节省模板、提高其整体性，又可加快施工速度，但其施工较复杂。目前，多用于住宅、宾馆、学校、办公楼等大量性建筑。

4.2.1 现浇式钢筋混凝土楼板

现浇式钢筋混凝土楼板是在施工现场通过支模板、绑扎钢筋、浇筑混凝土及养护等工序所形成的楼板。这种楼板具有能够自由成型、整体性强、抗震性能好的优点，但模板用量大、工序多、工期长、工人劳动强度大，并且施工受季节影响较大。

现浇式钢筋混凝土楼板根据受力和传力情况，分为板式楼板、梁板式楼板、井字梁楼板、无梁楼板、压型钢板组合楼板和新型楼板。

1．板式楼板

楼板内不设置梁，将板直接搁置在墙上的楼板称为板式楼板。板式楼板有单向板与双向板之分，如图4-6所示。当板的长边与短边之比大于或等于3时，板基本上沿短边方向传递载荷，这种板称为单向板，板内受力钢筋沿短边方向设置。单向板的代号，如B80，其中B代表板，80代表板厚为80 mm。双向板长边与短边之比不大于2，载荷沿双向传递，短边方向内力较大，长边方向内力较小，受力主筋平行于短边，并摆放在下面，板厚的确定原则与单向板相同。当板的长边与短边之比大于2且小于3时，宜按双向板计算。

视频：板式楼板

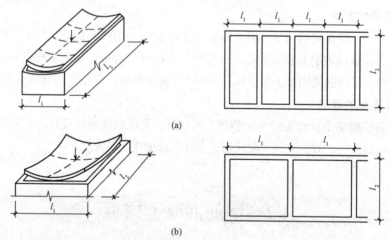

(a)

(b)

图4-6　楼板的受力、传力方式
(a) 单向板；(b) 双向板

板式楼板底面平整、美观、施工方便，但板的跨度较小，经济跨度为2～3 m，适用于小跨度房间或走廊，如厨房、卫生间等。板的厚度一般为60～120 mm。

2．梁板式楼板

当跨度较大时，常在板下设置梁以减小板的跨度，使楼板结构更经济合理。楼板上的载荷先由板传递给梁，再由梁传递给墙或柱。这种楼板称为梁板式楼板或梁式楼板，也称为肋形楼板，如图 4-7 所示。梁板式楼板中的梁可有主梁、次梁之分，次梁与主梁一般垂直相交，板搁置在次梁上，次梁搁置在主梁上，主梁搁置在墙或柱上，主梁可沿房间的纵向或横向布置。

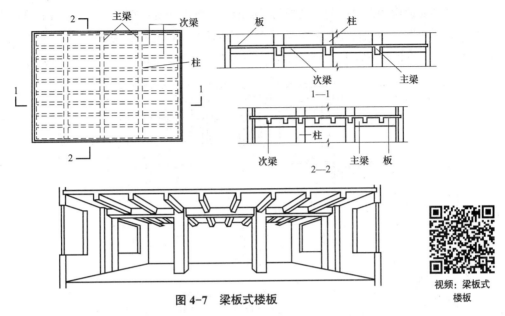

图 4-7　梁板式楼板

主梁的经济跨度为 5～8 m，梁高为跨度的 1/18～1/14。次梁的经济跨度为 4～6 m，梁高为跨度的 1/18～1/12。主梁、次梁宽度均为各自梁高的 1/3～1/2。板的跨度为 1.5～3 m，板厚一般为 60～80 mm。当梁支撑在墙上时，为避免墙体局部压坏，支撑处应有一定的支撑面积，一般情况下，次梁在墙上的支撑长度宜采用 240 mm，主梁宜采用 370 mm。

3. 井字梁楼板

井字梁楼板是肋形楼板的一种特殊形式。当房间尺寸较大，并接近正方形时，常沿两个方向布置等距离、等截面高度的梁，板为双向板，形成井格形的梁板结构，纵梁和横梁同时承担着由板传递的载荷。井式梁楼板的跨度一般为 6～10 m，板厚为 70～80 mm，井格边长一般在 2.5 m 之内。井式梁楼板有正井式和斜井式两种。梁与墙之间成正交梁系的为正井式，如图 4-8（a）所示；长方形房间梁与墙之间常做斜向布置形成斜井式，如图 4-8（b）所示。井式梁楼板常用于跨度为 10 m 左右、长短边之比小于 1.5 的公共建筑的门厅、大厅。如果在井格梁下面加以艺术装饰处理，抹上腰线或绘上彩画，则可使顶棚更加美观。

图 4-8　井式梁楼板
（a）正井式；（b）斜井式

4. 无梁楼板

无梁楼板是在楼板跨中设置柱子来减小板跨,不设置主梁和次梁的楼板,如图4-9所示。在柱与楼板连接处,柱顶构造可分为有柱帽和无柱帽两种。当楼面载荷较小时,采用无柱帽的形式;当楼面载荷较大时,为提高板的承载能力、刚度和抗冲切能力,可以在柱顶设置柱帽和托板来减小板跨、增加柱对板的支托面积。无梁楼板的柱间距宜为6 m,呈方形布置。由于板的跨度较大,故板厚不宜小于150 mm,一般为160～200 mm。

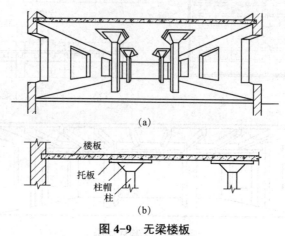

图4-9 无梁楼板
(a) 直观图;(b) 投影图

无梁楼板的板底平整,室内净空高度大,采光、通风条件好,便于采用工业化的施工方式,适用于楼面载荷较大的公共建筑(如商店、仓库、展览馆等)和多层工业厂房。

5. 压型钢板组合楼板

压型钢板组合楼板由钢梁、压型钢板和现浇混凝土三部分组成。压型钢板组合楼板的基本组成及其构造形式如图4-10和图4-11所示。

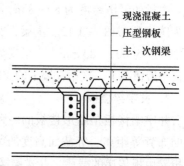

图4-10 压型钢板组合楼板的基本组成

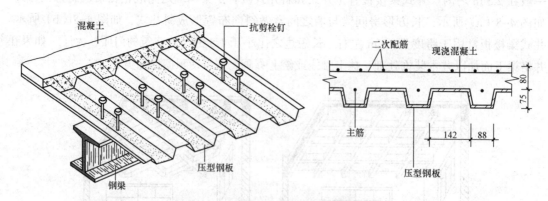

图4-11 压型钢板组合楼板的构造形式

压型钢板组合楼板的整体连接是由栓钉(又称抗剪栓钉)将钢筋混凝土、压型钢板和钢梁组合而成的整体。栓钉是组合楼板的抗剪连接件,楼面的水平载荷通过它传递到梁、柱上,因此又称为剪力螺栓，其规格和数量按楼板与钢梁连接的剪力大小确定。栓钉应与钢梁焊接。

压型钢板的跨度一般为 2 ～ 3 m，铺设在钢梁上，与钢梁之间用栓钉连接。上面浇筑的混凝土厚度为 100 ～ 150 mm。压型钢板组合楼板中的压型钢板承受施工时的载荷，是板底的受拉钢筋，也是楼板的永久性模板。这种楼板简化了施工程序，加快了施工进度，并且具有较强的承载力、刚度和整体稳定性，但耗钢量较大，适用于多、高层的框架或框剪结构的建筑中。

使用压型钢板组合楼板应注意的问题如下：

（1）有腐蚀的环境中应避免应用；

（2）应避免压型钢板长期暴露，以防止钢板和梁生锈，破坏结构的连接性能；

（3）在动载荷作用下，应仔细考虑其细部设计，并注意保持结构组合作用的完整性和共振问题。

6. 新型楼板

随着人们对建筑空间使用要求的多样化，大开间、大柱网建筑的应用需求越来越广。井字梁楼板、密肋楼板、现浇空心楼板等结构体系已经成熟，而且随着成套模壳模板体系的研制推广，这些结构体系也因施工简单可靠而得到广泛应用。

（1）现浇钢筋混凝土空心楼板。现浇钢筋混凝土空心楼板就是按一定规则放置埋入式内模后，经现场浇筑混凝土而形成空腔的楼板。"内模"即埋置在现浇混凝土空心楼板中用以形成空腔且不取出的物体，主要起规范成孔形状的作用，不参与结构受力。当混凝土成型，达到设计设计强度后，内模也就完成了"工作使命"。现浇钢筋混凝土空心楼板由于置入了内模，从而减轻了自重，减少混凝土用量，增加了跨度，降低层高，且隔声、隔热效果也很好，受到广大建设单位和技术人员的欢迎。

（2）现浇钢筋混凝土夹心楼板。现浇钢筋混凝土夹心楼板是在浇筑混凝土之前，将具有一定体积的轻质填充体按照一定的顺序、间距布置到楼板中，待混凝土浇筑之后即形成现浇钢筋混凝土夹心板楼板。

（3）模壳型现浇钢筋混凝土楼板。模壳型现浇钢筋混凝土楼板是较新型的现浇钢筋混凝土楼板，具体做法是在楼板层支模时，将预先设计好的模壳（通常为合成材料）按不同楼板层类型置于模板上，模壳之间形成的空隙部分由现浇钢筋混凝土与模壳整浇在一起而成为楼板层，因模壳形式不同（常用的有管形和箱形），可做成现浇钢筋混凝土空心楼板或现浇钢筋混凝土井格式、密肋式楼板层。由于模壳的采用，此种楼板层能充分发挥钢筋混凝土的性能，降低了自重，因此可适用较大的结构跨度，可达 20 m 左右。其优点是节约了普通模板，施工较方便；缺点是结构层厚度偏大（房间净高偏小），模壳增加了造价。

4.2.2 预制装配式钢筋混凝土楼板

预制装配式钢筋混凝土楼板是把楼板分成若干构件，在预制加工厂或者施工现场外预先制作，然后在施工现场进行安装的钢筋混凝土楼板。这种楼板可以节约模板，促进工业化水平，加快施工速度，缩短工期。但预制楼板的整体性不好，不利于抗震，一些抗震设防要求高的地区不宜采用，且不宜在楼板上穿洞。

1. 预制装配式钢筋混凝土楼板的类型

（1）实心平板。实心平板上下板面平整，制作简单，但自重较大，隔声效果差。宜用于跨度小的走廊板、楼梯平台板、阳台板、管沟盖板等处。板的两端支承在墙或梁上，板厚一般为 50～80 mm，跨度在 2.4 m 以内为宜，板宽为 500～900 mm。由于构件小，起吊机械要求不高，如图 4-12 所示。

视频：预制装配式钢筋混凝土楼板的类型

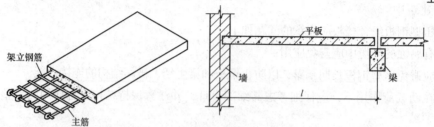

图 4-12　实心平板

（2）空心板。钢筋混凝土楼板在受力时，主要由其上部的混凝土承受压力，下部的钢筋承受拉力。根据板的受力情况，结合考虑隔声的要求，并使板面上下平整，可将预制板沿纵向将受力小的一部分混凝土抽去做成空心板。这样做不仅可以节约混凝土且可减轻自重，而且具有一定的隔声效果。

空心板的孔洞有矩形、方形、圆形、椭圆形等。矩形孔较为经济但抽孔困难，圆形孔的板刚度较好，制作也较方便，因此使用较广。根据板的宽度，孔数有单孔、双孔、三孔、多孔。目前，我国预应力空心板的跨度尺寸可达到 6 m、6.6 m、7.2 m 等。板的厚度一般为 110～240 mm。空心板的优点是节省材料、隔声隔热性能较好；缺点是板面不能任意打洞。目前，以圆孔板的制作最为方便，应用最广，如图 4-13 所示。

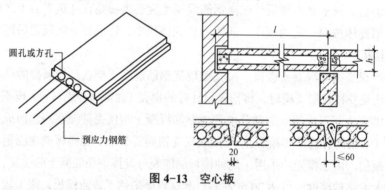

图 4-13　空心板

（3）槽形板。当板的跨度尺寸较大时，为了减轻板的自重，根据板的受力状况，可将板做成由肋和板构成的槽形板。板跨为 3～7.2 m 的非预应力槽形板，板肋高为 150～300 mm，板的厚度一般为 30～35 mm。槽形板减轻了板的自重，具有省材料、便于在板上开洞等优点；但隔声效果差。当槽形板正放（肋朝下）时，板底不平整。槽形板倒放（肋向上）时，需要在板上进行构造处理，使其平整。槽内可填轻质材料起保温、隔声作用。槽形板正放常用作厨房、卫生间、库房等楼板。当对楼板有保温、隔声要求时，可考虑采用倒放槽形板，如图 4-14 所示。

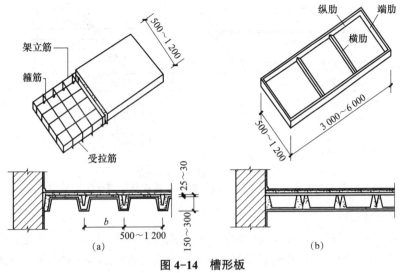

图 4-14 槽形板
(a) 正槽板；(b) 反槽板

2. 预制装配式钢筋混凝土楼板的布置与细部构造

（1）板的结构布置方式。进行楼板布置时，首先应根据房间的使用要求确定板的种类，再根据开间与进深尺寸确定楼板的支承方式，然后根据现有板的规格进行合理的安排。

视频：预制楼板的布置方式

板的支承方式有板式和梁板式。预制板直接搁置在墙上的称为板式布置；若预制楼板支承在梁上，梁再搁置在墙上的称为梁板式布置，如图 4-15 所示。板式结构布置多用于房间的开间和进深尺寸都不大的建筑，如住宅、宿舍等。梁板式结构布置多用于房间的开间和进深尺寸都比较大的建筑，如教学楼等。在确定板的规格时，应首选以房间的短边长度作为板跨。一般要求板的规格、类型越少越好。

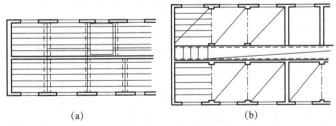

图 4-15 预制楼板的结构布置
(a) 板式；(b) 梁板式

板的布置应避免出现三边支承的情况，即楼板的长边不得布置在梁或砖墙内，否则在载荷作用下，板会产生裂缝。

当采用梁板式支承方式时，板在梁上的搁置方案一般有两种：一种是板直接搁在梁顶上，如图 4-16（a）所示；另一种是将板搁置在花篮梁或十字形梁两翼梁肩上，如图 4-16（b）所示，板面与梁顶相平，当梁高不变时，这种方式相应地提高了室内净空高度。但这时在选用预制板的规格时应注意，它的搁置长度不能按梁中线计算，而是要减去梁顶的宽度。

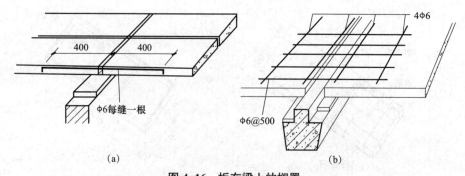

图 4-16　板在梁上的搁置

（a）板搁置在矩形或 T 形梁上；（b）板搁置在花篮梁或十字形梁梁肩上

（2）板的细部构造。

1）板与墙、梁的连接。预制板直接搁置在砖墙或者梁上时，应有足够的支承长度。在墙上的支承长度不宜小于 100 mm；在钢筋混凝土梁上的支承长度不宜小于 80 mm；当利用板端伸出钢筋拉结和混凝土灌缝时，其支承长度可为 40 mm，但板端缝宽不小于 80 mm，灌缝混凝土强度等级不低于 C20。铺板前，先在墙或梁上用 20 mm 厚 M5 的水泥砂浆找平（坐浆），然后铺板。此外，为增强建筑物的整体刚度，板与墙、梁之间及板与板之间常用钢筋拉结，如图 4-17 所示。

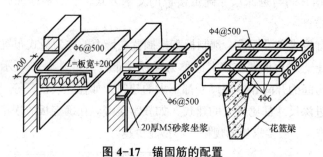

图 4-17　锚固筋的配置

2）板缝处理。为了便于板的安装铺设，板与板之间常留有 10～20 mm 的缝隙。为了加强板的整体性，板缝内须灌入细石混凝土，并要求灌缝密实，避免在板缝处出现裂缝而影响楼板的使用和美观。板的侧缝构造一般有 V 形缝、U 形缝和凹槽缝三种形式，如图 4-18 所示。

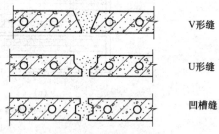

图 4-18　板的侧缝构造

V 形缝与 U 形缝板缝构造简单，便于灌缝，因此应用较广，凹槽缝有利于加强楼板的整体刚度，板缝能起到传递载荷的作用，使相邻板能共同工作，但施工较麻烦。

3）板缝差的调整与处理。板的排列受到板宽规格的限制，因此，排板的结果常出现较大的缝隙。根据排板数量和缝隙的大小，可考虑采用调整板缝的方式解决。当调整后的板缝宽度小于 50 mm 时，用细石混凝土灌实即可；当板缝宽达到 50 mm 时，常在缝中配置钢筋再灌以细石混凝土，如图 4-19（a）、（b）所示；也可以将板缝调至靠墙处，当缝宽≤120 mm 时，可沿墙挑砖填缝；当缝宽＞120 mm 时，采用钢筋骨架现浇板带处理，如图 4-19（c）、（d）所示；若缝隙大于 200 mm，则应重新选择板的规格。

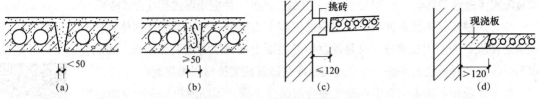

图 4-19　板缝及板缝差的处理

(a) 缝宽＜ 50 mm 时用水泥砂浆或细石混凝土灌缝；(b) 缝宽≥ 50 mm 须配筋灌缝；
(c) 缝宽≤ 120 mm 时可沿墙挑砖处理；(d) 缝宽＞ 120 mm 时用现浇板填补

4）板的锚固。为增强建筑物的整体刚度，特别是处于地基条件较差地段或地震区，应在板与墙及板端与板端连接处设置锚固钢筋，如图 4-20 所示。

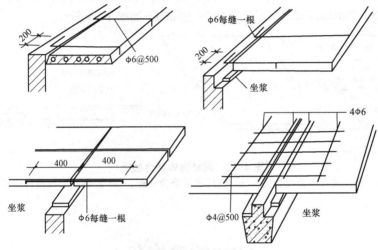

图 4-20　板缝的锚固

5）楼板与隔墙。隔墙若为轻质材料时，可直接立于楼板之上。如果采用自重较重的材料，如烧结普通砖等做隔墙材料，则不宜将隔墙直接搁置在楼板上，特别应避免将隔墙的载荷集中在一块楼板上。对有小梁搁置的楼板或槽形板，通常将隔墙搁置在小梁上或槽形板的边肋上，如果是空心板作楼板材料，可在隔墙下做现浇板带或设置预制梁解决，如图 4-21 所示。

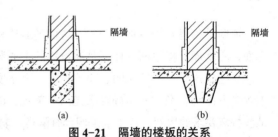

图 4-21　隔墙的楼板的关系

(a) 隔墙支承在梁上；(b) 隔墙支承在纵缝上

6）板的面层处理。由于预制构件的尺寸误差或施工上的原因造成板面不平，需要做找平层，通常采用 20 ～ 30 mm 厚水泥砂浆或 30 ～ 40 mm 厚的细石混凝土找平，然后做面层，电线管等小口径管线可以直接埋在整浇层内。装修标准较低的建筑物，可直接将水泥砂浆找平层或细石混凝土整浇层表面抹光，即可作为楼面。如果要求较高，则须在找平层上另做面层。

4.2.3　装配整体式钢筋混凝土楼板

装配整体式钢筋混凝土楼板是先预制部分构件，然后在现场安装，再以整体浇筑方法连成一体的楼板。它克服了现浇板消耗模板量大、预制板整体性差的缺点，整合了现浇式楼板整体性好和装配式楼板施工简单、工期短的优点，其最广泛的一种应用形式是叠合式楼板。

叠合式楼板是由预制薄板和现浇钢筋混凝土面层叠合而成的装配整体式楼板。预制薄板既是叠合楼板结构的组成部分，又是现浇钢筋混凝土叠合层的永久性模板。现浇叠合层内可敷设水平管线。预制板底面平整，可直接喷涂或粘贴其他装饰材料做顶棚。

为了保证预制薄板与钢筋混凝土叠合层结合牢固，预制薄板的表面应做适当的处理，以加强两者的结合。预制薄板的表面处理通常有两种形式：一种是表面刻槽；另一种是板面上留出三角形结合钢筋。

视频：叠合楼板

预制薄板跨度一般为 4 ~ 6 m，最大可达到 9 m，板宽为 1.1 ~ 1.8 m，薄板厚度通常为50 ~ 70 mm。现浇叠合层的厚度一般为 100 ~ 120 mm，以大于或等于薄板厚度的两倍为宜。叠合楼板的总厚度一般为 150 ~ 250 mm。叠合楼板的预制部分也可采用普通钢筋混凝土空心板，只是现浇叠合层的厚度较薄，一般为 30 ~ 50 mm，如图 4-22 所示。

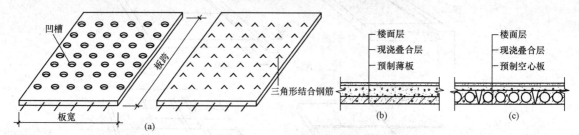

图 4-22　预制薄板叠合楼板
(a) 预制薄板的板面处理；(b) 预制薄板叠合楼板；(c) 预制空心板叠合楼板

4.3　顶棚构造

顶棚是指建筑物屋顶和楼层下表面的装饰构件，又称为吊顶、天棚。顶棚是室内空间的顶界面，同墙面、楼地面一样，是建筑物的主要装修部位之一。顶棚的构造设计与选择应从建筑功能、建筑声学、建筑照明、建筑热工、设备安装、管线敷设、维护检修、防火安全及美观要求等多方面综合考虑。顶棚要求光洁、美观，能通过反射光照来改善室内采光及卫生状况，对某些特殊要求的房间，还要求顶棚具有隔声、防水、保温、隔热等功能。

一般顶棚多为水平式，但根据房间用途的不同，顶棚可做成弧形、凹凸形、高低形、折线形等。

4.3.1　顶棚的作用

1. 改善室内环境，满足使用要求

顶棚的处理首先要考虑室内使用功能对建筑技术的要求。照明、通风、保温、隔热、吸声或反射、音响、防火等技术性能直接影响室内的环境与使用。如剧场的顶棚，要综合考虑光学、声学两个方面的设计问题。在表演区，多采用综合照明，面光、耳光、追光、顶光甚至脚光一并采用；观众厅的顶棚则应以声学为主，结合光学的要求，做成

视频：顶棚构造

多种形式的造型，以满足声音反射、漫射、吸收和混响等方面的需要。

2. 装饰室内空间

顶棚是室内装饰的一个重要组成部分，除满足使用要求外，还要考虑室内的装饰效果、艺术风格的要求，即从空间造型、光影、材质等方面渲染环境，烘托气氛。

不同功能的建筑和建筑空间对顶棚装饰的要求不同，装饰构造的处理手法也有区别。顶棚选用不同的处理方法，可以取得不同的空间感觉。有的可以延伸和扩大空间感，对人的视觉起导向作用；有的可以使人感到亲切、温暖、舒适，以满足人们生理和心理对环境的需要。如建筑物的大厅、门厅，是建筑物的出入口、人流进出的集散场所，它们的装饰效果往往极大地影响人的视觉对该建筑物及其空间的第一印象，所以，入口常常是重点装饰的部位，它们的顶棚在造型上多运用高低错落的手法，以求得富有生机的变化，在材料的选择上，多选用一些不同色彩、不同纹理和富于质感的材料；在灯具选择上，多选用高雅、华丽的吊灯，以增加豪华气氛。

4.3.2 顶棚的分类

顶棚按饰面与基层的关系可分为直接式顶棚与悬吊式顶棚两大类。

1. 直接式顶棚

直接式顶棚是在屋面板或楼板结构底面直接做饰面材料的顶棚。它具有构造简单、构造层厚度薄、施工方便、可取得较高的室内净空、造价较低等特点，但没有供隐蔽管线、设备的内部空间，故用于普通建筑或空间高度受到限制的房间。

直接式顶棚按施工方法可分为直接抹灰式顶棚、直接喷刷式顶棚、直接粘贴式顶棚、直接固定装饰板顶棚及结构顶棚。

2. 悬吊式顶棚

悬吊式顶棚是指顶棚的装饰表面悬吊于屋面板或楼板下，并与屋面板或楼板留有一定距离的顶棚，俗称吊顶。悬吊式顶棚可结合灯具、通风口、音响、喷淋、消防设施等进行整体设计，形成变化丰富的立体造型，改善室内环境，满足不同使用功能的要求。

悬吊式顶棚的类型有很多，以外观上分类，有平滑式顶棚、井格式顶棚、叠落式顶棚和悬浮式顶棚；以龙骨材料分类，有木龙骨悬吊式顶棚、轻钢龙骨悬吊式顶棚和铝合金龙骨悬吊式顶棚；以饰面层和龙骨的关系分类，有活动装配式悬吊顶棚和固定式悬吊顶棚；以顶棚结构层的显露状况分类，有开敞式悬吊顶棚和封闭式悬吊顶棚；以顶棚面层材料分类，有木质悬吊式顶棚、石膏板悬吊式顶棚、矿棉板悬吊式顶棚、金属板悬吊式顶棚、玻璃发光悬吊式顶棚和软质悬吊式顶棚；以顶棚受力大小分类，有上人悬吊式顶棚和不上人悬吊式顶棚；以施工工艺不同分类，有暗龙骨悬吊式顶棚和明龙骨悬吊式顶棚。

4.3.3 直接式顶棚

直接在结构层底面进行喷浆、抹灰、粘贴壁纸、粘贴面砖、粘贴或钉接石膏板条与其他板材等饰面材料或铺设固定搁栅所做成的顶棚。

视频：直接式
顶棚构造
（带保温）

1. 饰面特点

直接式顶棚一般具有构造简单、构造层厚度薄、可以充分利用空间的特点；采用适当的处理手法，可获得多种装饰效果；材料用量少，施工方便，造价也较低。但这类顶棚没有供隐藏管线等设备、设施的内部空间，故小口径的管线应预埋在楼、屋盖结构及其构造层内，大口径的管道，则无法隐蔽。它适用于普通建筑及室内建筑高度空间受到限制的场所。

2．材料选用

直接式顶棚常用的材料如下：

（1）各类抹灰：纸筋灰抹灰、石灰砂浆抹灰、水泥砂浆抹灰等。普通抹灰用于一般房间，装饰抹灰用于要求较高的房间。

（2）涂刷材料：石灰浆、大白浆、彩色水泥浆、可赛银等，用于一般房间。

（3）壁纸等各类卷材：墙纸、墙布、其他织物等，用于装饰要求较高的房间。

（4）面砖等块材：常用釉面砖，用于有防潮、防腐、防霉或清洁要求较高的房间。

（5）各类板材：胶合板、石膏板、各种装饰面板等，用于装饰要求较高的房间。

直接式顶棚常用的材料还有石膏线条、木线条、金属线条等。

3．基本构造

（1）直接喷刷顶棚。直接喷刷顶棚是在楼板底面填缝刮平后直接喷或刷大白浆、石灰浆等涂料，以增加顶棚的反射光照作用，通常用于观瞻要求不高的房间。

（2）抹灰顶棚。抹灰顶棚是在楼板底面勾缝或刷素水泥浆后进行抹灰装修，抹灰表面可喷刷涂料，适用于一般装修标准的房间。

抹灰顶棚一般有麻刀灰（或纸筋灰）顶棚、水泥砂浆顶棚和混合砂浆顶棚等。其中，麻刀灰顶棚应用最普遍。麻刀灰顶棚的做法是先用混合砂浆打底，再用麻刀灰罩面，如图 4-23（a）、（b）所示。

（3）贴面顶棚。贴面顶棚是在楼板底面用砂浆打底找平后，用胶粘剂粘贴墙纸、泡沫塑胶板或装饰吸声板等，一般用于楼板底部平整、不需要顶棚敷设管线而装修要求又较高的房间，或有吸声、保温隔热等要求的房间，如图 4-23（c）所示。

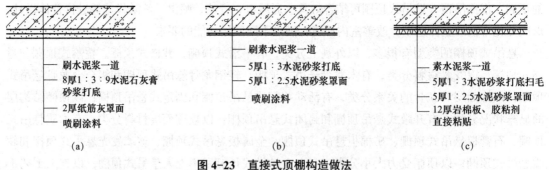

—— 刷水泥浆一道
—— 8厚1：3：9水泥石灰膏砂浆打底
—— 2厚纸筋灰罩面
—— 喷刷涂料

（a）

—— 刷素水泥浆一道
—— 5厚1：3水泥砂浆打底
—— 5厚1：2.5水泥砂浆罩面
—— 喷刷涂料

（b）

—— 素水泥浆一道
—— 5厚1：3水泥砂浆打底扫毛
—— 5厚1：2.5水泥砂浆罩面
—— 12厚岩棉板、胶粘剂直接粘贴

（c）

图 4-23　直接式顶棚构造做法
（a）、（b）抹灰顶棚；（c）贴面顶棚

4．装饰线脚

直接式顶棚的装饰线脚是安装在顶棚与墙顶交界部位的线材，简称装饰线，如图 4-24 所示。其作用是满足室内的艺术装饰效果和接缝处理的构造要求。直接式顶棚的装饰线可采用粘贴法或直接钉固法与顶棚固定。

（1）木线。木线采用质硬、木质较细的木料经定型加工而成。其安装方法是在墙内预埋木砖，再用直钉固定，要求线条挺直、接缝严密。

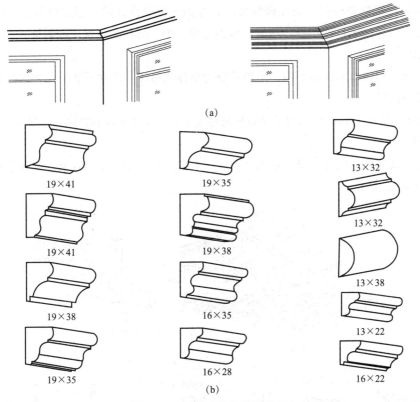

图 4-24　直接式顶棚的装饰线
（a）装饰线位置；（b）装饰线形式

（2）石膏线。石膏线采用石膏为主的材料经定型加工而成，其正面具有各种花纹图案，要用粘贴法固定。在墙面与顶棚交接处要联系紧密，避免产生缝隙，影响美观。

（3）金属线。金属线包括不锈钢线条、铜线条、铝合金线条，常用于办公室、会议室、电梯间、楼梯间、走道及过厅等场所，其装饰效果给人以轻松之感。金属线的断面形状很多，在选用时要与墙面与顶棚的规格及尺寸配合好，其构造方法是用木衬条镶嵌、万能胶粘固。

4.3.4　悬吊式顶棚

悬吊式顶棚（吊顶棚）又称为吊顶，是将饰面层悬吊在楼板结构上而形成的顶棚。

视频：悬吊式
顶棚构造
（不带保温）

吊顶棚应具有足够的净空高度，以便于照明、空调、灭火喷淋、感应器、广播设备等管线及其装置各种设备管线的敷设；合理地安排灯具、通风口的位置，以符合照明、通风要求；选择合适的材料和构造做法，使其燃烧性能和耐火极限应符合防火规范的规定；吊顶棚应便于制作、安装和维修，自重宜轻，以减少结构负荷。同时，吊顶棚还应满足美观和经济等方面的要求。对有些房间，吊顶棚应满足隔声、音质等特殊要求。

1. 饰面特点

吊顶棚可埋设各种管线，可镶嵌灯具，可灵活调节顶棚高度，可丰富顶棚空间层次和形式等，或对建筑起到保温隔热、隔声的作用。同时，悬吊式顶棚的形式不必与结构形式相对应。但需要注意的是，若无特殊要求，悬挂空间越小，越利于节约材料和造价；必要时应留检修孔、铺设走道以便检修，防止破坏面层；饰面应根据设计留出相应灯具、空调等电器设备安装和送风口、回风口的位置。这类顶棚多适用于中、高档的建筑顶棚装饰。

2. 类型

（1）根据结构构造形式的不同，吊顶可分为整体式吊顶、活动式装配吊顶、隐蔽式装配吊顶和开敞式吊顶等。

（2）根据材料的不同，常见的吊顶有板材吊顶、轻钢龙骨吊顶和金属吊顶等。

3. 构造

（1）悬吊式顶棚的构造组成。悬吊式顶棚一般由悬吊部分、顶棚骨架、饰面层和连接部分组成，如图4-25所示。

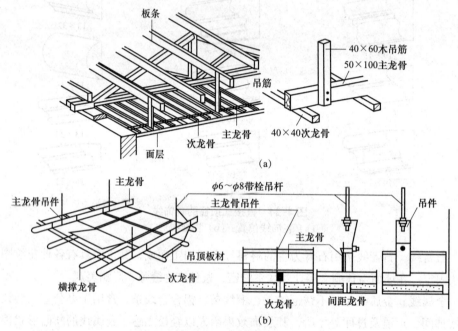

图4-25 吊顶的组成
（a）木骨架吊顶；（b）金属骨架吊顶

1）悬吊部分。悬吊部分包括吊点、吊杆和连接杆。

①吊点：吊杆与楼板或屋面板连接的节点为吊点。在载荷变化处和龙骨被截断处要增设吊点。

②吊杆（吊筋）：吊杆（吊筋）是连接龙骨和承重结构的承重传力构件。吊杆的作用是承受整个悬吊式顶棚的质量（如饰面层、龙骨以及检修人员），并将这些质量传递给屋面板、楼板、屋架或屋面梁；同时，还可调整、确定悬吊式顶棚的空间高度。

吊杆按材料分有钢筋吊杆、型钢吊杆和木吊杆。钢筋吊杆的直径一般为6～8 mm，用于一般悬吊式顶棚；型钢吊杆用于重型悬吊式顶棚或整体刚度要求高的悬吊式顶棚，其规格尺寸要通过结构计算确定；木吊杆用40 mm×40 mm或50 mm×50 mm的方木制作，一般用于木龙骨悬吊式顶棚。

2）顶棚骨架。顶棚骨架又称为顶棚基层，是由主龙骨、次龙骨、小龙骨（或称主搁栅、次搁栅）所形成的网格骨架体系。其作用是承受饰面层的质量并通过吊杆传递到楼板或屋面板上。

悬吊式顶棚的龙骨按材料分有木龙骨、型钢龙骨、轻钢龙骨和铝合金龙骨。

3）饰面层。饰面层又称为面层，其主要作用是装饰室内空间，并且还兼有吸声、反射、隔热等特定的功能。

饰面层一般有抹灰类、板材类、开敞类。饰面常用板材性能及适用范围见表4-1。

表4-1　饰面常用板材性能及适用范围

名称	材料性能	适用范围
纸面石膏板、石膏吸声板	质量轻、强度高、阻燃防火、保温隔热，可锯、钉、刨，粘贴，施工性能好，施工方便	适用于各类公共建筑的顶棚
矿绵吸声板	质量轻、吸声、防火、保温隔热、美观，施工方便	适用于公共建筑的顶棚
珍珠岩吸声板	质量轻、防火、防潮、防蛀、耐酸，装饰效果好，可锚、可割，施工方便	适用于各类公共建筑的顶棚
钙塑泡沫吸声板	质量轻、吸声、隔热、耐水，施工方便	适用于公共建筑的顶棚
金属穿孔吸声板	质量轻、强度高、耐高温、耐压、耐腐蚀、防火、防潮、化学稳定性好、组装方便	适用于各类公共建筑的顶棚
石棉水泥穿孔吸声板	质量重，耐腐蚀，防火、吸声效果好	适用于地下建筑、降低噪声的公共建筑和工业厂房的顶棚
金属面吸声板	质量轻、吸声、防火、保温隔热、美观，施工方便	适用于各类公共建筑的顶棚
贴塑吸声板	导热系数低、不燃、吸声效果好	适用于各类公共建筑的顶棚
珍珠岩织物复合板	防火、防水、防霉、防蛀、吸声、隔热、可锯、可钉、加工方便	适用于公共建筑的顶棚

4）连接部分。连接部分是指悬吊式顶棚龙骨之间、悬吊式顶棚龙骨与饰面层、龙骨与吊杆之间的连接件、紧固件，一般有吊挂件、插挂件、自攻螺钉、木螺钉、圆钢钉、特制卡具、胶粘剂等。

（2）吊杆、吊点连接构造。

1）空心板、槽形板缝中吊杆的安装。板缝中预埋 φ10 连接钢筋，伸出板底100 mm，与吊杆焊接，并用细石混凝土灌缝，如图4-26所示。

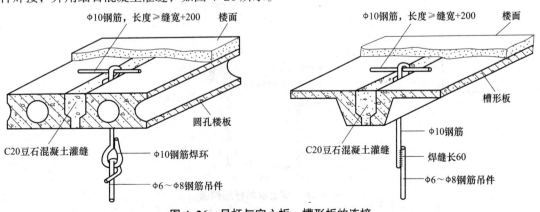

图4-26　吊杆与空心板、槽形板的连接

2）现浇钢筋混凝土板上吊杆的安装。将吊杆绕于现浇钢筋混凝土板底预埋件焊接的半圆环上，如图 4-27（a）所示。

在现浇钢筋混凝土板底预埋件、预埋钢板上焊 Φ10 连接钢筋，并将吊杆焊于连接钢筋上，如图 4-27（b）所示。

将吊杆绕于焊有半圆环的钢板上，并将此钢板用射钉固定于板底，如图 4-27（c）所示。

将吊杆绕于板底附加的 L 50×70×5 角钢上，角钢用射钉固定于板底，如图 4-27（d）所示。

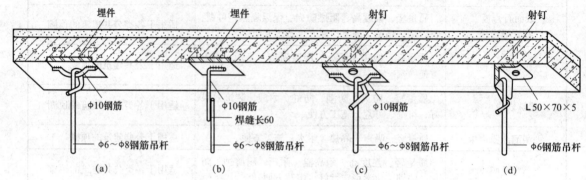

图 4-27　吊杆与现浇钢筋混凝土板的连接
（a）预埋件焊接半圆环；（b）预埋件焊接连接钢筋；（c）射钉焊接半圆环；（d）射钉固定角钢

3）梁上设吊杆的安装。在木梁或木楼上设置吊杆，可采用木吊杆，用钢钉固定，如图 4-28（a）所示。

在钢筋混凝土梁上设置吊杆，可在梁侧面合适的部位钻孔（注意避开钢筋），设横向螺栓固定吊杆。如果是钢筋吊杆，可用角钢钻孔用射钉固定，射钉固定点距梁底应大于或等于 100 mm，如图 4-28（b）所示。

在钢梁上设置吊杆，可用 Φ6～Φ8 钢筋吊杆，上端弯钩，下端套螺纹，固定在钢梁上，如图 4-28（c）所示。

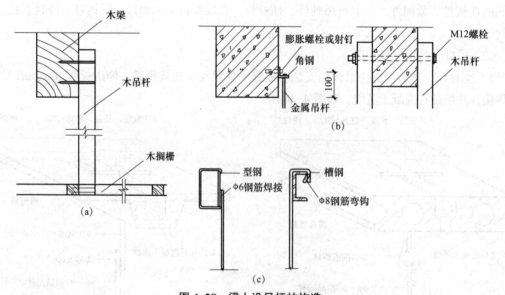

图 4-28　梁上设吊杆的构造
（a）木梁上设吊杆；（b）钢筋混凝土梁上设吊杆；（c）钢梁上设吊杆

4）吊杆安装应注意的问题。吊杆与主龙骨端部的距离不得大于 300 mm，当大于 300 mm 时，应增加吊杆。吊杆的间距一般为 900～1 200 mm；吊杆长度大于 1.5 m 时，应设置反支撑；当预埋的吊杆需接长时，必须搭接焊牢。

4.4 楼地面构造

楼地面包括楼面和地面，是指楼板层和地坪层的面层。它们在设计要求和构造做法上基本相同，对室内装修而言，统称为地面。

4.4.1 地面的设计要求

地面是人们日常工作、生活和生产时，必须接触的部分，也是建筑物直接承受载荷，经常受到摩擦、清扫和冲洗的部分，因此，它应具备下列功能要求。

1. 具有足够的坚固性

要求在各种外力作用下不易被磨损、破坏，且要表面平整、光洁、不起灰和易清洁。

2. 保温性能好

作为人们经常接触的地面，应给人们以温暖、舒适的感觉，保证寒冷季节脚部舒适。

3. 具有良好的隔声、吸声要求

地面的隔声、吸声要求主要是隔绝人或家具与地面产生的撞击声，应能有效地控制室内噪声，满足不同功能房间的要求，可通过选择地面垫层的厚度与材料类型来达到要求。

4. 具有一定的弹性

当人们行走时不致有过硬的感觉，同时有弹性的地面有利于减轻撞击声。

5. 美观要求

地面是建筑内部空间的重要组成部分，应具有与建筑功能相适应的外观形象。

6. 其他要求

对经常有水的房间，地面应防潮、防水；对有火灾隐患的房间，应防火、耐燃烧；有酸碱等腐蚀性介质作用的房间，则要求具有耐腐蚀的能力等。

选择适宜的面层和附加层，从构造设计到施工，确保地面具有坚固、耐磨、平整、不起灰、易清洁、有弹性、防火、防水、防潮、保温、防腐蚀等特点。

4.4.2 地面的类型

地面的名称通常依据面层所用材料来命名。按材料的不同，常见地面可分为以下几类。

（1）整体类地面：包括水泥砂浆、细石混凝土、水磨石及菱苦土地面等。

（2）块状类地面：包括水泥花砖、缸砖、大阶砖、陶瓷马赛克、人造石板、天然石板及木地板等。

（3）粘贴类地面：包括橡胶地毡、塑料地毡、油地毡及各种地毯等。

（4）涂料类地面：包括各种高分子合成涂料形成的地面。

4.4.3 地面的构造做法

1. 整体浇筑地面

整体浇筑地面是指用现场浇筑的方法做成的整片地面，面层没有缝隙，整体效果好，一般是整片施工，也可分区分块施工，按材料不同有水泥砂浆地面、混凝土地面、水磨石地面及菱苦土地面等。

（1）水泥砂浆地面。水泥砂浆地面是用水泥砂浆抹压而成的整体浇筑地面。它具有构造简单、施工方便、造价低等特点，但易起尘、易结露，适用于标准较低的建筑物。常见做法有普通水泥地面、干硬性水泥地面、防滑水泥地面、磨光水泥地面、水泥石屑地面和彩色水泥地面等，如图 4-29 所示。

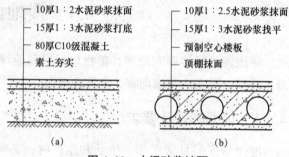

图 4-29　水泥砂浆地面
(a) 底层地面；(b) 楼板层地面

水泥砂浆地面有单层与双层构造之分，当前以双层水泥砂浆地面居多。单层做法一般采用 1∶（2.0～2.5）的水泥砂浆抹光压平，厚度为 15～20 mm。为了减少由于水泥砂浆干缩而产生裂缝，提高地面的耐磨性，可采用双层做法，即先用 1∶3 水泥砂浆打底找平，厚度为 15～20 mm，再用 1∶（2.0～2.5）水泥砂浆抹面，厚度为 5～10 mm。

（2）细石混凝土地面。细石混凝土地面是在基层上刷素水泥浆结合层一道，然后铺 30～40 mm 厚 C20 细石混凝土随打随抹光。这种地面刚性好、强度高且不易起尘。为提高整体性、满足抗震要求，可内配直径 φ4@200 的钢筋网。也可用沥青代替水泥作胶粘剂，做成沥青砂浆和沥青混凝土地面，增强地面的防潮、耐水性。

（3）水磨石地面。水磨石地面是将水泥作胶结材料、大理石或白云石等中等硬度的石屑作集料而形成的水泥石屑面层，经磨光打蜡而成。这种地面坚硬、耐磨、光洁、不透水、装饰效果好，常用于较高要求的地面。

水磨石地面一般可分为两层施工。首先，在刚性垫层或结构层上用 15～20 mm 厚的 1∶3 水泥砂浆找平；然后，在找平层上按设计图案嵌 10 mm 高分格条（玻璃条、钢条、铝条等），并用 1∶1 水泥砂浆固定；最后，将拌和好的水泥石子浆铺入压实，经浇水养护后磨光、打蜡，如图 4-30 所示。

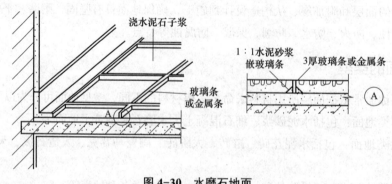

图 4-30　水磨石地面

（4）菱苦土地面。菱苦土面层是用菱苦土、锯木屑和氯化镁溶液等拌和铺设而成的。菱苦土地面保温性能好，又有一定的弹性，且美观。其缺点是不耐水，易产生裂缝，因氯化镁溶液遇水溶解，木屑遇水膨胀之故。其构造做法有单面层和双面层两种。

2. 块材类地面

块材类地面是利用各种人造或天然的预制板材、块材镶铺在基层上的地面，其材料有烧结普通砖、水泥砖、石板、陶瓷马赛克、塑料板和木地板等。

（1）烧结普通砖、水泥砖、预制混凝土砖地面。铺砖地面铺设方法有干铺和湿铺两种。干铺是指在基层上铺一层 20～40 mm 厚的砂子，将砖块直接铺设在砂上，校正平整后用砂或砂浆填缝；湿铺是在基层上抹 1∶3 水泥砂浆 12～20 mm 厚，再将砖块铺平压实，最后用 1∶1 水泥砂浆灌缝。铺砖地面造价低，适用于庭院小道和要求不高的地面。

（2）缸砖、陶瓷地砖及陶瓷马赛克地面。

1）缸砖是用陶土焙烧而成的一种无釉砖块，形状有正方形（尺寸为 100 mm×100 mm 和 150 mm×150 mm，厚为 10～19 mm）、六边形、八角形等。颜色也有多种，由不同形状和色彩可以组成各种图案。缸砖背面有凹槽，使砖块和基层黏结牢固。铺贴时一般用 15～20 mm 厚 1∶3 水泥砂浆做结合材料，要求平整，横平竖直，如图 4-31（a）所示。缸砖具有质地坚硬、耐磨、耐水、耐酸碱、易清洁等优点。

2）陶瓷地砖又称为墙地砖，其类型有釉面地砖、无光釉面砖和无釉防滑地砖及抛光同质地砖。陶瓷地砖有红、浅红、白、浅黄、浅绿、蓝等各种颜色。地砖色调均匀，砖面平整，抗腐耐磨，施工方便，且块大缝少，装饰效果好，特别是防滑地砖和抛光地砖又能防滑，因而越来越多地用于办公、商店、旅馆和住宅。陶瓷地砖一般厚为 6～10 mm，其规格有 400 mm×400 mm、300 mm×300 mm、250 mm×250 mm、200 mm×200 mm 等，一般来说，面积越大，价格越高，装饰效果越好。

3）陶瓷马赛克的特点与面砖相似。陶瓷马赛克有不同的大小、形状和颜色，并由此而可以组合成各种图案，使饰面能达到一定艺术效果。陶瓷马赛克主要用于防滑、卫生要求较高的卫生间、浴室等房间的地面，也可用于外墙面。陶瓷马赛克与玻璃马赛克一样，出厂前已按各种图案反贴在牛皮纸上，以便于施工，如图 4-31（b）所示。

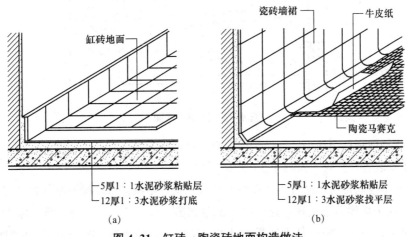

图 4-31　缸砖、陶瓷砖地面构造做法
（a）缸砖地面；（b）陶瓷马赛克地面

（3）石板地面。石板地面包括天然石板地面和人造石板地面。

1）常用的天然石板有大理石板和花岗石板，天然石板具有质地坚硬、色泽艳丽的特点，多用于高标准的建筑。其构造做法：先在基层上抹 1：3 干硬性水泥砂浆找平 30 mm 厚，再用 5～10 mm 厚的 1：1 水泥砂浆作结合层铺贴石板，板缝宽不大于 1 mm，撒干水泥粉浇水扫缝，如图 4-32 所示。天然石板地面多用于装饰标准较高的建筑物的门厅、大厅。

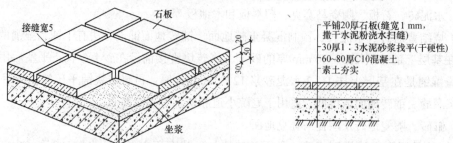

图 4-32　大理石和花岗石地面构造做法

2）人造石板有预制水磨石板、人造大理石板等，价格低于天然石板，做法同天然石板。

（4）木地面。木地面是由木板铺钉或粘贴形成的一种地面形式。木地板具有较好的弹性、吸声能力、蓄热性和接触性，不起尘，易清洁，一般用于装修标准较高的住宅、宾馆、体育馆、舞台等建筑。但木地面耐火性差，易腐朽，且造价较高。

木地面按其所用木板规格不同，有普通木地面、硬木条地面和拼花木地面三种；按其构造形式不同，有空铺、实铺和粘贴三种。

1）空铺木地面常用于底层地面，其做法是砌筑地垄墙，将木地板架空，以防止木地板受潮腐烂。空铺木地面应组织好架空层的通风，使地板下的潮气能通过空气对流排至室外。空铺木地面构造复杂，耗费木材较多，实际中较少采用。空铺木地面做法如图 4-33 所示。

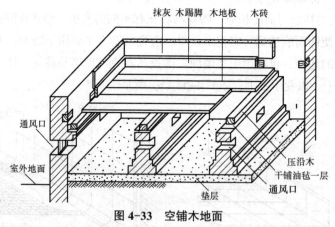

图 4-33　空铺木地面

2）实铺木地面是在刚性垫层或结构层上直接钉铺小搁栅，再在小搁栅上固定木板。搁栅间的空当可用来安装各种管线，如图 4-34 所示。

3）粘贴式木地面是将木地板用沥青胶或环氧树脂等粘贴材料直接粘贴在找平层上，若为底层地面，找平层上应做防潮处理。这种做法不用搁栅，节约了木材，造价低，施工简单，结构高度低，目前应用较多。但这种木地板弹性差，使用中维修困难，施工中应注意粘贴质量和基层的平整。

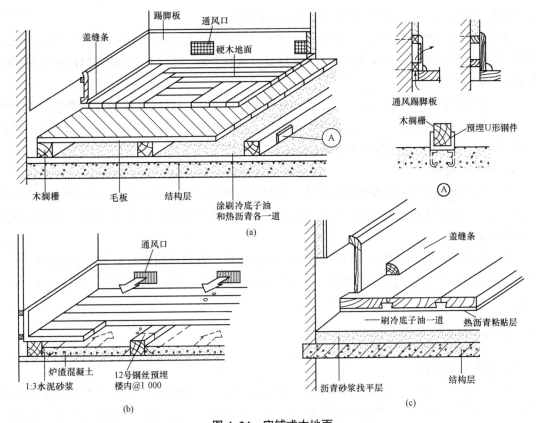

图 4-34　实铺式木地面

（a）双层木地板；（b）单层木地板；（c）粘贴式木地板

3. 粘贴类地面

粘贴类地面以粘贴卷材为主，常见的有塑料地毡、橡胶地毡及各种地毯等。这些材料表面美观、干净，装饰效果好，具有良好的保温、消声性能，适用于公共建筑和居住建筑。

随着石油化工业的发展，塑料地面的应用日益广泛。塑料地面材料的种类很多，目前聚氯乙烯塑料地面材料应用最广泛，有块材和卷材之分。其材质有软质和半硬质两种，目前在我国应用较多的是半硬质聚氯乙烯块材，其规格尺寸一般为 100 mm×100 mm ～ 500 mm×500 mm，厚度为 1.5 ～ 2.0 mm。塑料板块地面的构造做法是先用 15 ～ 20 mm 厚 1∶2 水泥砂浆找平，干燥后再用胶粘剂粘贴塑料板。

塑料地毡以聚氯乙烯树脂为基料，加入增塑剂、稳定剂、石棉绒等经塑化热压而成。有卷材和片材，卷材可干铺，也可用胶粘剂粘贴在水泥砂浆找平层上，如图 4-35 所示，拼接时将板缝切割成 V 形，然后用三角形塑料焊条、电热焊枪焊接。其具有步感舒适、有弹性、防滑、防火、耐

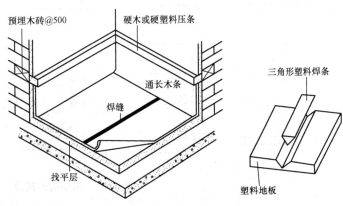

图 4-35　塑料地面的构造做法

磨、绝缘、防腐、消声、阻燃、易清洁等特点，且价格低。

橡胶地毡是以橡胶粉为基料，掺入填充料、防老化剂、硫化剂等制成的卷材，具有耐磨、柔软、防滑、消声及富有弹性等特点，且价格低，铺贴简便，可以干铺，也可以用胶粘剂粘贴在水泥砂浆找平层上。

地毯的类型较多，常见的有化纤地毯、棉织地毯和纯羊毛地毯等，具有柔软舒适、清洁吸声、保温、美观适用等特点，是美化装饰房间的上佳材料之一。其有局部、满铺和干铺、固定等不同铺法。固定式一般用胶粘剂满贴在地面上或将四周钉牢。

4. 涂料类地面

涂料类地面利用涂料涂刷或涂刮而成。其是水泥砂浆或混凝土地面的一种表面处理形式，用以改善水泥砂浆地面在使用和装饰方面的不足。地面涂料品种较多，有溶剂型、水溶性和水乳型等地面涂料。

涂料地面对解决水泥地面易起灰和美观问题起到了重要作用涂料与水泥表面的粘结力强，具有良好的耐磨、抗冲击、耐酸、耐碱等性能，水乳型和溶剂型涂料还具有良好的防水性能。

4.4.4 楼地面的细部构造

1. 踢脚线与墙裙

为保护墙面，防止外界碰撞损坏墙面，或擦洗地面时弄脏墙面，通常在墙面靠近地面处设踢脚线（又称踢脚板）。踢脚线的材料一般与地面相同，故可看作地面的一部分，即地面在墙面上的延伸部分。踢脚线通常凸出墙面，也可与墙面平齐或凹进墙面，其高度一般为100～150 mm。踢脚线是楼地面与内墙面相交处的一个重要构造节点。其主要作用是遮盖楼地面与墙面的接缝；保护墙面，以防止搬运东西、行走或做清洁卫生时将墙面弄脏。踢脚线的构造如图4-36所示。

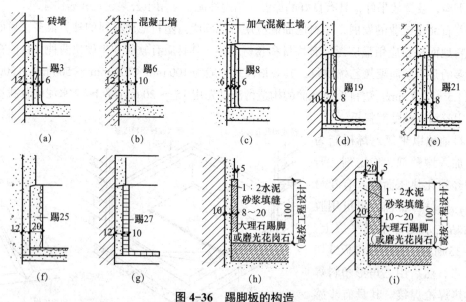

图4-36 踢脚板的构造
(a)、(b)、(c) 水泥砂浆踢脚；(d)、(e) 现制水磨石踢脚；
(f) 预制水磨石踢脚；(g) 陶板踢脚；(h)、(i) 大理石踢脚

墙裙是踢脚线沿墙面往上的继续延伸，做法与踢脚类似，常用不透水材料做成，如油漆、水泥砂浆、瓷砖、木材等，通常为贴瓷砖的做法。墙裙的高度和房间的用途有关，一般为900～1 200 mm；对于受水影响的房间，高度为900～2 000 mm。其主要作用是防止人们在建筑物内活动时碰撞或污染墙面，并起到一定的装饰作用。

2．楼地面变形缝

楼地面变形缝包括温度伸缩缝、沉降缝和防震缝。其设置的位置和大小应与墙面、屋面变形缝一致，构造上要求变形缝应贯通楼地层的各个层次，并在构造上保证楼板层和地坪层能够满足美观与变形需求。底层地面变形缝内一般用沥青麻丝等弹性材料填缝，楼层处多选用经过防腐处理的金属调节片遮住缝隙，并在面层和顶棚处加设盖缝板，盖缝板可用钢板、预制水磨石块、金属盖缝板和木盖缝板等进行处理，但不得妨碍缝隙两边的构件变形，如图4-37所示。

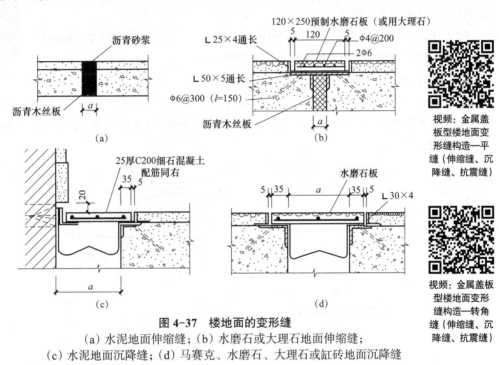

视频：金属盖板型楼地面变形缝构造—平缝（伸缩缝、沉降缝、抗震缝）

视频：金属盖板型楼地面变形缝构造—转角缝（伸缩缝、沉降缝、抗震缝）

图4-37　楼地面的变形缝
（a）水泥地面伸缩缝；（b）水磨石或大理石地面伸缩缝；
（c）水泥地面沉降缝；（d）马赛克、水磨石、大理石或缸砖地面沉降缝

3．楼地层的防潮、防水

（1）地层防潮。由于地下水水位升高、室内通风不畅，房间湿度增大，引起地面受潮，使室内人员感觉不适，造成地面、墙面，甚至家具霉变，还会影响结构的耐久性、美观和人体健康。因此，应对可能受潮的房屋进行必要的防潮处理，处理方法有设防潮层、设保温层等。

1）设防潮层。具体做法是在混凝土垫层上、刚性整体面层下，先刷一道冷底子油，然后铺设热沥青或防水涂料，形成防潮层，以防止潮气上升到地面。也可在垫层下铺一层粒径均匀的卵石或碎石、粗砂等，以切断毛细水的上升通路，如图4-38（a）、（b）所示。

2）设保温层。室内潮气大多是因室内与地层温差引起的，设保温层可以降低温差。设保温层有两种做法：第一种是在地下水水位低、土壤较干燥的地面，可在垫层下铺一层1∶3水泥炉渣或其他工业废料做保温层；第二种是在地下水水位较高的地区，可在面层与混凝土垫层间设保温层，并在保温层下做防水层，如图4-38（c）、（d）所示。

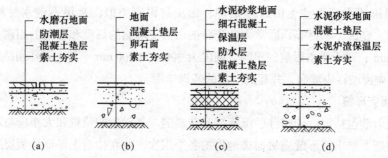

图 4-38　地层的防潮
(a) 设防潮层；(b) 铺卵石层；(c) 设保温层和防水层；(d) 设保温层

视频：楼地层
排水和防水

另外，也可将地层底板搁置在地垄墙上，将地层架空，使地层与土壤之间形成通风层，以带走地下潮气。

（2）楼地层防水。用水房间，如厕所、盥洗室、试验室、淋浴室等，地面易集水，发生渗漏现象，要做好楼地面的排水和防水。

1）地面排水。为排除室内积水，地面一般应有 1%～1.5% 的坡度，同时应设置地漏，使水有组织地排向地漏；为防止积水外溢，影响其他房间的使用，有水房间地面应比相邻房间的地面低 20～30 mm；当两房间地面等高时，应在门口做门槛高出地面 20～30 mm，如图 4-39 所示。

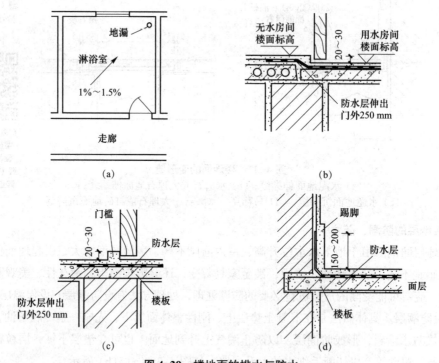

图 4-39　楼地面的排水与防水
(a) 设地漏；(b) 利用楼面标高差；(c) 设门槛；(d) 先做防水层，再做面层

2）地面防水。常用水房间的楼板以现浇钢筋混凝土楼板为佳，面层材料通常为整体现浇水泥砂浆、水磨石或瓷砖等防水性较好的材料。当防水要求较高时，还应在楼板与面层之间设置防水层。常见的防水材料有卷材、防水砂浆和防水涂料。为防止房间四周墙脚受水浸湿，应将

防水层沿周边向上泛起至少 150 mm，如图 4-40（a）所示。当遇到门洞时，应将防水层向外延伸 250 mm 以上，如图 4-40（b）所示。

当楼地面有竖向管道穿越时，也容易产生渗透，一般有两种处理方法：对于冷水管道，可在穿越竖管的四周用 C20 干硬性细石混凝土填实，再以卷材或涂料做密封处理，如图 4-40（c）所示；对于热水管道，为防止温度变化引起的热胀冷缩现象，常在穿管位置预埋比竖管管径稍大的套管，高出地面 30 mm 左右，并在缝隙内填塞弹性防水材料，如图 4-40（d）所示。

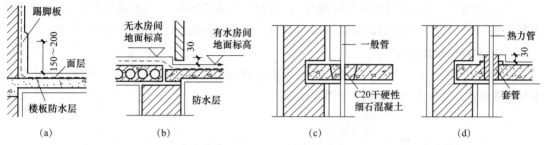

图 4-40　楼地面的防水构造
（a）防水层沿周边上卷；（b）防水层向无水房间延伸；（c）一般立管穿越楼层；（d）热力立管穿越楼层

4.5　阳台与雨篷

4.5.1　阳台

视频：阳台雨棚构造

阳台是多高层建筑中特殊的组成部分，是室内外的过渡空间，是人们接触室内外的平台，可以在上面休息、眺望，满足人的精神需求。同时，阳台的造型也对建筑物的立面起到装饰的作用。

1．阳台的类型和设计要求

（1）类型。阳台按其与外墙的相对位置，可分为挑阳台、凹阳台、半挑半凹阳台、转角阳台，如图 4-41 所示；按结构处理不同，分有挑梁式、挑板式、压梁式及墙承式；按阳台栏板上部的形式可分为封闭式阳台和开敞式阳台；按施工形式，可分为现浇式和预制装配式；按使用功能不同，又可分为生活阳台（靠近卧室或客厅）和服务阳台（靠近厨房）。

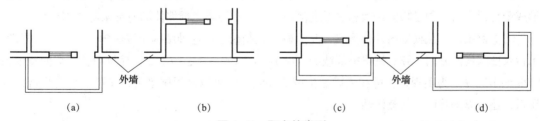

图 4-41　阳台的类型
（a）挑阳台；（b）凹阳台；（c）半凹半挑阳台；（d）转角阳台

（2）设计要求。

1）安全适用。悬挑阳台的挑出长度不宜过大，应保证在载荷作用下不发生倾覆现象，以1.2～1.8 m 为宜。低层、多层住宅阳台栏杆净高不低于 1.05 m，中高层住宅阳台栏杆净高不低于 1.1 m，但也不大于 1.2 m。阳台栏杆形式应防坠落（垂直栏杆间净距不应大于 110 mm）、防攀爬（不设水平栏杆），以免出现人身危险。放置花盆处也应采取防坠落措施。

2）坚固耐久。阳台所用材料和构造措施应经久耐用，承重结构宜采用钢筋混凝土，金属构件应做防锈处理，表面装修应注意色彩的耐久性和抗污染性。

3）排水顺畅。为防止阳台上的雨水流入室内，设计时要求将阳台地面标高低于室内地面标高 60 mm 左右，并将地面抹出 0.5% 的排水坡将水导入排水孔，使雨水能顺利排出。

4）美观要求。还应考虑地区气候特点。南方地区宜采用有助于空气流通的空透式栏杆，而北方寒冷地区和中高层住宅应采用实体栏杆，并应满足立面美观的要求，为建筑物的形象增添风采。

2. 阳台结构布置方式

阳台承重结构通常是楼板的一部分，因此应与楼板的结构布置统一考虑。钢筋混凝土阳台可采用墙承式、挑板式和挑梁式，如图 4-42 所示。

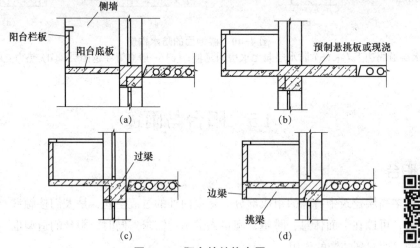

图 4-42　阳台的结构布置
(a) 墙承式；(b) 楼板悬挑式；(c) 墙梁悬挑式；(d) 挑梁式

视频：高层住宅阳台构造

（1）墙承式。将阳台板直接搁置在墙上。这种结构形式稳定、可靠、施工方便，多用于凹阳台。

（2）挑板式。当楼板为现浇楼板时，可选择挑板式，悬挑长度一般为 1.2 m 左右。即从楼板外延挑出平板，板底平整美观而且阳台平面形式可做成半圆形、弧形、梯形、斜三角等各种形状。挑板厚度不小于挑出长度的 1/12，一般有两种做法：一种是将房间楼板直接向墙外悬挑形成阳台板；另一种是将阳台板和墙梁现浇在一起，利用梁上部墙体的质量来防止阳台倾覆。

（3）挑梁式。从横墙内外伸挑梁，其上搁置预制楼板，这种结构布置简单、传力直接明确、阳台长度与房间开间一致。挑梁根部截面高度 H 为 $(1/6 \sim 1/5)L$，L 为悬挑净长，截面宽度为 $(1/3 \sim 1/2)h$。为美观计，可在挑梁端头设置面梁，既可以遮挡挑梁头，又可以承受阳台栏杆质量，还可以加强阳台的整体性。

3. 阳台细部构造

（1）阳台栏杆。栏杆是在阳台外围设置的竖向构件，其作用：一方面是承担人们推倚的侧向力，以保证人的安全；另一方面是对建筑物起装饰作用。因而，栏杆的构造要求坚固和美观。栏杆的高度应高于人体的重心，临空高度在 24 m 以下时，栏杆高度不应低于 1.05 m；临空高度在 24 m 及 24 m 以上（包括中高层住宅）时，栏杆高度不应低于 1.10 m。

1）按阳台栏杆空透的情况不同，有空花、混合和实体式，如图4-43所示。

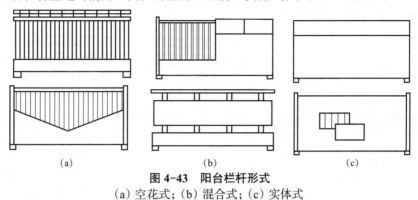

图 4-43 阳台栏杆形式
（a）空花式；（b）混合式；（c）实体式

2）按材料，可分为砖砌、混凝土和金属材质，如图4-44所示。

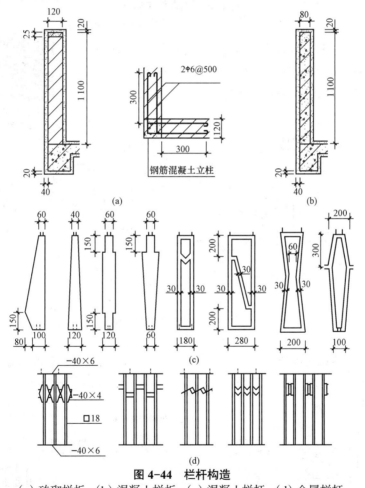

图 4-44 栏杆构造
（a）砖砌栏板；（b）混凝土栏板；（c）混凝土栏杆；（d）金属栏杆

（2）栏杆扶手。扶手是供人手扶使用的，有金属和钢筋混凝土两种。金属扶手一般为钢管与金属栏杆焊接。钢筋混凝土扶手应用广泛，形式多样，一般直接用作栏杆压顶，宽度有 80 mm、120 mm、160 mm。当扶手上需要放置花盆时，在外侧设置保护栏杆，一般高为180～200 mm，花台净宽为 240 mm。

栏杆扶手有金属和钢筋混凝土两种。钢筋混凝土扶手用途广泛、形式多样，有不带花台、带花台、带花池等，如图4-45所示。

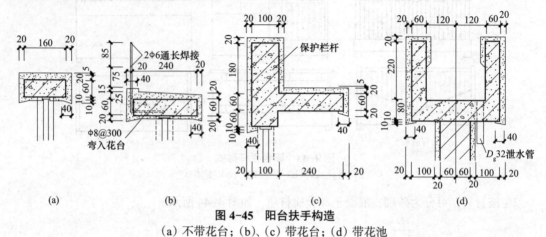

图4-45 阳台扶手构造
（a）不带花台；（b）、（c）带花台；（d）带花池

（3）细部构造。阳台细部构造主要包括栏杆与扶手的连接、栏杆与面梁（或称止水带）的连接、栏杆与墙体的连接等。

1）栏杆与扶手的连接方式有焊接、现浇等方式，如图4-46所示。

视频：凸窗护栏构造　　视频：低窗护栏构造

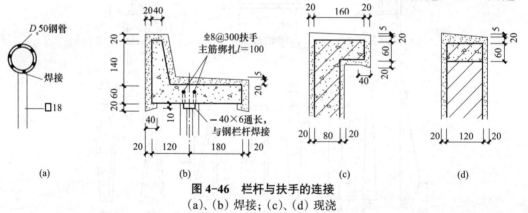

图4-46 栏杆与扶手的连接
（a）、（b）焊接；（c）、（d）现浇

2）栏杆与面梁或阳台板的连接方式有焊接、榫接坐浆、现浇等，如图4-47所示。

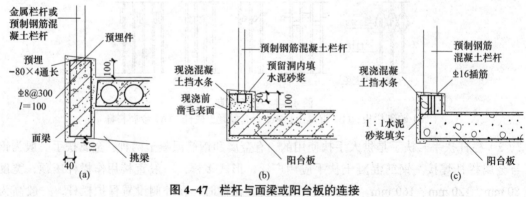

图4-47 栏杆与面梁或阳台板的连接
（a）焊接；（b）榫接坐浆；（c）现浇

3）扶手与墙的连接，应将扶手或扶手中的钢筋伸入外墙的预留洞中，用细石混凝土或水泥砂浆填实固牢；现浇钢筋混凝土栏杆与墙连接时，应在墙体内预埋 240 mm×240 mm×120 mm C20 细石混凝土块，从中伸出 2Φ6，长为 300 mm，与扶手中的钢筋绑扎后再进行现浇，如图 4-48 所示。

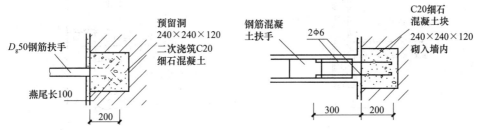

图 4-48 扶手与墙的连接

（4）阳台隔板。阳台隔板用于连接双阳台，有砖砌隔板和钢筋混凝土隔板两种。砖砌隔板一般采用 60 mm 和 120 mm 厚两种，由于载荷较大且整体性较差，因此现多采用钢筋混凝土隔板。隔板采用 C20 细石混凝土预制 60 mm 厚，下部预埋铁件与阳台预埋铁件焊接，其余各边伸出 Φ6 钢筋与墙体、挑梁和阳台栏杆、扶手相连，如图 4-49 所示。

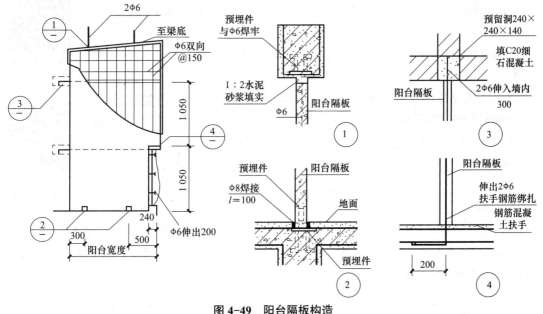

图 4-49 阳台隔板构造

（5）阳台排水。由于阳台为室外构件，须采取措施保证地面排水通畅。阳台地面的设计标高应比室内地面低 30 ~ 50 mm，以防止雨水流入室内，并以不小于 1% 的坡度坡向排水口。

阳台排水有外排水和内排水两种。外排水是在阳台外侧设置泄水管将水排出，泄水管设置 Φ40 ~ Φ50 镀锌钢管或塑料管水舌，外挑长度不少于 80 mm，以防止雨水溅到下层阳台，外排水适用于低层和多层建筑，如图 4-50（a）所示；内排水是在阳台内侧设置排水立管和地漏，将雨水直接排入地下管网，内排水适用于高层建筑和高标准建筑，如图 4-50（b）所示。

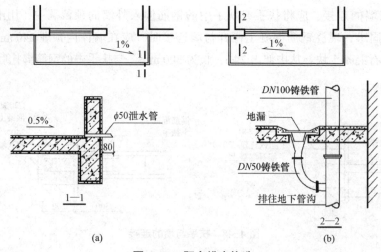

图 4-50　阳台排水构造

（a）外排水；（b）内排水

4.5.2　雨篷

雨篷是指在建筑物外墙出入口的上方用以遮挡雨雪并有一定装饰作用的水平构件，给人们提供一个从室外到室内的过渡空间，并起到保护门和丰富建筑立面的作用。

根据雨篷板的支承方式不同，雨篷有悬板式和梁板式两种。

1. 悬板式

悬板式雨篷外挑长度一般为 0.9 ～ 1.5 m，板根部厚度不小于挑出长度的 1/12，雨篷宽度比门洞每边宽 250 mm，雨篷排水方式可采用无组织排水和有组织排水两种。雨篷顶面距离过梁顶面 250 mm 高，板底抹灰可抹 1∶2 水泥砂浆内掺 5% 防水剂的防水砂浆 15 mm 厚，多用于次要出入口。悬板式雨篷构造如图 4-51（a）所示。

2. 梁板式

当门洞口尺寸较大、雨篷挑出尺寸也较大时，雨篷应采用梁板式结构，即雨篷由梁和板组成。为使雨篷底面平整，梁一般翻在板的上面成翻梁，如图 4-51（b）所示。当雨篷尺寸更大时，可在雨篷下面设置柱支撑。

视频：混凝土雨篷构造

视频：混凝土雨篷构造－专属节点

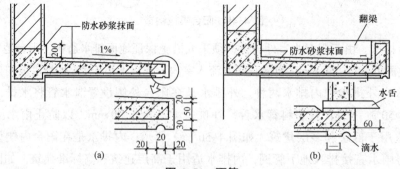

图 4-51　雨篷

（a）悬板式雨篷；（b）梁板式雨篷

雨篷顶面应做好防水和排水处理，如图4-52所示，一般采用20mm厚的防水砂浆抹面进行防水处理，防水砂浆应沿墙面上升，高度不小于250mm；同时，在板的下部边缘做滴水，防止雨水沿板底漫流。雨篷顶面需要设置1%的排水坡，并在一侧或双侧设置排水管将雨水排除。为了立面需要，可将雨水由雨水管集中排除，这时雨篷外缘上部需要做挡水边坎。

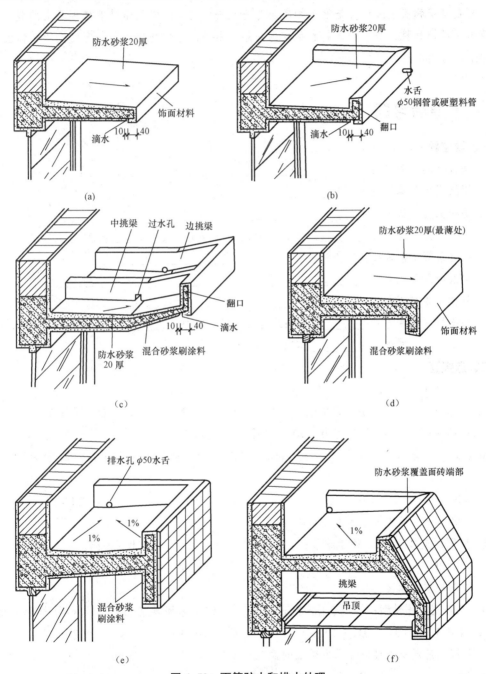

图4-52 雨篷防水和排水处理
（a）自由落水雨篷；（b）有翻口有组织排水雨篷；（c）折挑倒梁有组织排水雨篷；
（d）下翻口自由落水雨篷；（e）上下翻口有组织排水雨篷；（f）下挑梁有组织排水带吊顶雨篷

模块小结

楼板与地面是水平方向分隔房屋空间的承重构件。其中，楼板层是楼层分隔上下空间的构件，地面是建筑物底层地坪，是建筑物底层与土相接的构件。它们承受着楼板层上的载荷，并将载荷传递给墙和柱，并对墙体起水平支撑作用；另外，它们还应具备一定的隔声、保温、防火、防水、防潮等能力。

课后习题

一、填空题

1. 楼板按其所用材料分为＿＿＿＿＿＿、＿＿＿＿＿＿和＿＿＿＿＿＿等。

2. 楼板层的基本组成是＿＿＿＿＿＿、＿＿＿＿＿＿、＿＿＿＿＿＿。

3. 墙裙高度一般为＿＿＿＿＿＿＿＿。

4. 次梁的经济跨度为＿＿＿＿＿＿，主梁的经济跨度为＿＿＿＿＿＿。

5. 钢筋混凝土楼板按施工方法分为＿＿＿＿＿＿、＿＿＿＿＿＿和＿＿＿＿＿＿。

6. 梁的截面形式有＿＿＿＿＿＿、＿＿＿＿＿＿、＿＿＿＿＿＿、＿＿＿＿＿＿。

7. 吊顶主要有四个部分组成，即＿＿＿＿＿＿、＿＿＿＿＿＿、＿＿＿＿＿＿、＿＿＿＿＿＿。

8. 踢脚板的高度为＿＿＿＿＿＿mm，所用材料一般与＿＿＿＿＿＿一致。

9. 吊顶吊筋是连接＿＿＿＿＿＿承重构件。

二、选择题

1. 管线穿越楼板时，（   ）需加套管。

A. 下水管　　　　　B. 自来水管　　　　　C. 电信管　　　　　D. 暖气管

2. 某楼一层地面标高为 ±0.000，支撑二层楼板的梁的梁底标高为 2.830 m，梁高为 600 mm；二层预制楼板板厚为 125 mm，二层楼地面面层厚为 45 mm，该楼一层层高为（   ）m。

A. 3.0　　　　　B. 3.6　　　　　C. 3.555　　　　　D. 2.83

3. 水磨石地面设置分格条的作用是（   ）。

Ⅰ. 坚固耐久；　　Ⅱ. 便于维修；　　Ⅲ. 防止产生裂缝；　　Ⅳ. 防水。

A. Ⅰ、Ⅱ　　　　　B. Ⅰ、Ⅲ　　　　　C. Ⅱ、Ⅲ　　　　　D. Ⅲ、Ⅳ

4. 以下是整体地面的是（   ）。

（1）细石混凝土地面；　　（2）花岗石地面；　　（3）水泥砂浆地面；　　（4）地毯地面。

A.（1）（3）　　　　　B.（2）（3）　　　　　C.（1）（4）　　　　　D.（2）（4）

5. 预制钢筋混凝土楼板在承重梁上的搁置长度应不小于（   ）mm。

A. 60　　　　　B. 80　　　　　C. 120　　　　　D. 180

6. 楼板上采用十字形梁或花篮梁是为了（   ）。

A. 顶棚美观　　　　　　　　　　　B. 施工方便

C. 减少楼板所占空间　　　　　　　D. 减轻梁的自重

7．楼板层的隔声构造措施不正确的是（　　　　）。

A．楼面上铺设地毯　　B．设置矿棉毡垫层　　C．做楼板吊顶处理　　D．设置混凝土垫层

8．楼板层的构造说法正确的是（　　　　）。

A．楼板应有足够的强度，可不考虑变形问题

B．槽形板上不可打洞

C．空心板保温隔热效果好，且可打洞，故常采用

D．采用花篮梁可适当提高室内的净空高度

9．空心板两端常用碎砖等堵严的目的是（　　　　）。

A．增加保温性　　　　B．避免板端压坏　　　C．增加整体性　　　D．避免板端滑移

三、简答题

1．钢筋混凝土楼板按施工方法分有哪些类型？各有何特点？

2．现浇钢筋混凝土楼板有哪些类型？各自的使用范围是什么？

3．预制装配式钢筋混凝土楼板有哪些类型？各有何特点？

4．常用的地面种类及特点是什么？

5．试说明顶棚的类型及各自的特点。

四、实践题

1．试绘制现浇钢筋混凝土楼板构造详图。

2．调研所在学校各建筑物内楼地面的种类。

3．观察家里住宅及所在学校宿舍的阳台属于哪个类型？

模块 5   楼梯与电梯

5.1   楼梯的类型与构造

建筑物中各楼层常用的垂直交通联系构件主要有楼梯、电梯、电动扶梯、台阶和坡道等。

（1）坡道：坡度范围为 $0° \sim 15°$，一般采用 $11° 19'$ 较合适，常用于医院、车站和其他公共建筑入口处，以便机动车辆通行和无障碍设计。其中，无障碍设计的坡度要求为 $1/12 \sim 1/8$。当坡道总高度超过 0.7 m 时，应在临空面采取防护设施。

（2）楼梯：坡度范围为 $20° \sim 45°$，$33° 52'$ 是符合人体生理的最佳坡度。楼梯主要用于解决楼层之间的垂直交通。楼梯坡度越陡，需要的进深越小，越节约空间；反之，需要的进深越大，但行走舒适。所以，可根据建筑物的使用性质、楼梯间平面尺寸等综合确定其坡度。一般来说，公共建筑的楼梯平缓些，居住建筑的楼梯陡立些。

（3）爬梯：坡度范围一般 $> 45°$，$60°$ 较合适，适用于仅供少数人行走的楼梯，由于坡度较陡，可节约空间。例如，在图书馆的闭架书库中，供少数工作人员用的可采用爬梯，供室外检修人员及消防用的爬梯，坡度可达90°。

5.1.1 楼梯的组成和设计要求

1. 楼梯的组成

一般楼梯主要由楼梯段、休息平台、栏杆（板）及扶手三部分组成，如图5-1所示。

（1）楼梯段（楼梯跑）。楼梯段是由若干级踏步组成的，联系两个不同标高平台的倾斜构件。它连接楼层和休息平台，是楼梯主要的使用和承重部分。为减少人们上、下楼梯时的疲劳和适应人们的习惯，一段楼梯的踏步级数一般不宜超过18级，也不宜少于3级。

（2）休息平台。休息平台是指两楼梯段之间的水平板，起缓解行人疲劳和改变行进方向的作用。两楼层之间的休息平台让人们在连续上楼时可稍加休息，故称为中间平台或休息平台。与楼层地面标高相同的平台还有用来缓冲、分配从楼梯到达各楼层人流的功能，称为楼层平台。

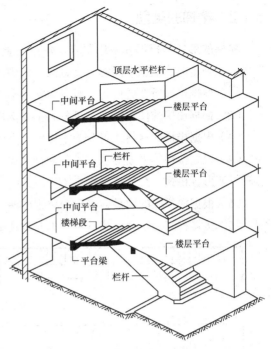

图5-1 楼梯的组成

（3）栏杆（板）及扶手。栏杆（板）及扶手是指楼梯段及平台边缘的安全保护构件，供上、下楼梯时倚扶之用，要可靠、坚固，并具有足够的安全高度。当楼梯宽度不大时，可只在梯段临空面设置；当楼梯宽度较大时（大于1.4 m），非临空面也应加设扶手；当楼梯宽度很大（大于2.1 m）时，还应在梯段中间加设扶手。实心的称为栏板；镂空的称为栏杆。栏杆（板）上部供人们倚扶的配件称为扶手。

视频：楼梯的
组成和分类

2. 楼梯的设计要求

（1）满足使用要求：人流通畅，行走舒适，安全防火。

1）人流通畅：楼梯应具有足够的宽度、数量和合适的位置。例如，剧场设计要求4 min内人流全部疏散完毕；楼梯间应具有足够的采光和通风，不应有凸出物，如暖气管、柱垛等。

2）行走舒适：楼梯间有合适的坡度。需考虑人在负重状态下的行走，并结合考虑空间的限制，踏步的高宽比适宜。

3）安全防火：扶手牢固，踏步的表面耐磨、防滑、易清洁；楼梯的间距、数量、楼梯与房间的距离应满足《建筑设计防火规范（2018年版）》（GB 50016—2014）的要求；楼梯间的墙必须是防火墙。若烧结普通砖墙厚度需24墙以上，则房间除必要的门外，不得向楼梯间开窗；楼梯不能直接通地下室；防火楼梯不得采用螺旋形或扇形等。

（2）满足施工要求：方便施工、经济、结构合理、坚固、耐久、安全。若发生地震时，楼梯部位应形成安全岛，保证疏散顺畅。为加强楼梯间的坚固性，可在楼梯四角设置构造柱，将楼梯设置在地震变形较小的部位，高层建筑的楼梯间必须设置在靠外墙的部位。

（3）造型美观：楼梯造型美观，形成空间上的变换。

5.1.2 楼梯的类型

楼梯的形式是根据其使用要求、建筑功能、建筑平面和空间特点，以及楼梯在建筑中的位置等因素确定的。依据不同的分类方法，楼梯可分为以下多种类型：

（1）根据楼梯所在的位置，可分为室内楼梯和室外楼梯。

（2）根据楼梯的使用性质，可分为主要楼梯、辅助楼梯、消防楼梯和疏散楼梯等。

（3）根据楼梯的材料，可分为木楼梯、金属楼梯和钢筋混凝土楼梯等。

（4）根据楼梯的平面形状，可分为直上式、曲尺式、双折式、双分（双合）式、三折式、螺旋形、弧形、桥式、交叉式等楼梯（图 5-2）。

（5）根据楼梯段的数量，可分为单跑楼梯、双跑楼梯和三跑楼梯等。

（6）按楼梯间的平面形式，可分为开敞式楼梯间、封闭式楼梯间和防烟楼梯间等。

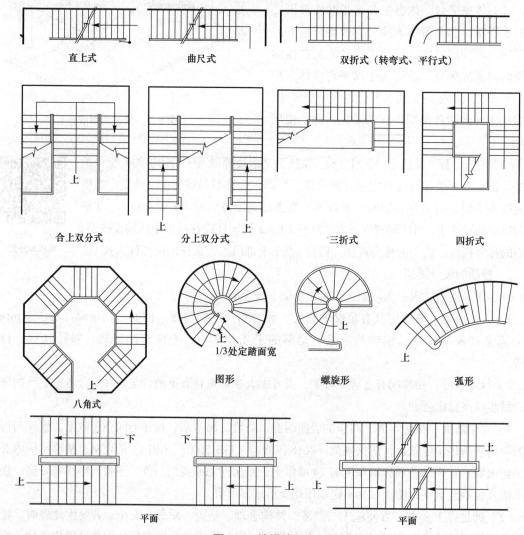

图 5-2　楼梯的形式

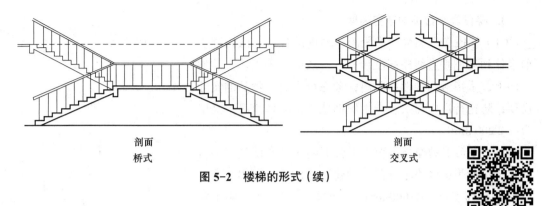

剖面
桥式

剖面
交叉式

图 5-2 楼梯的形式（续）

视频：楼梯的尺度要求、细部构造

5.1.3 楼梯的尺寸确定

1. 楼梯的宽度

（1）梯段的净宽度。梯段的净宽度是指扶手内侧的宽度。作为主要交通用的楼梯梯段净宽度，应根据楼梯的类型、层数、耐火等级及疏散要求来确定。一般按每股人流宽度为 550 mm ＋（0～150）mm，并至少满足两股人流相对通行；小住宅或户内楼梯可按梯段净宽 ≥ 900 mm，满足单人携带物品通过的需要，900 mm 也是梯段的最小净宽度；当双人行走时，楼段的净宽度为：居住建筑 1.1～1.2 m，公共建筑 1.4～2.0 m；防火楼梯的宽度应 ≥ 1.1 m。

（2）平台宽度。在平台处改变行进方向的楼梯，平台宽度应大于或等于楼梯段的宽度，保证在转折处满足人流的通行和家具的搬运；在平台处不改变行进方向的楼梯，一般平台宽度应 ≥ 2b ＋ h（b 为楼梯面宽度，h 为楼梯踏步高度），且 ≥ 750 mm。

（3）楼梯井的宽度。所谓楼梯井，是指楼梯段及平台围合成的空间，此空间从顶层到底层贯通。为方便施工，楼梯井的宽度一般不大于 200 mm。住宅中有时为了节约空间，也可不设置楼梯井。

2. 楼梯的坡度

楼梯踏步可分为踏面和踢面。踏步的水平面叫作踏面，用 b 表示其宽度；垂直面叫作踢面，用 h 表示其高度。楼梯的坡度取决于踏步 h、b 两个方向的尺寸。根据人的生理条件（人步子的大小，如女子及儿童的跨步长度为 580 mm，男子为 620 mm，抬脚的高低等有关）和建筑物的属性（使用及占地情况）确定。确定楼梯踏步高度的经验公式为 b ＋ h ≈ 450 mm 或 b ＋ 2h ≈ 600～620 mm。一般来说，b ≥ 250 mm、h ≤ 180 mm 即可满足人流行走的舒适安全。常用建筑的踏步尺寸见表 5-1。

表 5-1 常用建筑的踏步尺寸　　　　　　　　　　　　　　　　　　　　mm

名称	住宅	学校、办公室	剧院、会堂	医院	幼儿园
踏步高 h	150～175	120～160	130～150	150	120～140
踏步宽 b	260～300	260～340	300～350	300	260～280

应注意的是楼梯各梯段的坡度应一致，双跑楼梯各梯段长度宜相同。若每个梯段踏步数量设为 N，则 3 ≤ N ≤ 18。当踏步数量少于 3 个时，一般应做坡道；当踏步数量大于 18 个时，行人会感到疲劳，则应设中间平台。

3. 梯段及平台下的净空高度

（1）梯段净空高度。梯段净空高度的计算方法以踏步前缘处到顶棚垂直线净高度计算。一般应大于人体上肢伸直向上，手指触到顶棚的距离；考虑行人肩扛物品的实际需要，防止行进中碰头、产生压抑感等，故梯段净空高度应 ≥ 2 200 mm。

（2）平台下的净空高度。平台下的净空高度是指平台一定范围的表面竖直上方凸出构建下缘的垂直距离，平台下的净空高度应 ≥ 2 000 mm，且楼梯段的起始、终了踏步的前缘与顶部凸出物内外缘线的水平距离应 ≥ 300 mm（图 5-3）。

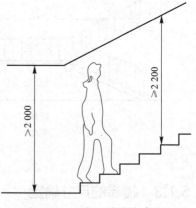

图 5-3　平台下的净空高度

4. 栏杆扶手的高度和数量

（1）高度。栏杆扶手的高度是指从踏步的前缘到扶手顶面的距离。一般室内楼梯高度 ≥ |900 mm，靠梯井一侧水平栏杆长度 > 0.5 m 时，高度 ≥ 1.0 m，室外楼梯 ≥ 1.05 m，高层建筑应适当提高。

（2）数量。人流密集场所梯段高度超过 1.0 m 时，宜设置栏杆。当梯段净宽度在两股人流以下时，梯段临空一侧应设栏杆扶手；当为三股人流时，梯段两侧应设栏杆扶手；当为四股及以上人流时，梯段两侧应设栏杆扶手并加设中间扶手。

（3）其他。

1）幼儿园的楼梯扶手应设置高低两道，分别供成人（900 mm 高）和儿童（600 mm 高）使用，且儿童扶手必须设双面扶手，即临墙面也应设儿童扶手。

2）有儿童经常使用的楼梯，竖向栏杆间净距应 ≤ 110 mm。

3）栏杆应采用坚固、耐久的材料，必须具有一定的强度。设计时，栏杆顶部的水平推力，对住宅、宿舍、办公楼、旅馆、医院、托儿所、幼儿园等，按 0.5 kN/m 采用；对学校、食堂、剧场、电影院、车站、展览馆、体育场等，按 1.0 kN/m 采用。

视频：楼梯的净高要求

视频：楼梯休息平台处净高

5. 楼梯设计案例

在进行楼梯构造设计时，应对楼梯各细部尺寸进行详细的确定。现以常用的平行双跑楼梯为例，说明楼梯的设计计算。

（1）设计条件及要求。某住宅楼梯，楼梯间平面为 2 700 mm×5 100 mm，建筑层高为 2.8 m，室内外高差为 600 mm，试设计一平行双跑楼梯，要求平台下能过人（参考尺寸：平台梁 150 mm×250 mm，平台板厚 80 mm）。

（2）设计步骤。

1）计算楼梯间净宽度：2 700 −（2×120）= 2 460（mm）；

梯段最大宽度：2 460÷2 = 1 230（mm）。

2）设梯段净宽度为 1 100 mm，平台宽度 ≥ 1 100 mm，取 1 100 mm。

3）设踏步高度 h = 170 mm，试计算踏步的数量 $N = H/h = 2\,800/170 = 16.47$（步）。踏步的数量 N 取整，且最好为偶数，则取 $N = 16, h = H/N = 2\,800/16 = 175$(mm)，则依 $2h + b = 600 \sim 620$ mm，取 $b = 250$ mm。

4）入户门侧空出至少一个踏步宽度，则楼层平台大于或等于 900 ＋ 250 ＝ 1 150（mm）。

5）第一跑梯段平面长：5 100 － 1 100 － 1 150 －（2×120）＝ 2 610（mm）。

踏步面的数量：2 610/250 ＝ 10.44，取整 ＝ 10。

平面实际长度：250×10 ＝ 2 500（mm）。

6）首层中间平台面的高度；175×（10 ＋ 1）＝ 1 925（mm），平台梁下与室内地面净高度 1 925 － 250 ＝ 1 675（mm），平台下过人要求净高 ≥ 2.0 m，不满足要求。

7）降低平台梁下地面标高，则需降低 ≥ 2 000 － 1 675 ＝ 325（mm）。设降低 3 个台阶，每个台阶踏步高 150 mm，则地面降低 3×150 ＝ 450（mm），满足要求。

8）室内外地面高度 600 － 450 ＝ 150（mm）。

9）首层第 2 个楼段设计：踏步数 16 － 11 ＝ 5，踏面数 5 － 1 ＝ 4，水平面长度 4×250 ＝ 1 000（mm）。

10）2 层及以上每跑梯段踏步数相等 16/2 ＝ 8（步），水平面长度 7×250 ＝ 1 750（mm），首层第 2 跑水平段长度 1 750 － 1 000 ＝ 750（mm）。

11）核算首层中间平台面到 2 层平台梁底的净高：（2.8 ＋ 1.4）－ 1.925 － 0.25 ＝ 2.025（m）＞ 2.0 m，满足要求。

5.1.4 现浇钢筋混凝土楼梯

1. 现浇钢筋混凝土楼梯的特点

现浇钢筋混凝土楼梯整体性好，刚度大，抗震能力强，具有良好的可塑性，能适应各种楼梯间平面和楼梯形式，且坚固耐久，节约木材，防火性能好，但施工周期长、速度慢、模板耗用量大，受外界环境影响大，宜用于无起重设备和小型个体建筑，以及形态复杂对抗震要求较高的建筑。

2. 现浇钢筋混凝土楼梯的种类

现浇钢筋混凝土楼梯按梯段的结构受力方式，可分为板式梯段和梁板式梯段。

（1）板式梯段。板式梯段宜用于跨度较小，受载荷较轻的建筑中。梯段板底面平整，上部呈锯齿状踏步，纵向配置钢筋搁于楼面梁及平台梁上。

现浇钢筋混凝土板式楼梯底面平顺，结构占空间少，造型美观。但由于板跨大，受力复杂，结构设计和施工难度较大，钢筋和混凝土用量也较大。图 5-4 所示为现浇钢筋混凝土板式楼梯，一般只宜用于建筑标准较高的建筑中，特别是公共大厅。为了使梯段边沿线条轻盈，常在靠近边沿处局部减薄出挑。

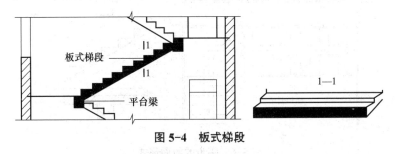

图 5-4　板式梯段

（2）梁板式梯段。梁板式梯段包括踏步板与楼梯斜梁。楼梯斜梁可上翻或下翻，形成梯帮

（图 5-5）。

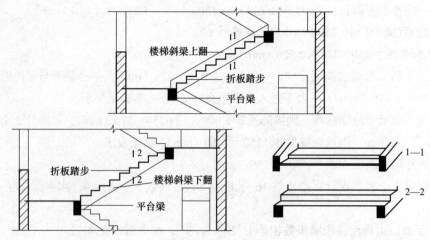

图 5-5　梁板式梯段

　　踏步板也可从楼梯斜梁两边或一边悬挑，单梁悬臂或双梁悬臂支持踏步板和平台板。单梁悬臂常用于中小型楼梯或小品景观楼梯，双梁悬臂则用于梯段宽度大、人流量大的大型楼梯。可减小踏步板跨，但双梁底面之间常须另做吊顶。由于踏步板悬挑，造型轻盈美观。踏步板断面形式有平板式、折板式和三角形板式。平板式断面踏步使梯段踢面空透，常用于室外楼梯，为了使悬臂踏步板符合力学规律并增加美观，常将踏步板断面逐渐向悬臂端减薄［图 5-6（a）］。折板式断面踏步板由于踢面未漏空，可加强板的刚度并避免尘埃下掉，故常用于室内［图 5-6（b）］。为了解决折板式断面踏步板底支模困难和不平整的弊病，可采用三角形断面踏步板式梯段，使其板底平整，支模简单［图 5-6（c）］，但这种做法混凝土用量和自重均有所增加。

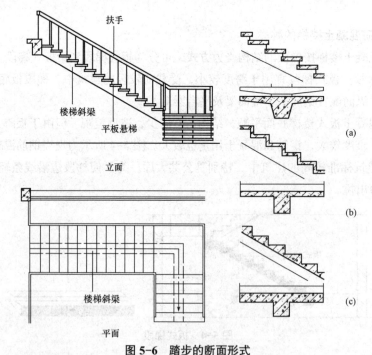

图 5-6　踏步的断面形式
（a）悬臂断面踏步板；（b）折板断面踏步板；（c）三角形断面踏步板

现浇梁悬臂式钢筋混凝土楼梯通常采用整体现浇方式，但为了减少现场支模，也可采用梁现浇、踏步板预制装配的施工方式。这时，对于斜梁与踏步板及踏步板之间的连接，须慎重处理，以保证其安全、可靠。在现浇梁上预埋钢板与预制踏步板预埋件焊接，并在踏步之间用钢筋插接后再用高强度等级水泥砂浆灌浆填实，加强其整体性。

5.1.5 预制装配式钢筋混凝土楼梯

1. 预制装配式钢筋混凝土楼梯的特点

预制装配式钢筋混凝土楼梯是将楼梯构件在工厂或施工现场进行预制，施工时将预制构件在现场进行装配。这种楼梯工业化程度高，现场湿作业少，施工速度快，节约模板，且施工不受季节限制，有利于提高施工质量。但该楼梯的整体性、抗震性及设计灵活性较差，故其应用受到一定限制。

2. 预制装配式钢筋混凝土楼梯的种类

预制装配式钢筋混凝土楼梯按其构造方式，可分为梁承式、墙承式和墙悬臂式等类型。

（1）预制装配梁承式钢筋混凝土楼梯。预制装配梁承式钢筋混凝土楼梯是指梯段由平台梁支撑的楼梯构造方式。由于在楼梯平台与斜向梯段交汇处设置了平台梁，避免了构件转折处受力不合理和节点处理的困难，在一般大量性民用建筑中较为常用。预制构件可按梯段（板式或梁板式梯段）、平台梁和平台板三部分进行划分（图5-7）。

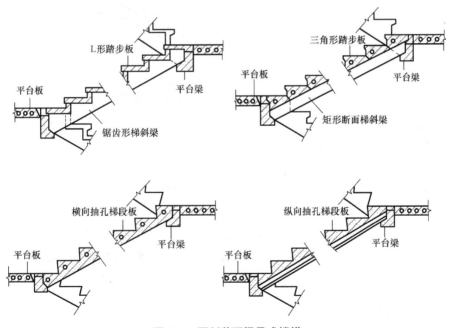

图5-7 预制装配梁承式楼梯

1）梯段：根据梯段的结构受力方式，可分为梁板式梯段和板式梯段。

①梁板式梯段。梁板式梯段由梯斜梁和踏步板组成。一般在踏步板两端各设置一根梯斜梁，踏步板支持在梯斜梁上。由于板件小型化，不需要大型起重设备即可安装，施工简便。

a. 踏步板。踏步板断面的形式有一字形、正L形、反L形和三角形等（图5-8），断面厚度根据受力情况一般为40～80 mm。一字形断面踏步板制作简单，可用立砖作踢面，也可镂空，踏步的高宽较自由，仅用于简易梯、室外梯等。正 L 形与反 L 形断面踏步板用料省、自重轻，为平板带肋形式；其缺点是底面呈折线形，不平整、易积灰。三角形断面踏步板使梯段底面平整、简洁，解决了前几种踏步板底面不平整的问题，但踏步尺寸较难调整。为了减轻自重，常将三角形断面踏步板抽孔，形成空心构件。

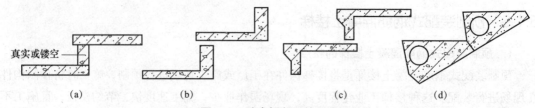

图 5-8 踏步板断面的形式
（a）一字形踏步；（b）正 L 形踏步；（c）反 L 形踏步；（d）三角形踏步

b. 梯斜梁。梯斜梁一般为矩形断面，为了减少结构所占空间，也可做成锯齿形断面，但构件制作较复杂，用于搁置一字形、正 L 形、反 L 形断面踏步板。梁为锯齿形变断面构件，用于搁置三角形断面踏步板的梯斜梁为等断面构件（图 5-9）。梯斜梁一般按 $L/12$ 估算其断面有效高度（L 为梯斜梁水平投影跨度）。

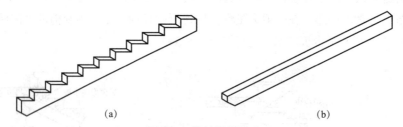

图 5-9 梯斜梁的形式
（a）锯齿形楼梯斜梁；（b）等断面楼梯斜梁

②板式梯段。板式梯段为整块或数块带踏步条板，其上、下端直接支撑在平台梁上，如图 5-10 所示。由于没有梯斜梁，梯段底面平整，结构厚度薄，使平台梁位置相应抬高，增大了平台下的净空高度，其有效断面厚度可按 $L/30 \sim L/20$ 估算。

为了减轻梯段板自重，也可做成空心构件，有横向抽孔和纵向抽孔两种方式。横向抽孔较纵向孔合理、易行，较为常用。

2）平台梁。为了便于支撑梯斜梁或梯段板，平衡梯段水平分力并减少平台梁所占结构空间，一般将平台梁做成 L 形断面，如图 5-11 所示。其构造高度按 $L/12$ 估算（L 为平台梁跨度）。

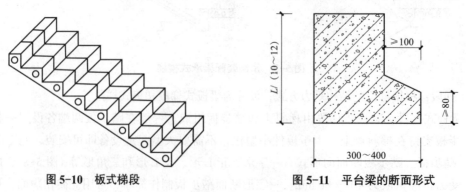

图 5-10 板式梯段

图 5-11 平台梁的断面形式

3）平台板。平台板可根据需要采用钢筋混凝土空心板、槽形板或平板。需要注意的是，在平台上有管道井处，不宜布置空心板。平台板一般平行于平台梁布置，以利于加强楼梯间的整体刚度。当垂直于平台梁布置时，常用小平板。如图 5-12 所示为平台板的布置方式。

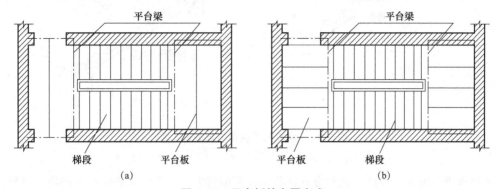

图 5-12　平台板的布置方式
（a）平行于平台梁布置；（b）垂直于平台梁布置

4）梯段与平台梁节点处理。梯段与平台梁节点处理是构造设计的难点。就两梯段之间的关系而言，一般有梯段齐步和错步两种方式。就平台梁与梯段之间的关系而言，有埋步和不埋步两种方式。

①梯段齐步布置的节点处理。如图 5-13（a）所示，上下梯段起步和末步踢面对齐，平台完整，可节省梯间进深尺寸。梯段与平台梁的连接一般以上下梯段底线交点作为平台梁牛腿 O 点，可使梯段板或梯斜梁支承端形状简化。

②梯段错步布置的节点处理。如图 5-13（b）所示，上下梯段起步和末步踢面相错一步，在平台梁与梯段连接方式相同的情况下，平台梁底标高可比齐步方式抬高，有利于减少结构空间，但错步方式使平台不完整，并且多占楼梯间进深尺寸。

当两梯段采用长短跑时，它们之间相错步数便不止一步，需将短跑梯段做成折形构件，如图 5-13（c）所示。

③梯段不埋步的节点处理。如图 5-13（d）所示，此种方式用平台梁代替了一步踏步踢面，可以减小梯段跨度。当楼层平台处侧墙上有门洞时，可避免平台梁支撑在门过梁上，在住宅建筑中尤为实用。但此种方式的平台梁为变截面梁，平台梁底标高也较低，结构占空间较大，减少了平台梁下净空高度。另外，需要注意的是，不埋步梁板式梯段采用 L 形踏步板时，其起步处第一踢面需填砖。

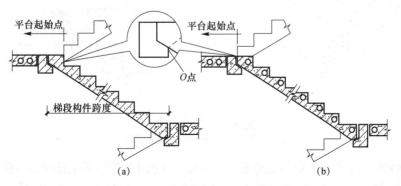

图 5-13　梯段与平台梁节点处理
（a）齐步布置；（b）错步布置

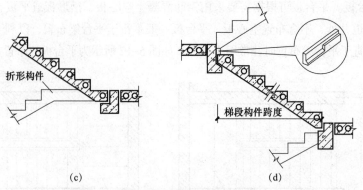

(c)   (d)

图 5-13　梯段与平台梁节点处理（续）
（c）折形构件；（d）不埋步

④梯段埋步的节点处理。此种方式梯段跨度较前者大，但平台梁底标高可提高，有利于增加平台下净空高度，平台梁可为等截面梁，此种方式常用于公共建筑。另外，需要注意的是，埋步梁板式梯段采用 L 形踏步板时，在末步处会产生一字形踏步板，当采用反 L 形踏步板时，在起步处会产生一字形踏步板。

5）构件连接。由于楼梯是主要交通部件，对其坚固耐久、安全可靠的要求较高，特别是在地震区建筑中更需引起重视，并且梯段为倾斜构件，故需加强各构件之间的连接，提高其整体性。

①踏步板与梯斜梁连接。如图 5-14（a）所示，一般在梯斜梁支撑踏步板处用水泥砂浆坐浆连接。如需加强，可在梯斜梁上预埋插筋，与踏步板支撑端预留孔插接，用高强度等级水泥砂浆填实。

②梯斜梁或梯段板与平台梁连接。如图 5-14（b）所示，在支座处除用水泥砂浆坐浆外，还应在连接端预埋钢板处进行焊接。

③梯斜梁或梯段板与梯基连接。在楼梯底层起步处，梯斜梁或梯段板下应做梯基，梯基常用砖或混凝土制作，也可用平台梁代替梯基，但需要注意的是，该平台梁无梯段处与地坪的关系。

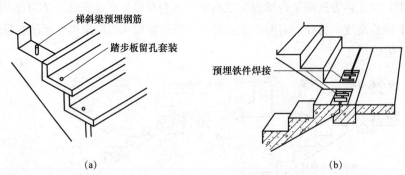

(a)   (b)

图 5-14　构件连接
（a）留孔套装；（b）预埋铁件焊接

（2）预制装配墙承式钢筋混凝土楼梯。预制装配墙承式钢筋混凝土楼梯是指预制钢筋混凝土踏步板直接搁置在墙上的一种楼梯形式，如图 5-15 所示。其踏步板一般采用一字形、L 形和反 L 形断面。

预制装配墙承式钢筋混凝土楼梯由于踏步两端均有墙体支撑，不需设置平台梁和梯斜梁，也不必设置栏杆，需要时设靠墙扶手，可节约钢材和混凝土。但由于每块踏步板直接安装入墙体，对墙体砌筑和施工速度影响较大。同时，踏步板入墙端形状、尺寸与墙体砌块模数不容易吻合，砌筑质量不易保证，影响砌体强度。

这种楼梯由于在梯段之间有墙，搬运家具不方便，并且因其阻挡视线，使上下人流容易相撞。因此，通常在中间墙上开设观察口，如图 5-15（a）所示，以使上下人流视线流通。也可将中间墙两端靠平台部分局部收进，如图 5-15（b）所示，以使空间通透，有利于改善视线和搬运家具物品，但这种方式对抗震不利，施工也较麻烦。

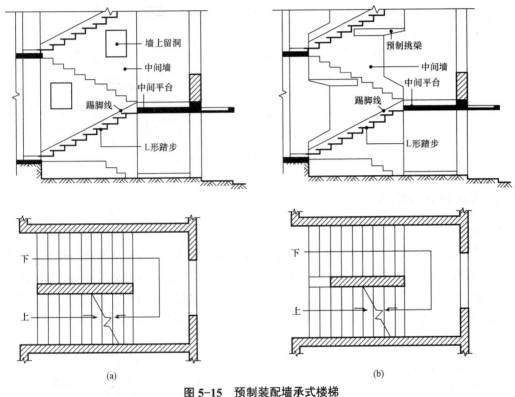

(a)   (b)

图 5-15　预制装配墙承式楼梯
（a）中间墙开设观察口；（b）中间墙两端靠平台部分局部缩进

（3）预制装配墙悬臂式钢筋混凝土楼梯。预制装配墙悬臂式钢筋混凝土楼梯是指预制钢筋混凝土踏步板一端嵌固于楼梯间侧墙上，另一端为凌空悬挑的楼梯形式，如图 5-16 所示。

预制装配墙悬臂式钢筋混凝土楼梯无平台梁和楼梯斜梁，也无中间墙，楼梯间空间轻巧空透，结构占空间少，在住宅建筑中使用较多。但其楼梯间整体刚度极差，不能用于有抗震设防要求的地区。由于需随墙体砌筑安装踏步板，并需设置临时支撑，施工比较麻烦。

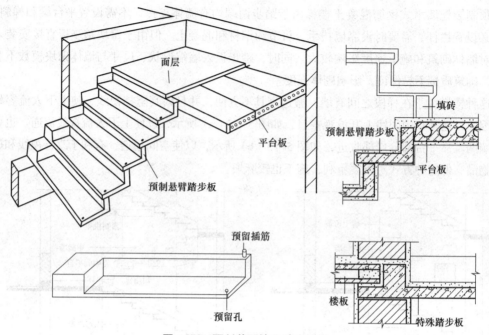

图 5-16　预制装配墙悬臂式楼梯

5.1.6　楼梯的细部构造

1. 踏步

（1）踏步面层材料。其做法与楼层面层装修做法基本一致，考虑到其为建筑的主要交通疏散部位且人流量大，使用率高，装修用材标准应高于或至少不低于楼地面装修用材料标准，面层材料应耐磨、耐冲击、防滑、美观、便于清扫。常用的面层做法有水泥砂浆抹面，普通水磨石、彩色水磨石或缸砖贴面，也可做大理石、花岗石等天然石或人造石面层，如图 5-17 所示。

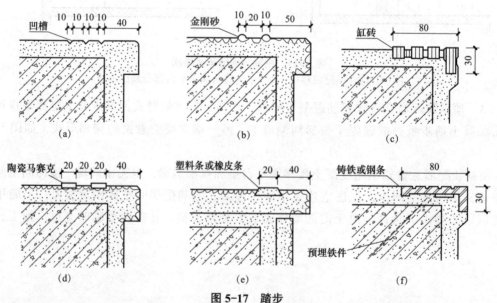

图 5-17　踏步

（a）防滑凹槽；（b）金刚砂防滑条；（c）缸砖包口；（d）马赛克防滑条；（e）嵌橡皮防滑条；（f）铸铁包口

（2）踏步口的形式。如图5-17所示，踏步口直角，踏步口处踢面倾斜，踢面与踏面成锐角；踏步口处踏面凸出踢面20～30 mm。后两者做法用在楼梯较陡，踏步面较小时，这样做可以使踏步面稍宽，在一定程度上会改善行走舒适性。

（3）踏步口的防滑处理。为防止行人滑倒和保护阳角，踏步表面靠近踏步阳角处应设防滑条。常用的防滑材料有铁屑水泥、金刚砂、塑料条、橡胶条、金属条（铸铁、铝条、钢条）、马赛克防滑条、缸砖等。一般防滑条凸出踏步面2～3 mm即可，如图5-17所示。

2. 栏杆（栏板）和扶手

（1）栏杆（栏板）的形式与材料。栏杆（栏板）的形式有空花式栏杆、实心式栏板、组合式栏杆（板）等类型。空花式栏杆多采用如木、钢、铝合金型材、铜、不锈钢等材料焊接或铆接成各种图案，这种类型的栏杆质量轻、空透、轻巧，既起到防护作用又起到装饰作用，一般用于室内楼梯。实心式栏板常采用钢筋混凝土、砖、钢丝网抹灰等材料制作，室内楼梯较少采用。组合式栏杆（板）是空花式栏杆和实心式栏板的组合，极大地丰富了栏杆的形式，栏杆竖杆作为主要抗侧力构件，栏板则作为防护和装饰构件，其栏杆竖杆常采用钢材或不锈钢等材料，其栏板部分常采用如木板、塑料贴面板、铝板、有机玻璃板、钢化玻璃板等轻质美观材料制作（图5-18）。

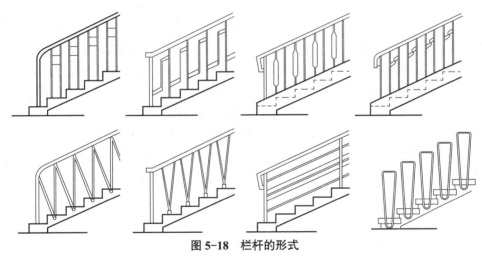

图5-18 栏杆的形式

（2）扶手的材料与断面形式及尺寸。楼梯扶手常用木材、塑料、金属管材（钢管、铝合金管、铜管和不锈钢管等）制作。木扶手和塑料扶手具有手感舒适，断面形式多样的优点，使用最为广泛。木扶手常采用硬木制作。塑料扶手可选用生产厂家定型产品，也可另行设计加工制作。金属管材扶手由于其可弯性，常用于螺旋形、弧形楼梯扶手，但其断面形式单一。钢管扶手表面涂层易脱落，铝管、铜管和不锈钢管扶手则造价高，使用受限。

扶手断面形式和尺寸的选择既要考虑人体尺度和使用要求，又要考虑与楼梯的尺度关系和加工制作的可能性。图5-19所示为几种常见扶手断面形式和尺寸。

（3）栏杆扶手的转变处理。在梯段转折处，由于梯段间的高差关系，为了保持高度一致和扶手的连续，需根据不同的情况进行处理。

就两梯段之间的关系而言，一般有梯段齐步和梯段错步两种方式。

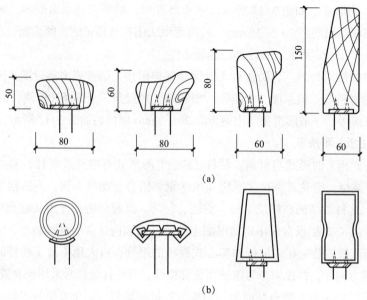

图 5-19　常见扶手断面形式和尺寸
（a）木扶手；（b）塑料扶手

1）当上下梯段齐步，上下梯段起步和末步踢面对齐，平台完整，各处宽度一致，上下扶手在转折处可同时向平台延伸半步，使两扶手高度相等，连接自然，但这样做缩小了平台的有效深度。如扶手在转折处不伸入平台，下跑梯段扶手在转折处需上弯形成鹤颈扶手以解决扶手的高差变化。因鹤颈扶手制作较麻烦，也可改用直线转折的硬接方式，还可以将上下梯段的栏杆扶手断开，各自独立，但栏杆扶手的刚度降低，抗侧力较差。

2）当上下梯段错一步，即上下梯段起步和末步踢面相错一步时，扶手在转折处不需向平台延伸即可自然连接，但错步方式使平台不完整，并且多占楼梯间进深尺寸。当长短跑梯段错开几步时将出现水平栏杆，如图 5-20 所示。

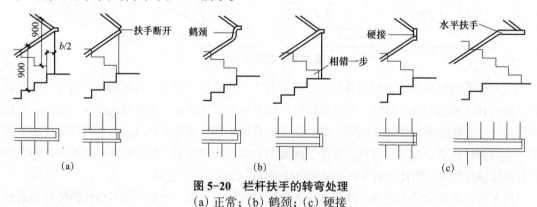

图 5-20　栏杆扶手的转弯处理
（a）正常；（b）鹤颈；（c）硬接

（4）栏杆扶手的连接构造。

1）栏杆与扶手的连接：空花式栏杆和组合式栏杆（板）当采用木材或塑料扶手时，一般在栏杆竖杆顶部设通长扁钢与扶手底面或侧面槽口榫接，用螺栓固定，如图 5-21 所示。金属管材扶手与栏杆竖杆连接一般采用焊接或铆接，采用焊接时需注意扶手与栏杆竖杆用材一致。

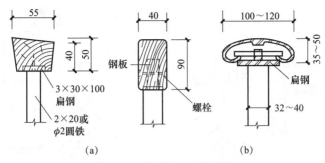

图 5-21 栏杆与扶手的连接

（a）木扶手；（b）金属扶手

2）栏杆与梯段、平台的连接：栏杆竖杆与梯段、平台的连接一般在梯段和平台上预埋钢板焊接或预留孔插接。为了保护栏杆免受锈蚀和增强美感，常在竖杆下部装设套环，覆盖住栏杆与梯段或平台的接头处，如图 5-22 所示。

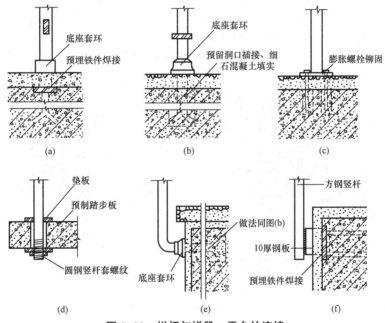

图 5-22 栏杆与梯段、平台的连接

3）扶手与墙的连接：当直接在墙上装设扶手时，扶手应与墙面保持 100 mm左右的距离。一般在砖墙上留洞，将扶手连接杆件伸入洞内，用细石混凝土嵌固。当扶手与钢筋混凝土墙或柱连接时，一般采取预埋钢板焊接。在栏杆扶手结束处与墙、柱面相交，也应有可靠连接，如图 5-23 所示。

视频：楼梯水平护栏构造

4）首跑梯段下端的处理：在底层第一跑梯段起步处，为增强栏杆刚度和美观，可以对第一级踏步和栏杆扶手进行特殊处理，如图 5-24 所示。

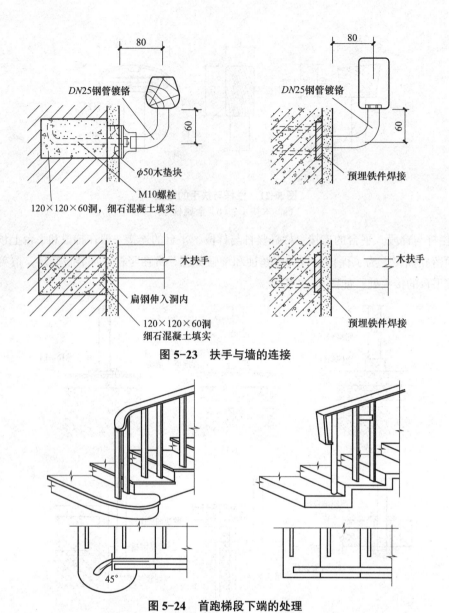

图 5-23 扶手与墙的连接

图 5-24 首跑梯段下端的处理

5.2 电梯与自动扶梯

5.2.1 电梯

电梯是多层与高层建筑中常用的设备。部分高层及超高层建筑为了满足疏散和救火的需要，还要专门设置消防电梯。

1. 电梯的分类与规格

（1）电梯的分类。电梯根据动力拖动的方式可分为交流拖动电梯、直流拖动电梯和液压电梯；电梯根据用途可分为乘客电梯、病床电梯、载货电梯和小型杂物电梯等，如图 5-25 所示；

视频：其他垂直交通设施

电梯按运行速度的不同可分为低速电梯（$v \leqslant 1.0$ m/s），快速电梯（1.0 m/s $< v \leqslant 2$ m/s），高速电梯（2 m/s $< v \leqslant 5$ m/s），超高速电梯（$v \leqslant 5$ m/s）。

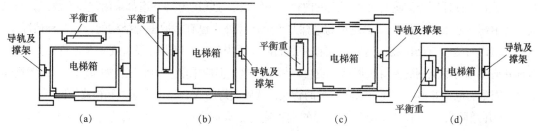

图 5-25　电梯的类型

（a）客梯（双扇推拉门）；（b）病床梯（双扇推拉门）；（c）货梯（中分双扇推拉门）；（d）小型杂物梯

（2）电梯的规格。电梯的载重量是划分电梯规格的常用标准，如 400 kg、1 000 kg 和 2 000 kg 等。

2. 电梯的组成

电梯由轿厢、电梯井道和运载设备三部分组成，如图 5-26 所示。轿厢要求坚固、耐用和美观；电梯井道属于土建工程内容，涉及井道、地坑和机房三部分，井道的尺寸由轿厢的尺寸确定；运载设备包括动力、传动和控制系统等。

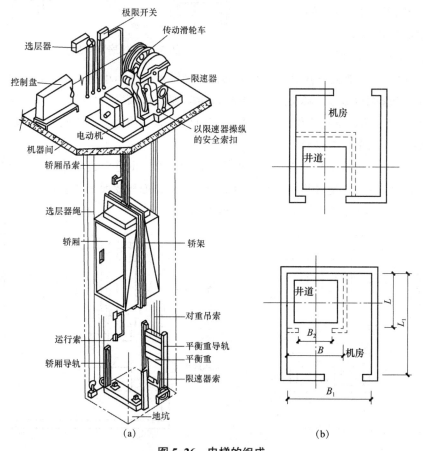

图 5-26　电梯的组成

（a）电梯井道；（b）井道平面

3. 电梯的设计要求

（1）电梯井道。电梯井道是电梯轿厢的运行通道，包括导轨、平衡重、缓冲器等设备。电梯井道要求必须保证所需的垂直度和规定的内径，一般高层建筑的电梯井道都采用整体现浇式，与其他交通枢纽一起形成内核。多层建筑的电梯井道除现浇外，也有采取框架结构的，在这种情况下，电梯井道内可能会有凸出物，这时，应将井道的内径适当放大，以保证设备安装及运行不受妨碍。电梯井道多数为现浇钢筋混凝土墙体，也可以用砖砌筑，但应采取加固措施，如每隔一段设置钢筋混凝土圈梁。电梯井道内不允许布置无关的管线，要解决好防火、隔声、通风和检修等问题。

1）井道防火。井道是高层建筑穿通的垂直通道，火灾事故中火焰及烟气容易从中蔓延。因此，井道一般采用钢筋混凝土材料，电梯门应采用甲级防火门，构成封闭的电梯井，隔断火势向楼层的传播。井道内严禁铺设可燃气、液体管道。电梯井道及机房与相邻的电梯井道及机房之间应用耐火极限不低于 2.5 h 的隔墙隔开。高层建筑的电梯井道内，两部电梯时应用墙隔开。

2）井道隔声。井道隔声主要是防止机房噪声沿井道传播。一般的构造措施是在机座下设置弹性垫层，隔断振动产生的固体传声途径；或在紧邻机房的井道中设置 1.5～1.8 m 高的隔声层，隔绝井道中空气传播噪声的途径，如图 5-27 所示。

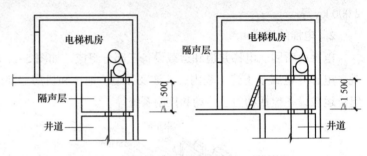

图 5-27 机房隔声层

3）井道通风。在地坑与井道地坑和顶部，分别设置尺寸不小于 300 mm×600 mm 的通风孔，上部可以与排烟口结合，解决井道内的排烟和空气流通问题。

4）井道检修。为设备安装和检修方便，井道的上下应留有必要的空间。空间的大小与轿厢运行速度等有关，可参照电梯型号确定。

（2）电梯机房。电梯机房一般设置在电梯井道的顶部，也有少数电梯将机房设置在井道底层的侧面，如液压电梯。电梯机房的高度为 2.5～3.5 m，面积要大于井道面积。机房平面位置可以向井道平面相邻两个方向伸出，如图 5-28 所示。

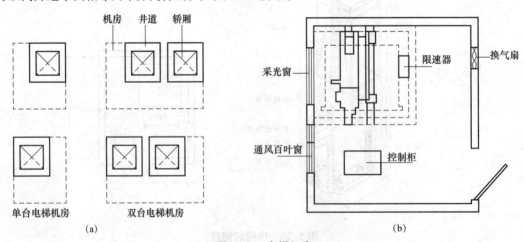

图 5-28 电梯机房

(a) 电梯机房与井道的关系；(b) 电梯机房平面

（3）电梯门套。电梯门套装修的构造做法应与电梯厅的装修统一考虑，可用水泥砂浆抹灰，水磨石或木板装修，高级的还可以采用大理石或金属装修，如图 5-29 所示。

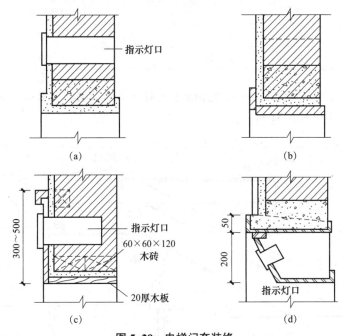

图 5-29 电梯门套装修
（a）水泥砂浆；（b）大理石门套；（c）木板门套；（d）钢板门套

电梯门一般为双扇推拉门，宽度为 800 ～ 1 500 mm，有中央分开推向两边的和双扇推向同一边的两种。推拉门的滑槽通常安置在门套下楼板边梁如牛腿状挑出的部分，如图 5-30 所示。

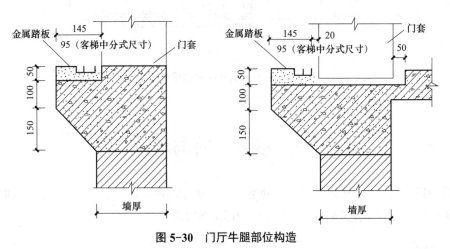

图 5-30 门厅牛腿部位构造

5.2.2 自动扶梯

自动扶梯的连续运输效率高，多用于人流较大的公共场所，如商场、火车站和机场等。自动扶梯的坡度平缓，一般为 30° 左右，运行速度为 0.5 ～ 0.7 m/s。自动扶梯的宽度按输送能力分有单人和双人两种类型。自动扶梯型号规格见表 5-2。

表 5-2　自动扶梯型号规格

梯型	输送能力 /(人·h⁻¹)	提升高度 /m	速度 /(m·s⁻¹)	扶梯宽度	
				净宽度 B/mm	外宽 B₁/mm
单人梯	5 000	3～10	0.5	600	1 350
双人梯	8 000	3～8.8	0.5	1 000	1 750

自动扶梯有正、反两个运行方向，它由悬挂在楼板下面的电动机牵动踏步板与扶手同步运行。自动扶梯的组成如图 5-31 所示。

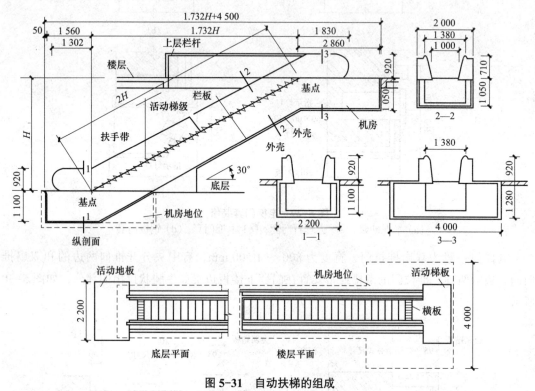

图 5-31　自动扶梯的组成

5.3　室外台阶与坡道

室外台阶（坡道）是建筑物出入口处室内外高差之间的交通联系部分。由于通行的人流量大，又处于室外，应充分考虑环境条件，并应满足使用要求。

5.3.1　台阶

1. 台阶的尺度

台阶（坡道）由踏步（坡段）与平台两部分组成。由于处在建筑物人流较集中的出入口处，其坡度应较缓。台阶踏步的宽度一般取 300～400 mm，高度不超过 150 mm；坡道坡度一般取 1/12～1/6。

平台设于台阶与建筑物出入口大门之间，以缓冲人流。作为室内外空间的过渡，其宽度一般不小于 1 000 mm，为利于排水，其标高应低于室内地面 20～60 mm，并做向外 1%～4% 的排水坡度。人流大的建筑，平台还应设置刮泥槽，如图 5-32 所示。

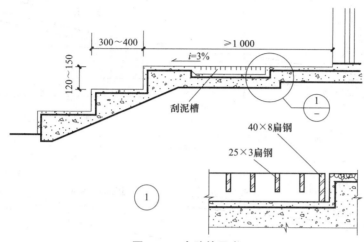

图 5-32　台阶的尺度

2. 台阶的构造做法

室外台阶的构造可分为实铺和架空两种，多为实铺。实铺台阶构造与底层地面相似，包括基层、垫层、面层三部分，如图 5-33（a）、（b）所示。台阶易受雨水、日晒、霜冻侵蚀等影响，其面层考虑用防滑、抗风化、抗冻融强的材料制作，如选用水泥砂浆、斩假石、地面砖、马赛克、天然石等。台阶垫层做法基本同地坪垫层做法，一般采用素土夯实或灰土夯实，采用 C10 素混凝土垫层即可。对大型台阶或地基土质较差的台阶，可视情况将 C10 素混凝土改为 C15 钢筋混凝土或架空做成钢筋混凝土台阶；对严寒地区的台阶需要考虑地基土冻胀因素，可改用含水率低的砂石垫层至冰冻线以下，如图 5-33（c）、（d）所示。

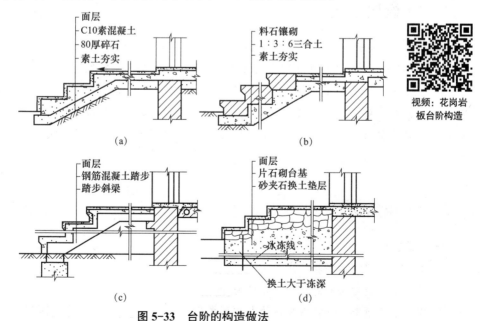

视频：花岗岩板台阶构造

图 5-33　台阶的构造做法
（a）混凝土台阶；（b）石砌台阶；（c）钢筋混凝土架空台阶；（d）换土地基台阶

5.3.2 坡道

坡道为了防滑，常将其表面做成锯齿形或带防滑条状，如图5-34所示。

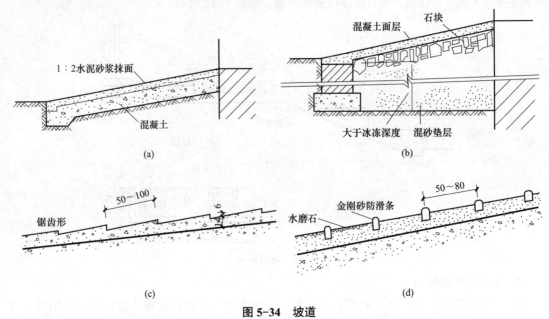

(a)

(b)

(c)

(d)

图5-34　坡道
（a）混凝土坡道；（b）换土地基坡道；（c）锯齿形防滑坡道；（d）防滑条坡道

常见结构层有混凝土或石块等，面层以水泥砂浆居多，基层注意防止不均匀沉降和冻胀土的影响。

坡道由面层、结构层和基层组成，要求材料耐久性、抗冻性好、表面耐磨。

视频：水泥礓磙
面层坡道构造

📂➤ 模块小结

楼梯作为建筑中垂直交通设施的疏散构件，其类型与功能多种多样。功能上，楼梯不仅提供了通行的便利，还作为建筑中的景观元素，展现出建筑的艺术特色。

楼梯的设计应遵循安全、舒适、经济和美观的原则。楼梯的尺寸与布局对其使用效果和安全性有着重要的影响。楼梯的宽度应根据人流量和通行需求来确定。楼梯的坡度和高度也应符合人体工程学。楼梯的布局应考虑建筑的整体结构和空间利用，确保通行的便捷性。

📂➤ 课后习题

一、填空题

1. 楼梯踏步尺寸的经验公式为_____。

2. 双股人流通过楼梯时，设计宽度为_____。

3. 现浇钢筋混凝土楼梯按梯段的结构形式分，有_____和_____两种。

4. 楼梯平台部位净高应不小于_____。

5．板式楼梯传力路线：载荷→_____→_____→_____→_____。

6．一个楼梯段的踏步数量最多不应超过_____级，并且不应少于_____级。

二、选择题

1．楼梯的适用坡度一般不宜超过（　　）。

A．30° 　　　　B．45° 　　　　C．60° 　　　　D．25°

2．楼梯段部位的净高不应小于（　　）mm。

A．1 800 　　　　B．2 000 　　　　C．2 200 　　　　D．2 500

3．台阶与建筑出入口之间的平台，一般深度不应（　　）且平台需做（　　）的排水坡度。

A．小于800 mm，5%　　　　　　B．小于1 500 mm，2%

C．小于2 500 mm，5%　　　　　D．小于1 000 mm，3%

4．楼梯栏杆扶手的高度通常为（　　）mm。

A．850 　　　　B．900 　　　　C．1 000 　　　　D．1 100

5．坡道的坡度一般控制在（　　）以下。

A．10° 　　　　B．15° 　　　　C．20° 　　　　D．25°

6．在住宅及公共建筑中，楼梯形式应用最广泛的是（　　）。

A．直跑楼梯 　　　B．双跑平行楼梯 　　　C．双跑直角楼梯 　　　D．扇形楼梯

三、简答题

1．楼梯由哪几部分组成？各组成部分的作用如何？

2．现浇钢筋混凝土楼梯、板式楼梯和梁板式楼梯的不同点是什么？

3．楼梯坡度如何确定？与楼梯踏步有何关系？当楼梯坡度过陡时该如何调整？

模块6 屋　　顶

知识目标

1. 了解屋顶的类型和设计要求。
2. 掌握平屋顶的排水组织设计。
3. 掌握平屋顶的防水构造及细部构造。
4. 掌握坡屋顶的构造及细部构造。
5. 熟悉屋顶的保温与隔热构造。

能力目标

1. 能够正确识读屋顶施工图。
2. 能够根据工程特点进行屋面排水组织设计。
3. 能够根据具体要求进行屋面构造处理。

素养目标

1. 了解我国传统建筑屋顶的形式，激发学生民族自豪感，提高学生的爱国主义精神，帮助学生形成正确的理想和信念。
2. 了解传统的防水材料和防水新型材料，激发学生的创新精神。

6.1　屋顶的类型及设计要求

6.1.1　屋顶的类型

1. 按屋顶的外形分类

（1）平屋顶。平屋顶通常是指排水坡度小于 5% 的屋顶，常用坡度为 2% ～ 3%。平屋顶节约材料，屋面可以利用，做成露台、游泳池等，应用较为广泛。常见的平屋顶形式如图 6-1 所示。

视频：概述（基本术语）

（2）坡屋顶。坡屋顶通常是指屋面坡度大于 10% 的屋顶。坡屋顶坡度大，防水、排水性能较好，坡屋顶是我国传统的建筑形式。常见的坡屋顶形式如图 6-2 所示。

（3）其他形式的屋顶。随着科学技术的发展，出现了许多新型的屋顶结构形式，如拱结构、薄壳结构、悬索结构、网架结构屋顶等。这类屋顶多用于较大跨度的公共建筑。其他形式的屋顶如图 6-3 所示。

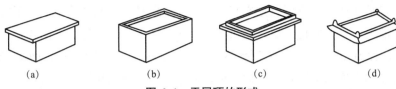

图 6-1　平屋顶的形式
（a）挑檐；（b）女儿墙；（c）挑檐女儿墙；（d）盝（盒）顶

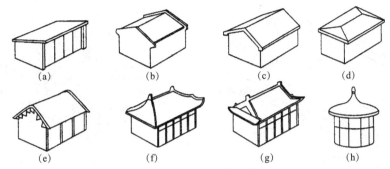

图 6-2　坡屋顶的形式
（a）单坡顶；（b）硬山两坡顶；（c）悬山两坡顶；（d）四坡顶；
（e）卷棚顶；（f）庑殿顶；（g）歇山顶；（h）圆攒尖顶

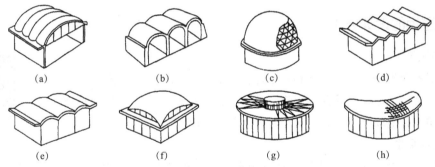

图 6-3　其他形式的屋顶
（a）双曲拱屋顶；（b）砖石拱屋顶；（c）球形网壳屋顶；（d）V 形网壳屋顶；
（e）筒壳屋顶；（f）扁壳屋顶；（g）车轮形悬索屋顶；（h）鞍形悬索屋顶

2. 按屋面防水材料分类

按屋面防水材料的不同分类，可分为柔性（卷材）防水屋面、刚性防水屋面和涂膜防水屋面。

3. 坡屋顶按屋面围护材料分类

坡屋顶按屋面围护材料不同分类，可分为钢筋混凝土板屋面、瓦屋面、波形瓦屋面、压型金属板屋面等。

4. 按屋顶保温隔热要求分类

按屋顶保温隔热要求分类，可分为有保温层屋顶、无保温层屋顶、隔热屋顶。

6.1.2　屋顶的组成

屋顶由面层、承重结构、保温（隔热）层和顶棚层等部分组成，如图 6-4 所示。面层是屋顶的最顶层,直接受自然界各种因素的影响和作用。承重结构承受屋面传来的各种载荷和屋顶自重,可以是平面结构,也可以是空间结构。保温层是严寒和寒冷地区为了防止冬季室内热量透过屋顶散失而设置的构造层;隔热层是炎热地区为了防止夏季太阳辐射热进入室内而设置的构造层。保温(隔热)层应采用导热系数较小的材料,设置在顶棚与承重结构之间或承重结构和面层之间。顶棚是屋顶的底面,构造方法与楼层顶棚相同,有直接式顶棚和悬吊式顶棚两种。

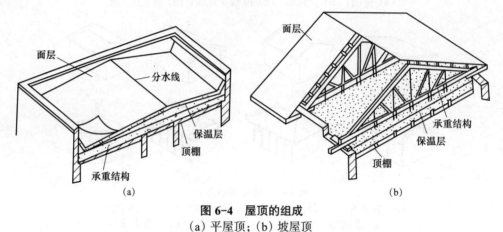

图 6-4 屋顶的组成
(a) 平屋顶;(b) 坡屋顶

6.1.3 屋顶的设计要求

1. 结构要求

要求具有足够的强度、刚度和稳定性;能承受风、雨、雪、施工、上人等载荷,地震区还应考虑地震载荷的影响,满足抗震的要求,并力求做到自重轻、构造层次简单;就地取材、施工方便;造价经济、便于维修。

视频:构造层次

2. 功能要求

要求屋顶起良好的围护作用,具有防水、保温和隔热性能。其中,防止雨水渗漏是屋顶的基本功能要求,也是屋顶设计的核心。

3. 建筑艺术要求

满足人们对建筑艺术即美观方面的需求。屋顶是建筑造型的重要组成部分,设计屋顶的构造时,应具有良好的色彩及造型,兼顾技术和艺术要求。

6.1.4 屋面防水等级

根据建筑物的性质、重要程度、使用功能要求、防水层耐用年限、防水层选用材料和设防要求,可将屋面防水分为两个等级。屋面防水等级和设防要求见表 6-1。

表 6-1 屋面防水等级和设防要求

防水等级	建筑类别	设防要求
Ⅰ级	重要建筑和高层建筑	两道防水设防
Ⅱ级	一般建筑	一道防水设防

6.2 屋顶排水设计

平屋顶构造简单，室内顶棚平整，能适应各种复杂的建筑平面形状，提高预制装配化程度、方便施工、节省空间，有利于防水、排水、保温和隔热。由于平屋顶的坡度小，会造成排水慢，增加了屋面积水的机会，易产生渗漏现象。为了迅速排除屋面雨水，需进行周密的排水设计，其内容包括确定屋顶排水坡度，选择屋顶排水方式，进行屋顶排水组织设计。

6.2.1 平屋顶排水坡度

视频：排水设计

1. 屋顶坡度的表示方法

（1）百分比法。百分比法是指以屋顶倾斜面垂直投影长度与其水平投影长度之比的百分率表示，如 2%、4% 等，多用于表示平屋顶的坡度。

（2）角度法。角度法是指以屋顶倾斜面与水平面的夹角表示。其多用于表示坡度较大的坡屋顶的坡度。

（3）斜率法。斜率法是指以屋顶倾斜面垂直投影长度与其水平投影长度之比表示，如坡度为 $1:3$，即 $H:L=1:3$。斜率法既可用于表示平屋顶的坡度，也可用于表示坡屋顶的坡度。

2. 屋顶坡度的形成方法

屋顶的坡度形成有材料找坡和结构找坡两种方法，如图 6-5 所示。

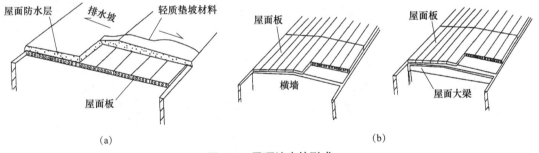

(a)   (b)

图 6-5 屋顶坡度的形成
(a) 材料找坡；(b) 结构找坡

（1）材料找坡。材料找坡又称为垫置找坡，是屋顶结构层为水平搁置，坡度是利用轻质材料（如水泥炉渣、石灰炉渣等）在水平结构层上垫置而构成坡度的方法。其一般用于坡向长度较小的屋面。

材料找坡施工简单方便，室内顶面平整，但增加了屋面自重。设有保温层的屋顶，保温材料采用轻质材料时，可不另设找坡层，常利用保温层兼作找坡层以减轻屋顶自重。保温层的厚度最薄处不小于 20 mm。平屋顶材料找坡的坡度宜为 2%。

（2）结构找坡。结构找坡也称为搁置找坡，是将屋面板搁置在顶部倾斜的梁上或墙上形成屋面排水坡度的方法。结构找坡的坡度应 ≥3%。

结构找坡无须在屋面上另加找坡材料，构造简单，不增加载荷，但室内顶棚倾斜，室内空间不够规整。一般单坡跨度较大（≥9 m）的屋面宜采用结构找坡。

（3）影响屋顶坡度的因素。屋顶坡度一般要考虑排水和结构的要求，屋面防水材料、降雨量、结构形式、建筑造型、造价等因素都会影响坡度的大小。

1）屋面防水材料与排水坡度的关系。屋顶坡度的大小与屋面防水材料的防水性能和单块防水材料的面积大小等有直接的关系。若防水材料尺寸较小，接缝必然就较多，容易产生缝隙渗漏，因此，屋面应有较大的排水坡度，以便将屋面积水迅速排除。如果屋面的防水材料覆盖面积大，接缝少而且严密，屋面的排水坡度就可以小一些。

2）降雨量大小与坡度的关系。屋顶坡度与排水速度成正比关系。降雨量大的地区，屋面渗漏的可能性较大，为了迅速排除屋顶积水，防止渗漏，屋顶的排水坡度应大一些；反之，屋顶排水坡度则宜小一些。

3）建筑造型和屋顶使用要求。建筑的外形由屋顶使用功能决定，结构形式不同也体现在建筑的造型上，最终主要体现在建筑屋顶形式上。

6.2.2 屋顶排水方式

屋顶的排水方式可分为无组织排水和有组织排水两种。

1. 无组织排水

无组织排水又称为自由落水（图 6-6），是指雨水经屋面坡度排至檐口，再经屋檐自由地滴落到室外地面的排水方式。这种方式构造简单、经济、排水通畅、不宜渗漏，但雨水下落时对墙面和地面都有一定影响，会降低墙体的耐久性。常用于降雨量较少地区或一般非临街的低层建筑。

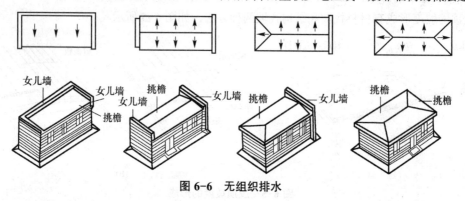

图 6-6　无组织排水

2. 有组织排水

有组织排水又称为檐沟排水或天沟排水（图 6-7），是可将屋面划分为若干排水区域，按一定的排水坡度把屋面雨水有组织地排至檐沟或天沟，檐沟或天沟内分段做成 0.5% ～ 1% 纵坡，使雨水集中至雨水口，再经雨水管排至地面或排水管网的排水方式。有组织排水构造复杂、造价高，但消除了屋顶雨水对墙面的不利影响，不影响人行道交通。其适用于年降雨量较大地区或高度较大或较为重要的建筑。

有组织排水又可分为外排水和内排水两种方式。

（1）外排水是指雨水管装设在室外的一种排水方式。其优点是雨水管不妨碍室内空间使用和美观，构造简单，因而被广泛采用。根据檐口的做法，有组织外排水又可分为挑檐沟外排水、女儿墙外排水。除高层建筑、严寒地区（为防止雨水管冻结堵塞）或屋顶面积较大（难以组织外排水）时均应优先考虑有组织外排水。

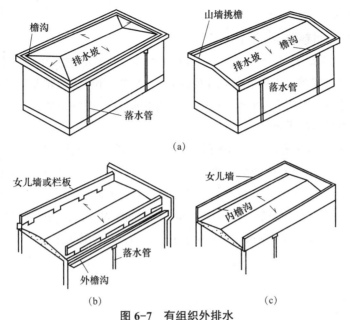

图 6-7 有组织外排水

（a）挑檐沟外排水；（b）女儿墙或挑檐沟外排水；（c）女儿墙或内檐沟外排水

（2）内排水是对某些不宜在外墙上设置落水管的建筑，如多跨房屋的中间跨、高层建筑及容易造成室外雨水管冻裂或冰堵的寒冷地区建筑等，可采用内排水的方式。

3. 排水方式选择

（1）等级低的建筑优先选择无组织排水。

（2）降雨量大于 900 mm，檐口高度大于 8 m；或降雨量小于 900 mm，檐口高度大于 10 m 的地区，宜选择有组织排水。

（3）积灰较多屋面宜选择无组织排水。

（4）严寒地区宜选择有组织排水（内排水），湿陷性黄土地区应尽可能采用外排水。

（5）临街建筑宜选择有组织排水。

6.2.3 屋顶排水组织设计

屋顶排水组织设计的主要任务是将屋面划分成若干排水区，分别将雨水引向雨水管，做到排水线路简捷、雨水口负荷均匀、排水顺畅、避免屋顶积水而引起渗漏，如图 6-8 所示。屋顶排水组织设计一般按下列步骤进行。

1. 确定排水坡面的数目（分坡）

一般情况下，临街建筑或屋面宽度较小时，可采用单坡排水；屋面宽度较大时，宜采用双坡或四坡排水。坡屋顶应结合建筑造型要求选择单坡、双坡或四坡排水。

2. 划分排水区

排水区的面积是指屋面水平投影的面积。一个排水区域的面积一般不超过一个雨水管最多能负担的排水面积。划分排水区的目的是合理地布置雨水管。在年降雨量不超过 900 mm 的地区，每根直径为 100 mm 的雨水管所能承担的排水区域面积不超过 200 m²。在年降雨量超过 900 mm 的地区，每根直径为 100 mm 的雨水管所能承担的排水区域面积不超过 150 m²。雨水口的间距为 18 ～ 24 m。

3. 确定天沟所用材料和断面形式及尺寸

天沟即屋面上的排水沟，位于檐口部位时又称为檐沟。设置天沟的目的是汇集屋面雨水，并将屋面雨水有组织地迅速排除。天沟大多采用钢筋混凝土天沟。矩形天沟要求沟宽不应小于 200 mm，天沟上口与沟底分水线的距离不应小于 120 mm，天沟纵向坡度一般为 0.5% ～ 1%。

4. 确定落水管规格及间距

落水管按材料的不同有铸铁、镀锌薄钢板、塑料、石棉水泥和陶土等，目前多采用铸铁和塑料落水管，其管径有 50 mm、75 mm、100 mm、125 mm、150 mm、200 mm 等规格，一般民用建筑最常用的落水管直径为 100 mm，面积较小的露台或阳台可采用 50 mm 或 75 mm 的落水管。落水管的位置应在实墙面处，其间距不宜超过 24 m。因为间距过大，则沟底纵坡面越长，会使沟内的垫坡材料增厚，减少天沟的容水量，造成雨水溢向屋面，从而引起渗漏或从檐沟外侧涌出。

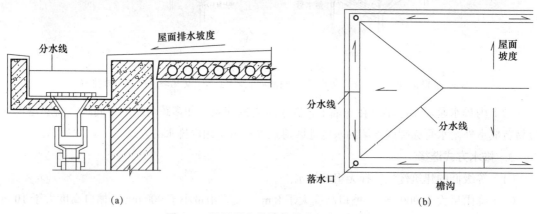

(a)　　　　　　　　　　　　　　　(b)

图 6-8　平屋顶女儿墙外排水三角形天沟
（a）檐沟断面；（b）屋面排水设计平面图

6.3　平屋顶构造

平屋顶按屋面防水层的不同有卷材防水、刚性防水、涂膜防水及粉剂防水屋面等多种做法。

6.3.1　柔性防水屋面

卷材防水屋面也叫作柔性防水屋面，是将柔性防水卷材用胶结材料分层粘贴在屋面基层上，形成一个大面积封闭的防水覆盖层。这种防水屋面整体性好，具有一定延伸性，能较好地适应结构、温度等引起的变形，但施工比较复杂。

1. 卷材防水屋面的构造层次和做法

卷材防水屋面由多层材料叠合而成，其基本构造层次按构造要求由结构层、找坡层、找平层、结合层、防水层和保护层组成。卷材防水屋面的构造如图 6-9 所示。

（1）结构层。通常为预制或现浇钢筋混凝土屋面板，要求具有足够的强度和刚度。

（2）找坡层。当屋顶采用材料找坡时，通常在结构层上铺设最薄处厚度为 30 mm 的轻骨料混凝土；当屋顶采用结构找坡时，则不设置找坡层。

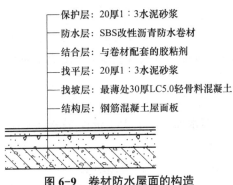

保护层：20厚1：3水泥砂浆

防水层：SBS改性沥青防水卷材

结合层：与卷材配套的胶粘剂

找平层：20厚1：3水泥砂浆

找坡层：最薄处30厚LC5.0轻骨料混凝土

结构层：钢筋混凝土屋面板

图 6-9　卷材防水屋面的构造

（3）找平层。找平层可以保证防水层的基层表面平整且坚固，防止卷材出现空鼓而被拉断或被刺破，一般采用 20 mm 厚 1：3 水泥砂浆做找平层。

（4）结合层。结合层的作用是使防水卷材与基层粘贴牢固。结合层所用材料应根据卷材防水层材料的不同来选择，如油毡卷材、聚氯乙烯卷材及自粘型彩色三元乙丙复合卷材用冷底子油在水泥砂浆找平层上喷涂一至二道；三元乙丙橡胶卷材则采用聚氨酯底胶；氯化聚乙烯橡胶卷材需用氯丁胶乳等。

（5）防水层。防水层是由胶结材料与卷材粘合而成的，卷材连续搭接，形成屋面防水的主要部分。目前应用较为广泛的防水卷材有高聚合物改性沥青防水卷材（如 SBS 改性沥青防水卷材、PVC 改性焦油防水卷材等）和合成高分子防水卷材（如三元乙丙橡胶防水卷材、氯化聚乙烯防水卷材和聚氯乙烯防水卷材等）。

卷材的铺贴方向：当屋面坡度小于 3% 时，卷材一般从檐口到屋脊向上平行于屋脊铺贴；当屋面坡度为 3% ～ 15% 时，卷材可平行也可垂直于屋脊铺贴，但尽可能优先采用平行屋脊方向铺贴；屋面坡道大于 15% 或屋面受震动时，沥青防水卷材应垂直屋脊铺贴，高聚合物改性沥青防水卷材和合成高分子防水卷材可平行或垂直屋脊铺贴；上下层卷材不得相互垂直铺贴；当屋面坡度大于 25% 时，一般不宜使用卷材防水。

（6）保护层。为保护防水卷材免受高温、阳光及氧化等作用而老化，防水层表面需设保护层。

1）不上人屋面保护层的做法：当采用油毡防水层时，可在最后一层沥青胶上趁热满贴一层粒径为 3 ～ 6 mm 的浅色或白色无棱小石子，称为绿豆砂保护层。当采用高聚合物改性沥青防水卷材和合成高分子防水卷材时，一般可以采用浅色、粘结力强、耐风化的保护涂料做保护层；如果卷材自带保护层，则不另设，如彩色三元乙丙复合卷材防水层直接用 CX-404 胶粘贴，可不另加保护层，因防水卷材本身向上带反光保护材料。

2）上人屋面保护层构造做法：上人屋面的保护层具有保护防水层和兼作地面面层的双重作用，故应具有坚固、耐磨、耐气候性比较强等特点，可采用 20 mm 厚的 1：3 水泥砂浆或沥青砂浆铺贴缸砖、大阶砖、混凝土板等；也可在防水层上现浇 40 mm 厚 C20 细石混凝土做保护层。

2．柔性防水屋面细部构造

柔性防水屋面细部构造是指屋面上的泛水、檐口、雨水口、变形缝等部位。

（1）泛水构造。泛水是指屋面防水层与突出屋面的屋面构件（如女儿墙、烟囱、楼梯等）交接处的防水构造处理。凸出于屋面之上的女儿墙、烟囱、楼梯间、变形缝、检修孔、立管等的墙面与屋顶的交接处是最容易漏水的地方，这些部位必须将屋面防水层延伸到这些垂直面上，形成立铺的防水层，做出泛水。

视频：卷材屋　　视频：女儿墙
面女儿墙泛水　　泛水构造
构造

泛水构造需要注意以下几个方面：

1）泛水应有足够的高度，迎水面不小于 250 mm，背水面不小于 180 mm，并加铺一层防水卷材；

2）应在泛水部位设通常凹槽，将卷材压入凹槽内；

3）屋面与立墙交接处做成弧形或 45° 斜面，防止卷材出现空鼓或断裂；

4）做好泛水上口的卷材收头固定，防止卷材在垂直墙面下滑，泛水顶部应有挡雨措施，以防雨水顺立墙流入卷材收口处引起渗漏；

5）卷材在垂直墙上的铺设方法同屋面铺设方法。

卷材防水屋面泛水构造如图 6-10 所示。

（2）檐口构造。柔性防水屋面的檐口构造有无组织排水挑檐和有组织排水挑檐沟及女儿墙檐口等，挑檐和挑檐沟构造都应注意处理好卷材的收头固定、檐口饰面，并做好滴水。女儿墙檐口构造的关键是泛水的构造处理，其顶部通常做混凝土压顶，并设有坡度坡向屋面。

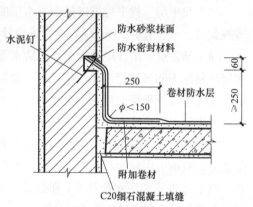

图 6-10　卷材防水屋面泛水构造

檐口构造如图 6-11 所示。

视频：卷材平屋面挑檐沟构造

（3）雨水口构造。柔性防水屋面的雨水口有直管式和弯管式两种做法。直管式一般用于挑檐沟外排水的雨水口；弯管式用于女儿墙外排水的雨水口。

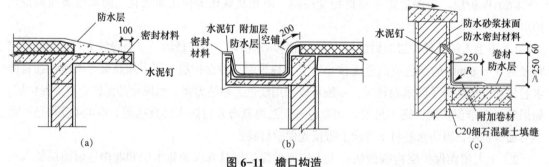

图 6-11　檐口构造

（a）无组织排水挑檐构造；（b）有组织排水挑檐沟构造；（c）女儿墙檐口构造

1）直管式雨水口。直管式雨水口（87 型）由套管、套管压板和雨水分流罩组成。为防止雨水从雨水口套管与沟底接缝处渗漏，套管与基层接触处应用密封膏封严，将防水卷材和附加的一层卷材弯入套管的内壁，用密封膏嵌实，盖上压板，并用螺栓进行固定，最后盖上导流罩。

87 型直管式雨水口构造如图 6-12 所示。

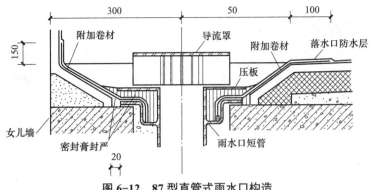

图 6-12 87 型直管式雨水口构造

2）弯管式雨水口。弯管式雨水口一般用铸铁做成弯头，由弯曲套管和算子两部分组成。雨水口安装时，在雨水口处将屋面和泛水处的防水卷材及附加的一层防水卷材与弯头搭接，铺到套管内壁四周。其屋面防水卷材铺入长度不小于 100 mm，附加防水卷材铺入长度不小于 50 mm，然后安装算子，以防止杂物堵塞雨水口，防水层与弯头交接处需用油膏嵌缝。

弯管式雨水口构造如图 6-13 所示。

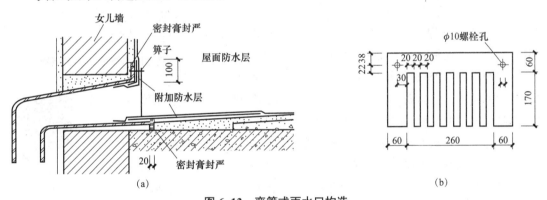

(a)   (b)

图 6-13 弯管式雨水口构造
（a）钢制弯管式雨水口；（b）铁算子详图

（4）屋面变形缝构造。屋面变形缝的构造处理原则：既不能影响屋面的变形，又要防止雨水从变形缝渗入室内。

屋面变形缝按建筑设计可设于同层等高屋面上，也可设在高低屋面的交接处。等高屋面变形缝构造如图 6-14 所示。

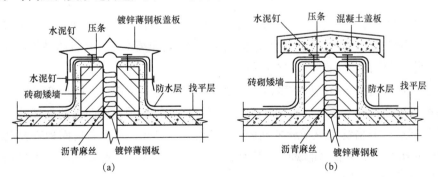

(a)   (b)

图 6-14 等高屋面变形缝构造
（a）横向变形缝泛水之一；（b）横向变形缝泛水之二

视频：金属盖板型屋面变形缝构造—高低跨处变形缝

视频：金属盖板型屋面变形缝构造—平缝

6.3.2 刚性防水屋面

刚性防水屋面是指以刚性材料作为防水层的屋面，如防水砂浆、细石混凝土、配筋细石混凝土防水屋面等。这种屋面具有构造简单、施工方便、造价低的优点，但对温度变化和结构变形较敏感，容易产生裂缝而渗水，故多用于日温差较小的南方地区的屋面，也可用作防水等级较高屋面多道设防中的一道防水层，不宜用在有高温、振动和有可能产生地基不均匀沉降的建筑。

1. 刚性防水屋面的构造层次及做法

刚性防水屋面一般由结构层、找平层、隔离层和防水层组成。刚性防水屋面的构造层次如图6-15所示。

1）结构层。刚性防水屋面的结构层一般应采用现浇或预制装配的钢筋混凝土屋面板，要求具有足够的强度和刚度。

2）找平层。为保证防水层厚薄均匀，通常应在结构层上用20 mm厚1:3水泥砂浆找平。若采用现浇钢筋混凝土屋面板时，也可不设置找平层。

3）隔离层。为减少结构层变形及温度变化对防水层的不利影响，宜在防水层下设置隔离层。隔离层可使防水层和结构层上下分离，以适应各自的变形，使刚性防水层免受结构变形的影响。

隔离层可采用纸筋灰、低强度等级砂浆或薄砂层上干铺一层油毡等，如果防水层中掺有膨胀剂等外加剂时，其抗裂性能有所改善，可以不设置隔离层。

4）防水层。细石混凝土防水屋面的做法是用强度等级不低于C20、厚度宜不小于40 mm、双向配置间距为100～200 mm的φ6双向钢筋网片的混凝土现浇密实。为提高防水层的抗渗性能，可在细石混凝土内掺入适量外加剂（如膨胀剂、防水剂等）以提高其密实性能。

2. 刚性防水屋面的细部构造

刚性防水屋面的细部构造包括屋面防水层的分格缝、泛水、檐口、雨水口等部位的构造处理。

（1）屋面分格缝。分格缝又称为分仓缝，是为适应热胀冷缩及屋顶变形，防止屋顶防水层出现不规则通缝而设置的人工缝，是提高刚性防水层防水性能的重要措施。其目的是防止温度变形引起防水层开裂，并防止结构变形将防水层拉坏。

屋面分格缝应设置在温度变形允许的范围以内和结构变形敏感的部位。结构变形敏感的部位主要是指装配式屋面板的支承端、屋面转折处、现浇屋面板与预制屋面板的交接处、泛水与立墙交接处等部位。分格缝中纵横缝的间距应控制在3～5 m，每个方格面积宜控制在15～25 m²，如图6-16所示。分格缝的宽度一般为20～40 mm，缝内一般采用防水油膏嵌缝，也可用油毡等盖缝，如图6-17所示。

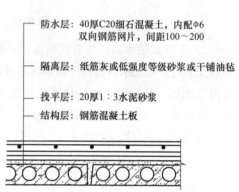

防水层：40厚C20细石混凝土，内配φ6双向钢筋网片，间距100～200

隔离层：纸筋灰或低强度等级砂浆或干铺油毡

找平层：20厚1:3水泥砂浆

结构层：钢筋混凝土板

图6-15 刚性防水屋面的构造层次

视频：保护层和隔离层

视频：屋面分仓缝构造

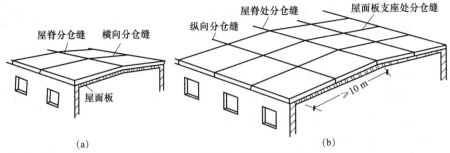

图 6-16 刚性防水屋面分格缝

（a）排水半径小于 5 m；（b）排水半径大于 5 m，小于 10 m

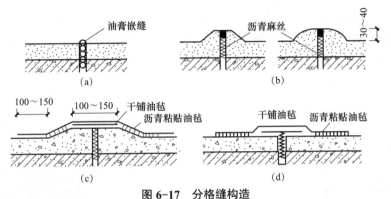

图 6-17 分格缝构造

（a）平缝油膏嵌缝；（b）凸缝油膏嵌缝；（c）凸缝油毡盖缝；（d）平缝油毡盖缝

分格缝的构造要点如下：

1）防水层内的钢筋在分格缝处应断开。

2）为了防止从分格缝处漏水，分格缝内应用沥青麻丝或泡沫塑料等密封材料填塞，缝口应用防水密封材料油膏嵌实。

3）缝口表面用防水卷材铺贴盖缝，卷材的宽度为 200 ～ 300 mm。

（2）泛水构造。刚性防水屋面的泛水构造与卷材屋面基本相同。不同的是刚性防水层与屋面凸出物（女儿墙、烟囱等）间须留设分格缝，另铺贴附加卷材盖缝形成泛水。刚性防水屋面泛水构造如图 6-18 所示。

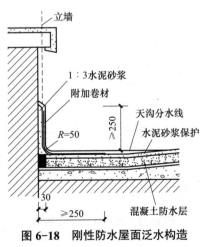

图 6-18 刚性防水屋面泛水构造

（3）檐口构造。刚性防水屋面檐口的形式一般有自由落水挑檐口、挑檐沟外排水檐口和女儿墙外排水檐口、坡檐口等。

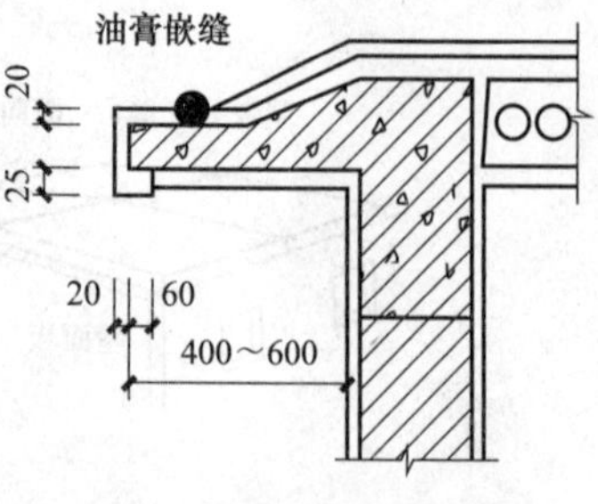

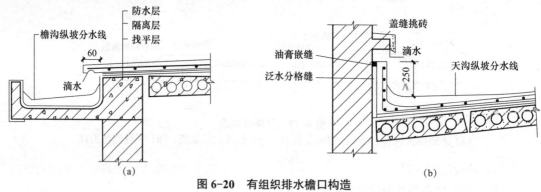

图 6-19　自由落水挑檐口构造

1）自由落水挑檐口。根据挑檐挑出的长度，有直接利用混凝土防水层悬挑和在增设的现浇或预制钢筋混凝土挑檐板上做防水层等做法。无论采用何种做法，都应注意做好滴水。自由落水挑檐口构造如图 6-19 所示。

2）挑檐沟外排水檐口。檐沟构件一般采用现浇或预制的钢筋混凝土槽形天沟板，在沟底用低强度等级的混凝土或水泥炉渣等材料垫置成纵向排水坡度，铺好隔离层后再浇筑防水层，防水层应挑出屋面并做好滴水，如图 6-20（a）所示。

3）女儿墙外排水檐口。这种做法通常在檐口处做成三角形断面天沟，其构造处理和女儿墙泛水做法基本相同，天沟内须设有纵向排水坡度，如图 6-20（b）所示。

图 6-20　有组织排水檐口构造
（a）挑檐沟外排水檐口；（b）女儿墙外排水檐口

（4）雨水口构造。刚性防水屋面的雨水口有直管式和弯管式两种做法。直管式一般用于挑檐沟外排水的雨水口；弯管式用于女儿墙外排水的雨水口。直管式和弯管式的刚性防水处理方法与柔性防水屋面的雨水口处理方法基本相同，即在雨水口周围卷材防水处理后，再浇筑屋面刚性防水层。刚性防水处理方法均是在雨水口与刚性防水层接触的位置用密封膏封严即可。刚性防水处理方法构造简单，但易产生渗漏现象。直管式雨水口及弯管式雨水口构造分别如图 6-21 和图 6-22 所示。

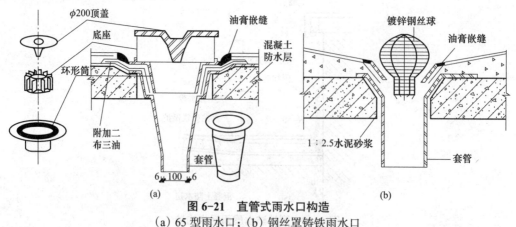

图 6-21　直管式雨水口构造
（a）65 型雨水口；（b）钢丝罩铸铁雨水口

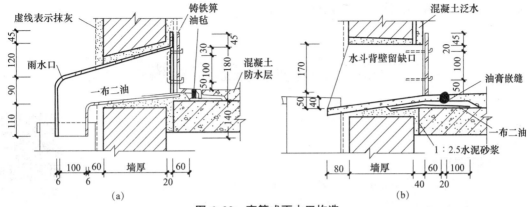

图 6-22 弯管式雨水口构造
(a) 铸铁雨水口；(b) 预制混凝土排水

6.4 涂膜防水屋面

涂膜防水屋面又称为涂料防水屋面，是指用可塑性和粘结力较强的高分子防水涂料直接涂刷在屋面基层上，形成一层满铺的、不透水的薄膜层，以达到防水目的的一种屋面做法。防水涂料有塑料、橡胶和改性沥青三大类，常用的有塑料油膏、氯丁胶乳沥青涂料和焦油聚氨酯防水涂膜等。涂膜防水屋面具有自重轻、防水性好、粘结力强、延伸性大、耐腐蚀、不易老化、施工方便、容易维修等优点，但造价较高，不宜在有较大振动的建筑物或寒冷地区使用。

6.4.1 涂膜防水屋面的构造层次和做法

涂膜防水屋面的构造层次与柔性防水屋面相同，由结构层、找坡层、找平层、结合层、防水层和保护层组成。

涂膜防水屋面中结构层、找坡层、找平层的做法与柔性防水屋面相同。找平层通常为20 mm 厚 1:3 水泥砂浆；为保证防水层与基层粘贴牢固，结合层应选用与防水涂料相同的材料经稀释后满刷在找平层上；防水层需分多次涂刷防水材料，厚度要求不应小于 1.2 mm；当屋面不上人时保护层的做法根据防水层材料的不同，可用蛭石或细砂撒面、银粉涂料涂刷等做法；当屋面为上人屋面时，保护层做法与柔性防水上人屋面做法相同。

视频：卷材及涂膜防水层（上）

6.4.2 涂膜防水屋面细部构造

1. 分格缝构造

涂膜防水只能提高表面的防水能力，由于温度变形和结构变形会导致基层开裂而使屋面渗漏，因此对屋面面积较大和结构变形敏感的部位，需要设置分格缝。涂膜防水屋面分格缝的设置要求及构造处理与刚性防水屋面分格缝基本相同。

2. 泛水构造

涂膜防水屋面泛水构造要点与柔性防水屋面基本相同，即泛水高度不小于 250 mm；屋面与

视频：卷材及涂膜防水层（下）

立墙交接处应做成弧形；泛水上端应有挡雨措施，以防止渗漏。

6.5　平屋顶的保温与隔热

6.5.1　平屋顶的保温

视频：保温层
及隔热层

1．保温材料类型

保温材料多为轻质多孔材料，一般可分为以下三种类型。

（1）散料类：常用炉渣、矿渣、膨胀蛭石、膨胀珍珠岩等。

（2）现浇轻骨料混凝土：以散料做骨料，掺入一定量的胶结材料，现场浇筑而成。如水泥炉渣、水泥膨胀蛭石、水泥膨胀珍珠岩及沥青膨胀蛭石和沥青膨胀珍珠岩等。

（3）板块类：利用骨料和胶结材料由工厂制作而成的板块状材料，如加气混凝土、泡沫混凝土、膨胀蛭石、膨胀珍珠岩、泡沫塑料等块材或板材等。

保温材料的选择应根据建筑物的使用性质、构造方案、材料来源、经济指标等因素综合考虑确定。

2．保温层构造

保温层根据其在屋顶各层次中的位置，有以下三种保温体系。

（1）正置保温层。保温层设在结构层与防水层之间，是目前最常用的一种做法。保温层设在屋盖系统的低温一侧，保温效果好并且符合热工原理，同时，由于保温层是摊铺在结构层之上的，符合受力的原则，构造也简单。但是要注意处理好保温层的通风散热，否则保温层的水蒸气会使其上的防水层鼓泡。

对于在使用过程中有可能产生蒸汽的屋面，为了防止室内空气中的水蒸气随热气流上升，透过结构层进入保温层，从而降低保温效果，并有可能使防水层鼓泡，应当在保温层下面设置隔汽层。设置隔汽层的目的是防止室内水蒸气渗入保温层，使保温层受潮而降低保温效果。隔汽层的一般做法是在 20 mm 厚 1∶3 水泥砂浆找平层上刷冷底子油两道作为结合层，结合层上做一毡二油或涂刷热沥青两道。

正置保温层的构造如图 6-23 所示。

（2）倒置保温层。保温层设置在防水层上面，这种屋面防水层不受太阳辐射和剧烈气候变化的直接影响，增强防水层的防水性能和使用年限，但是对采用的保温材料有特殊的要求，应使用吸湿性低、耐气候性强、憎水性强、不易腐烂的材料作为保温材料（如聚苯乙烯泡沫塑料板或聚氯酯泡沫塑料板），并在保温层上加设钢筋混凝土、卵石、砖等较重的覆盖层，增加了屋面载荷。

倒置保温层的构造如图 6-24 所示。

（3）保温层与结构层结合。这种保温做法比较少见，主要有两种做法：一种是在钢筋混凝土槽形板内设置保温层；另一种是将保温材料与结构融为一体，如配筋加气混凝土板。这种做法使屋面板同时具备结构层和保温层的双重功能，工序简化，造价低，但是降低了结构层的承载力。

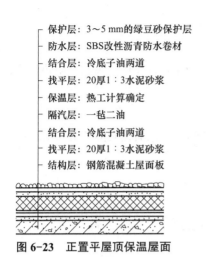

保护层: 3~5 mm的绿豆砂保护层
防水层: SBS改性沥青防水卷材
结合层: 冷底子油两道
找平层: 20厚1:3水泥砂浆
保温层: 热工计算确定
隔汽层: 一毡二油
结合层: 冷底子油两道
找平层: 20厚1:3水泥砂浆
结构层: 钢筋混凝土屋面板

图 6-23 正置平屋顶保温屋面

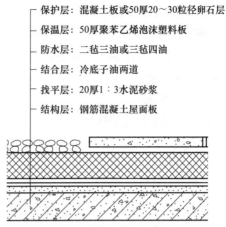

保护层: 混凝土板或50厚20~30粒径卵石层
保温层: 50厚聚苯乙烯泡沫塑料板
防水层: 二毡三油或三毡四油
结合层: 冷底子油两道
找平层: 20厚1:3水泥砂浆
结构层: 钢筋混凝土屋面板

图 6-24 倒置平屋顶保温屋面

6.5.2 平屋顶的隔热

1. 通风隔热屋面

通风隔热屋面是指在屋顶设置通风间层，使上层表面起遮挡阳光的作用，利用空气的流动带走热量，以减少传到室内的热量，从而达到隔热降温的目的。通风隔热屋面一般有架空通风隔热屋面和顶棚通风隔热屋面两种做法。

（1）架空通风隔热屋面。通风层设置在防水层之上，其做法很多，其中以架空预制板或大阶砖最为常见。架空通风隔热层设计应满足以下要求：架空层应有适当的净高，一般以180～240 mm为宜；距离女儿墙500 mm的范围内不铺设架空板；隔热板的支点可做成砖垄墙或砖墩，间距视隔热板的尺寸而定。架空通风隔热屋面构造如图6-25所示。

（2）顶棚通风隔热屋面。这种做法是利用顶棚与屋顶之间的空间做通风层，图6-26所示为顶棚通风隔热屋面示意。顶棚通风隔热层设计应满足以下要求：顶棚通风层应有足够的净空高度，一般为500 mm左右；需设置一定数量的通风孔，以利于空气对流；通风孔应考虑防飘雨措施。

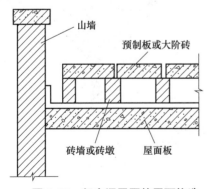

图 6-25 架空通风隔热屋面构造

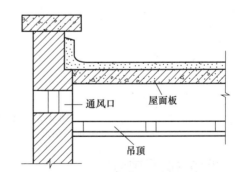

图 6-26 顶棚通风隔热屋面示意

2. 蓄水隔热屋面

蓄水隔热屋面是指在屋顶设置蓄水池，利用水蒸发时需要的大量汽化热，大量消耗晒到屋面的太阳辐射热，以减少屋顶吸收的热能，从而达到降温隔热的目的。这种屋面构造复杂、造价高，后期维修成本费用高。

3. 种植隔热屋面

种植隔热屋面是在屋顶上种植植物，利用植物的蒸腾和光合作用，吸收太阳辐射热，从而达到降温隔热的目的。

4. 反射隔热屋面

利用材料对阳光的反射作用，减少屋顶所接受的热辐射，从而达到隔热的目的，如屋面涂刷浅色涂料等。

6.6　坡屋顶构造

6.6.1　坡屋顶的组成

坡屋顶由带有坡度的倾斜面相交而成，斜面相交的阳角为脊，相交的阴角为沟，如图 6-27（a）所示。坡屋顶多采用瓦材防水，但瓦材块小，接缝多，易渗漏，故坡屋顶的坡度一般大于10%。坡屋顶的坡度大，排水快，防水性能好，易于维修，但结构复杂，消耗材料较多。

坡屋顶根据坡面组织的不同，主要有单坡顶、双坡顶及四坡顶。房屋进深不大可采用单坡顶，进深较大时可采用双坡顶，四坡顶是我国古建筑中常见的屋顶形式。

坡屋顶一般由承重结构、屋面、顶棚组成，如图 6-27（b）所示。

屋面的作用是防水和围护；承重结构承受屋面载荷并将它传递到垂直构件上；顶棚层既可以增加室内的艺术效果，又可以起到保温隔热作用。

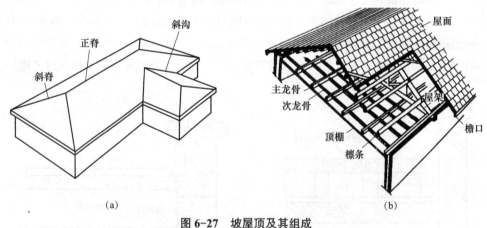

（a）　　　　　　　　　　　　　　　（b）

图 6-27　坡屋顶及其组成
（a）坡屋顶各组成部分的名称；（b）坡屋顶的组成

6.6.2　坡屋顶的承重结构

1. 承重结构类型

坡屋顶中常用的承重结构有横墙承重、屋架承重和梁架承重，如图 6-28 所示。

（1）横墙承重。横墙承重是按屋顶要求的坡度将横墙顶部砌成三角形，在横墙上直接搁置檩条或钢筋混凝土屋面板来承受屋面载荷，这种承重方式称为横墙承重，如图 6-28（a）所示。

横墙承重的构造简单，造价低，适用于开间较小的建筑。

（2）屋架承重。屋架承重是将屋架搁置在柱或纵墙上，檩条或钢筋混凝土屋面板搁置在屋架上的屋顶结构形式称为屋架承重。屋架由上弦杆、下弦杆、腹杆组成。屋坡顶一般采用三角形屋架。屋架有木屋架、钢屋架、混凝土屋架等类型，如图6-28（b）所示。屋架承重结构适用于有较大空间的建筑。

（3）梁架承重。由立柱和梁组成承重排架的承重形式称为梁架承重，它是我国传统建筑的承重形式，檩条置于梁上承受屋面载荷并将各排架连成一个完整的骨架，如图6-28（c）所示。现代的坡屋顶也有不少采用梁架承重，一般是由钢筋混凝土立柱和斜梁组成承重骨架，垂直骨架斜梁作次梁，主、次梁上可用现浇钢筋混凝土板，也可用其他材料板，这种承重形式也称为梁板承重。

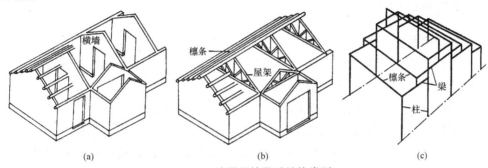

图6-28 坡屋顶的承重结构类型
（a）横墙承重；（b）屋架承重；（c）梁架承重

2. 坡屋顶的承重结构构件

（1）屋架。屋架的形式常为三角形，由上弦、下弦及腹杆组成，所用材料有木材、钢材及钢筋混凝土等。木屋架一般用于跨度不超过12 m的建筑；将木屋架中受拉力的下弦及直腹杆件用钢筋或型钢代替，这种屋架称为钢木屋架。钢木组合屋架一般用于跨度不超过18 m的建筑；当跨度更大时需采用预应力钢筋混凝土屋架或钢屋架。

（2）檩条。檩条所用材料可为木材、钢材及钢筋混凝土，檩条材料的选用一般与屋架所用材料相同，使两者的耐久性接近。

（3）承重结构布置。坡屋顶承重结构布置主要是指屋架和檩条的布置。其布置方式视屋顶形式而定。屋架和檩条布置如图6-29所示。

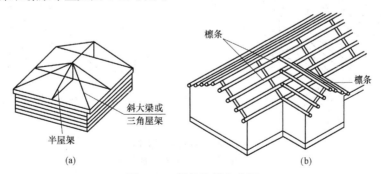

图6-29 屋架和檩条布置
（a）四坡屋顶的屋架；（b）丁字形交接处屋顶之一

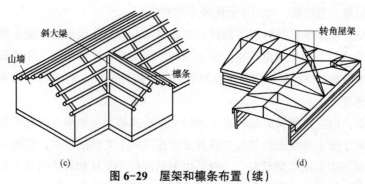

图 6-29 屋架和檩条布置（续）
（c）丁字形交接处屋顶之二；（d）转角屋顶

6.6.3 坡屋顶的屋面构造

1. 平瓦屋面做法

坡屋顶屋面一般是利用各种瓦材，如平瓦、波形瓦、小青瓦等作为屋面防水材料。近些年来还有不少金属瓦屋面、彩色压型钢板屋面等。

平瓦屋面根据基层的不同有冷摊瓦屋面、木望板瓦屋面和钢筋混凝土板瓦屋面三种做法。

（1）冷摊瓦屋面。冷摊瓦屋面是在檩条上钉固椽条，然后在椽条上钉挂瓦条并直接挂瓦。这种做法构造简单，但雨雪易从瓦缝中飘入室内，通常用于南方地区质量要求不高的建筑。

（2）木望板瓦屋面。木望板瓦屋面是在檩条上铺钉 15 ～ 20 mm 厚的木望板（也称屋面板），木望板可采取密铺法（不留缝）或稀铺法（木望板间留 20 mm 左右宽的缝），在木望板上平行于屋脊方向干铺一层油毡，在油毡上顺着屋面水流方向钉 10 mm×30 mm、中距 500 mm 的顺水条，然后在顺水条上面平行于屋脊方向钉挂瓦条并挂瓦，挂瓦条的断面和间距与冷摊瓦屋面相同。这种做法比冷摊瓦屋面的防水、保温隔热效果要好，但耗用木材多、造价高，多用于质量要求较高的建筑物。

冷摊瓦屋面、木望板瓦屋面构造如图 6-30 所示。

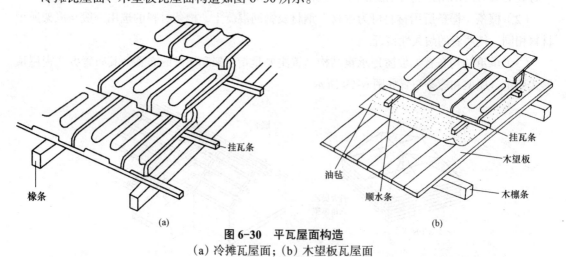

图 6-30 平瓦屋面构造
（a）冷摊瓦屋面；（b）木望板瓦屋面

（3）钢筋混凝土板瓦屋面。瓦屋面由于保温、防火或造型等需要，可将钢筋混凝土板作为瓦屋面的基层盖瓦。盖瓦的方式有两种：一种是在找平层上铺油毡一层，用压毡条钉在嵌在板缝内的木楔上，再钉挂瓦条挂瓦；另一种是在屋面板上直接粉刷防水水泥砂浆并贴瓦或陶瓷面砖或平瓦。在仿古建筑中也常常采用钢筋混凝土板瓦屋面。钢筋混凝土板瓦屋面构造如图 6-31 所示。

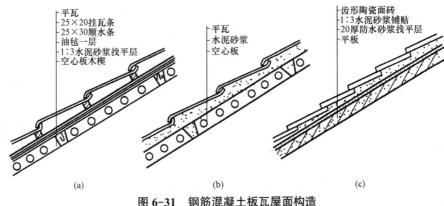

图 6-31 钢筋混凝土板瓦屋面构造
（a）木条挂瓦；（b）砂浆贴瓦；（c）砂浆贴面砖

2. 压型钢板屋面构造

彩色压型钢板屋面简称彩板屋面，是近十多年来在大跨度建筑中广泛采用的高效能屋面，它不仅自重轻、强度高而且施工安装方便。彩色压型钢板的连接主要采用螺栓连接，不受季节气候影响。彩色压型钢板的色彩绚丽，质感好，大大增强了建筑的艺术效果。彩色压型钢板除用于平直坡面的屋顶外，还可根据造型与结构的形式需要，在曲面屋顶上使用。压型钢板屋面构造如图 6-32 所示。

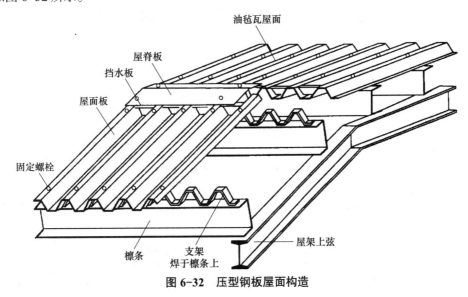

图 6-32 压型钢板屋面构造

3. 金属瓦屋面

金属瓦屋面是用镀锌薄钢板或铝合金瓦做防水层的一种屋面，金属瓦屋面自重轻、防水性能好、使用年限长，主要用于大跨度建筑的屋面。

金属瓦的厚度很薄（厚度在 1 mm 以内），铺设这样薄的瓦材必须用钉子固定在木望板上，木望板支撑在檩条上，为防止雨水渗漏，瓦材下应干铺一层油毡。所有的金属瓦必须相互连通导电，并与避雷针或避雷带连接。

4. 油毡瓦屋面

油毡瓦是以玻璃纤维毡为基体，经过浸涂优质石油沥青面后，一方面覆盖彩色矿物粒料；另一方面撒以隔离材料而制成的新型片状屋面防水瓦材。油毡瓦可以用胶粘剂直接粘贴在基层上，也可以用钉子钉在屋面防水层上。与传统瓦相比，油毡瓦具有防水和装饰功能、自重轻、构造层少，但是造价较高，是国内广泛应用于坡屋面的新型防水装饰瓦材。

6.6.4　屋面细部构造

视频：细部构造（檐口、檐沟和天沟）

平瓦屋面应做好檐口、天沟、屋脊等部位的细部处理。

1. 檐口构造

檐口可分为纵墙檐口和山墙檐口。

（1）纵墙檐口。纵墙檐口根据造型要求做成挑檐或封檐。

1）挑檐。挑檐是指屋面挑出外墙的部分，对外墙起保护作用。其构造根据出挑的大小有砖砌挑檐、屋面板挑檐、挑檐木挑檐、挑檩挑檐、挑椽挑檐等多种做法。纵墙檐口的挑檐构造如图 6-33 所示。

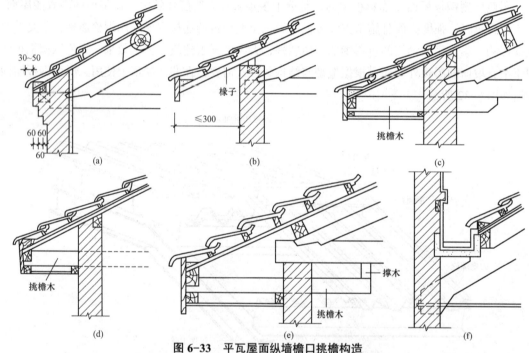

图 6-33　平瓦屋面纵墙檐口挑檐构造
（a）砖砌挑檐；（b）椽条外挑；（c）挑檐木置于屋架下；
（d）挑檐木置于承重横墙中；（e）挑檐木下移；（f）女儿墙包檐口

①砖砌挑檐：每皮砖挑 1/4 砖宽约为 60 mm，出挑长度不大于墙厚的 1/2。

②屋面板挑檐：利用屋面板出挑，由于屋面板强度较小，其出挑长度不宜大于 300 mm。

③挑檐木挑檐：根据屋顶承重方式的不同，挑檐的挑檐木可利用屋架下弦的托木出挑或自横墙中出挑。挑檐木端头与屋面板及封檐板结合，则挑檐可较硬朗，出挑长度可适当加大，挑檐木要注意防晒，压入墙内要大于出挑长度的 2 倍。

④挑檩挑檐：挑檩是在檐口墙外加一檩条，利用屋架托木或横墙砌入的挑檐木作为檐檩的

支托，檐檩与檐墙上游檐木的间距不大于其他部位檩条的间距。

⑤挑椽挑檐：当檐口出挑长度大于 300 mm 时，挑椽挑檐利用椽子挑出，在檐口处可将椽子外露或钉封檐板。

2）封檐。封檐常用的方法有女儿墙封檐和檐沟封檐，如图 6-34 和图 6-35 所示。若采用女儿墙封檐，屋面与女儿墙之间必须设置天沟，天沟可采用混凝土槽形天沟板，沟内铺卷材防水层，油毡一直铺到女儿墙上形成泛水；也可用镀锌薄钢板放在木底板上，薄钢板天沟一边伸入油毡下，并在靠墙一侧做成泛水。

视频：女儿墙
内檐沟构造

视频：坡屋面
挑檐沟构造

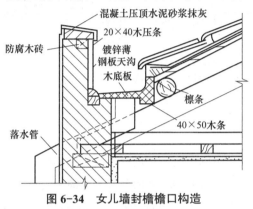

图 6-34 女儿墙封檐檐口构造

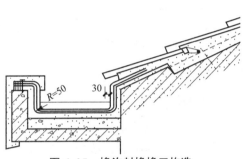

图 6-35 檐沟封檐檐口构造

（2）山墙檐口。山墙檐口按屋顶形式可分为硬山与悬山两种。

1）硬山檐口构造有山墙与屋面平齐和山墙高出屋面两种形式。当山墙与屋面平齐时，可用水泥砂浆抹出披水线将瓦片封牢，如图 6-36（a）所示；当山墙高出屋面时，女儿墙与屋面交接处应做泛水处理，女儿墙顶应做压顶板，以保护泛水，如图 6-36（b）所示。

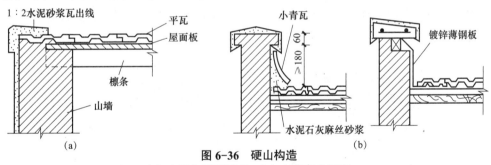

（a）

图 6-36 硬山构造

（b）

（a）山墙与屋面平齐；（b）山墙高出屋面

2）悬山屋顶的山墙檐口构造，先将檩条外挑形成悬山，檩条端部钉木封檐板，沿山墙挑檐的一行瓦，应用 1:2.5 的水泥砂浆做出披水线，将瓦封固。悬山檐口构造如图 6-37 所示。

2. 天沟和斜沟构造

在等高跨或高低跨相交处，常常出现天沟，两个相互垂直的屋面相交处形

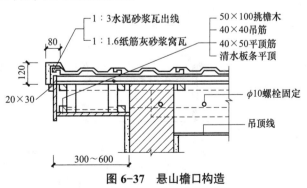

图 6-37 悬山檐口构造

成斜沟。沟应有足够的断面面积，上口宽度不宜小于 300 mm，一般用镀锌薄钢板铺于木基层上，镀锌薄钢板伸入瓦片下面至少 150 mm。高低跨和包檐天沟若采用镀锌薄钢板防水层时，应从天沟内延伸至立墙（女儿墙）上形成泛水。天沟、斜沟构造如图 6-38 所示。

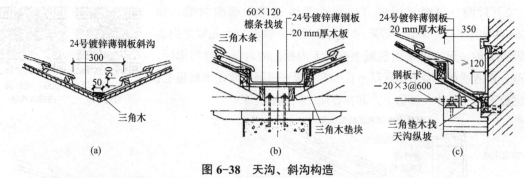

图 6-38　天沟、斜沟构造
（a）三角形天沟（双跨屋面）；（b）矩形天沟（双跨屋面）；（c）高低跨屋面天沟

6.6.5　坡屋顶的保温与隔热

1. 屋顶保温构造

坡屋顶的保温层一般布置在瓦材与檩条之间或吊顶棚上面。保温材料可根据工程具体要求选用松散材料、块体材料或板状材料。在一般的小青瓦屋面中，采用基层上满铺一层黏土稻草泥作为保温层，小青瓦片粘贴在该层上。在平瓦屋面中，可将保温层填充在檩条之间；在设有吊顶的坡屋顶中，常将保温层铺设在顶棚上面，可起到保温和隔热的双重作用。

2. 坡屋顶隔热构造

炎热地区在坡屋顶中设置进气口和排气口，利用屋顶内外的热压差和迎风面的压力差，组织空气对流，形成屋顶内的自然通风，以减少由屋顶传入室内的辐射热，从而达到隔热降温的目的。进气口一般设置在檐墙上、屋檐部位或室内顶棚上；出气口最好设置在屋脊处，以增大高差，有利加速空气流通。图 6-39 所示为几种通风屋顶示意。

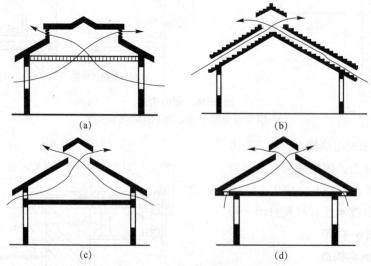

图 6-39　几种通风屋顶示意
（a）在顶棚和天窗设通风孔；（b）在外墙和天窗设通风孔（一）；
（c）在外墙和天窗设通风孔（二）；（d）在山墙及檐口设通风孔

屋顶是建筑物的承重和围护构件，由面层、承重结构、保温（隔热）层和顶棚等部分组成。屋顶按其外形可分为平屋顶、坡屋顶和其他形式屋顶。根据所有材料及施工方法的不同，屋顶防水可分为柔性防水、刚性防水和涂膜防水三类。

平屋顶的常用坡度一般为 2%～5%，排水方式主要有无组织排水和有组织排水两类，有组织排水又分为内排水和外排水。平屋顶的隔热措施主要有通风隔热、蓄水隔热、植被隔热、反射隔热等。坡屋顶的坡度一般大于 10%，其屋面排水方式与平屋顶基本相同。坡屋顶的承重结构系统有横墙承重、屋架承重和梁架承重等。

📁 ➤课后习题

一、填空题

1．屋顶按外形一般可分为_____、_____和其他形式屋顶等；坡度_____的屋面是平屋顶，常用坡度范围为_____。

2．屋顶坡度的常用表示方法有_____、_____和_____三种。屋顶的坡度形成有_____和_____两种方法。

3．平屋顶屋面排水方式有_____和_____两大类。有组织排水可分为_____和_____。

4．泛水是指屋面防水层与突出屋面的屋面构件（如女儿墙、烟囱、楼梯等）交接处的_____构造处理。泛水高度不应_____。

5．雨水口分为_____和_____两大类。直管式用于内排水中间天沟、外排水挑檐等，_____只适用于女儿墙外排水天沟。

6．刚性防水屋面是由_____、_____、_____和_____组成。在刚性防水屋面中，位于结构层和防水层之间的是_____，作用是使_____有相对的变形，防止防水层开裂。

7．平屋顶的保温材料主要有_____、_____和_____。

二、选择题

1．年降雨量不超过 900 mm 地区，屋面排水分区大小一般按一个雨水口负担（　　）m^2 屋面面积考虑。

A．100　　　　　　B．150　　　　　　C．200　　　　　　D．300

2．为了延长卷材防水层的使用寿命，应在防水层上做（　　）。

A．找平层　　　　　　　　　　B．一道冷底子油

C．20 mm 厚防水砂浆　　　　　D．保护层

3．屋顶是建筑物最上面起围护和承重作用的构件，屋顶构造设计的核心是（　　）。

A．承重　　　　B．保温隔热　　　　C．防水和排水　　　　D．隔声和防火

4．刚性防水屋面的分格缝宽度一般为（　　）mm。

A．10～20　　　　B．15～30　　　　C．20～40　　　　D．30～40

5．卷材防水屋面是承重层上先做（　　　　），防止室内蒸汽渗入保温层而降低保温效果。

A．隔汽层　　　　　　B．找平层　　　　　　C．冷底子油　　　　　D．二道热沥青

三、简答题

1．分别叙述柔性防水屋面、正置保温层柔性防水屋面、倒置保温层柔性防水屋面的构造层次。

2．刚性防水屋面设置分格缝的目的是什么？通常在哪些部位设置分格缝？分格缝的构造要点有哪些？

3．坡屋顶的纵墙檐口构造有哪些做法？

四、实践题

1．试绘制柔性防水屋面泛水构造节点详图。

2．观察校园屋顶有哪些排水方式？并简述各自的优点、缺点。

模块 7 门　窗

知识目标

1. 掌握门窗的作用、类型和构造要求。
2. 掌握平开木门窗的组成和构造方法。
3. 了解塑钢门窗、铝合金门窗的组成和基本构造原理。
4. 熟悉建筑中遮阳的作用、要求和遮阳板的基本形式。

能力目标

1. 能够熟练识读门窗的建筑施工图，将门窗的相关知识应用于施工中。
2. 能够处理门窗施工时所遇到的一般问题。

素养目标

1. 通过古建筑木门窗的学习，培养爱国主义情操和民族精神，形成正确的人生观和世界观。
2. 通过门窗构造的学习，使学生明白国家相关技术标准的重要性，养成严格遵守国家、行业或地方各种标准规范的习惯，按照规范做事，培养敬业、精益、专注的品质。

7.1　门窗概述

7.1.1　门窗的作用

　　门在建筑上的主要功能是围护、分隔室内空间、室内外交通疏散，并兼有采光、通风和装饰作用。交通疏散和防火规范规定了门洞口的宽度、位置和数量。窗的主要建筑功能是通风和采光，兼有装饰、观景的作用。寒冷地区由门窗缝隙而损失的热量，占全部采暖耗热量的25%左右。门窗的密闭性的要求，是节能设计中的重要内容。

　　门和窗是建筑物围护结构系统中重要的组成部分，根据不同的设计要求应具有保温、隔热、隔声、防水、防火等功能。门窗对建筑物的外观及室内装修造型影响也很大。对建筑外立面来说，如何选择门窗的位置、大小、造型是非常重要的。

　　另外，门窗的材料、五金的造型、式样还对室内装饰起着非常重要的作用。人们在室内，还可以通过透明的玻璃直接观赏室外的自然景色，调节情绪。

7.1.2　门窗的要求和表示方法

1. 门窗的要求

（1）安全疏散。由于门主要供出入、联系室内外用，它具有紧急疏散的功能，因此在设计中门的数量、位置、大小及开启的方向要根据设计规范和人流数量来考虑，以便能通行流畅、符合安全的要求。大型民用建筑或者使用人数特别多时，外门必须向外开。

（2）采光、通风。各种类型的建筑物，均需要一定的照度标准，才能满足舒适的卫生要求。从舒适性及合理利用能源的角度来说，在设计中首先要考虑天然采光的因素，选择合适的窗户形式和面积。如长方形的窗户，其构造简单，在采光数值和采光均匀性方面最佳。虽然横放和竖放的采光面积相同，但由于光照深度不同，效果相差很大。竖放的窗户适用于进深大的房间，横放则适用于进深浅的房间或高窗，如图 7-1(a) 所示。如果采用顶光，亮度将会增加 6 ～ 8 倍，但是同时也伴随着眩光的问题。所以，在确定窗户的形式及位置的时候，要综合考虑各方面的因素。

房间的通风和换气，主要靠外窗。在房间内要形成合理的通风及气流，内门窗和外窗的相对位置很重要，要尽量形成对空气对流有利的位置，如图 7-1（b）所示。对于有些不利于自然通风的特殊建筑，可以采用机械通风的手段来解决换气问题。

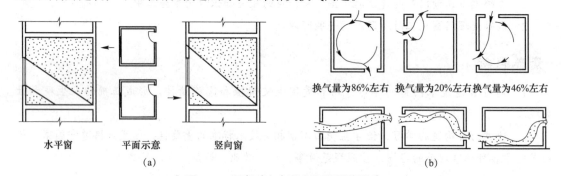

图 7-1　门窗对室内采光和通风的影响
（a）窗户的形式对室内采光的影响；（b）门窗对室内采光和通风的影响

窗与窗之间由于墙垛（窗间墙）产生阴影的关系，因此，在理论上最好采用一樘宽窗来满足采光要求。民用建筑采光面积除要求较高的陈列馆外，可根据窗地面积的比值来决定。住宅卧室、起居室（厅）、厨房的采光窗洞口的窗地面积比不应低于 1/7，学校普通教室、试验室、报告厅等房间窗地面积比不应低于 1/5。

（3）围护作用的要求。建筑的外门窗作为外围护墙的开口部分，必须考虑防风沙、防水、防盗、保温、隔热、隔声等要求，以保证室内舒适的环境，这就对门窗的构造提出了要求。如在门窗的设计中设置空腔防风缝、披水板和滴水槽，采用双层玻璃、百叶窗和纱窗等。窗框和窗扇的接缝，既不宜过宽，也不宜过窄，过窄时即使风压不大，也会产生毛细作用，从而使雨水吸入室内。

（4）建筑设计方面的要求。门窗是建筑立面造型中的主要部分，应在满足交通、采光、通风等主要功能的前提下，适当考虑美观要求和经济问题。木门窗质轻、构造简单、容易加工，但不及钢门窗坚固、防火性能好，采光面积大。窗户容易积尘，减弱光线，影响亮度，所以要求线脚简单，不易积尘。对于高层或大面积窗户的擦窗，应注意安全问题。

（5）材料的要求。随着国民经济的发展和人民生活的改善，人们的要求也越来越高，门窗的材料从最初以木门窗和钢门窗为主，发展到现在大量使用铝合金、PVC 塑料、塑钢门窗，这对建筑设计和装修提出了更高的要求。

（6）门窗模数的要求。在建筑设计中门窗和门洞的大小涉及模数问题，采用模数制可以给设计、施工和构件生产带来方便，有助于实现建筑工业化。但在实践过程中，也发现我国的门窗模数与墙体材料存在着矛盾。我国的门窗是按照 300 mm 模数为基本模数，而标准机制砖加砖缝则是 125、250、500（mm）进位的，这就给门窗开洞带来麻烦。目前，由于门窗在制作生产上已基本标准化、规格化和商品化，各地均有一般建筑门窗标准图和通用图集，设计时可供选用。

2. 门窗的表示方法

门的基本代号为木门 M、钢木门 GM、钢框门 G；窗的基本代号为木窗 C、钢窗 GC、内开窗 NC、阳台钢连窗 GY、铝合金窗 LC、塑料窗 SC。

7.2 门

7.2.1 门的分类与一般尺寸

门按其开启方式、材料及使用要求等，可进行以下分类：

（1）按开启方式，可分为平开门、弹簧门、推拉门、折叠门、转门，其他还有上翻门、升降门、卷帘门等，如图 7-2 所示。

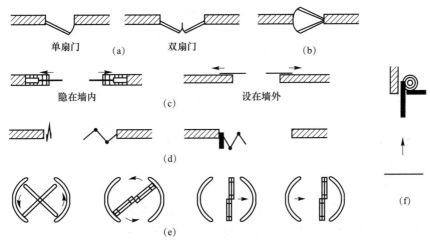

图 7-2 门的开启方式

（a）平开门；（b）弹簧门；（c）推拉门；（d）折叠门；（e）转门；（f）卷帘门

（2）按使用材料，可分为木门、钢木门、钢门、铝合金门、玻璃门及混凝土门等。

（3）按构造，可分为镶板门、拼板门、夹板门、百叶门等。

（4）按功能，可分为保温门、隔声门、防火门、防护门等。

一个房间应该开几个门，每个建筑物门的总宽度应该是多少，一般是由交通疏散的要求和防火规范确定的，设计时应按照规范选取。一般规定：公共建筑安全入口的数目应不少于两个；但房间面积在 60 m² 以下，人数不超过 50 人时，可只设一个出入口；对于低层建筑，每层面积不大，人数也较少的，可以设一个通向户外的出口。门的尺度应根据建筑中人员和家具设备等的日常通行要求、安全疏散要求以及建筑造型艺术和立面设计要求等决定。为避免门扇面积过大导致门扇及五金连接件等变形而影响门的使用，门的宽度也要符合防火规范的要求。一般供人日常生活活动进出的门，门扇高度常为 1 900 ～ 2 100 mm，单扇门宽度为 800 ～ 1 000 mm，辅助房间（如浴厕、贮藏室）的门宽度为 600 ～ 800 mm，双扇门宽度为 1 200 ～ 1 800 mm。腰窗高度一般为 300 ～ 600 mm。

对于人员密集的剧院、电影院、礼堂、体育馆等公共场所中观众厅的疏散门，一般按每百人取 0.6 ～ 1.0 m（宽度）。当人员较多时，出入口应分散布置。公共建筑和工业建筑的门可按需要适当提高。

7.2.2 门的选用与布置

1. 门的选用

（1）公共建筑的出入口常用平开门、弹簧门、自动推拉门及转门等。转门（除可平开的转门外）、电动门、卷帘门和大型门的附近应另设平开的疏散门。疏散门的宽度应满足安全疏散及残疾人通行的要求。

（2）公共出入口的外门应为外开或双向开启的弹簧门。位于疏散通道上的门应向疏散方向开启。托儿所、幼儿园、小学或其他儿童集中活动的场所不得使用弹簧门。

（3）湿度大的门不宜选用纤维板门或胶合板门。

（4）大型餐厅至备餐间的门宜做成双扇分上下行的单面弹簧门，要镶嵌玻璃。

（5）体育馆内运动员经常出入的门，门扇净高不得低于 2.2 m。

（6）双扇开启的门洞宽度不应小于 1.2 m。当为 1.2 m 时，宜采用大小扇的形式。

（7）所有的门若无隔声要求，不得设置门槛。

2. 门的布置

（1）两个相邻并经常开启的门，应避免开启时相互碰撞。

（2）向外开启的平开外门，应有防止风吹碰撞的措施。如将门退进墙洞，或设门挡风钩等固定措施，并应避免与墙垛腰线等凸出物碰撞。

（3）门开向不宜朝西或朝北。

（4）凡无间接采光通风要求的套间内门，不需要设上亮子，也不需要设纱扇。

（5）经常出入的外门宜设雨篷，楼梯间外门雨篷下如设吸顶灯时应防止被门扇碰碎。

（6）变形缝处不得利用门框盖缝，门扇开启时不得跨缝。

（7）住宅内门的位置和开启方向，应结合家具布置考虑。

7.2.3 木门的组成与构造

木门主要由门框、门扇、腰窗、贴脸板（门头线）、筒子板（垛头板）、五金零件等部分组成，如图 7-3 所示。

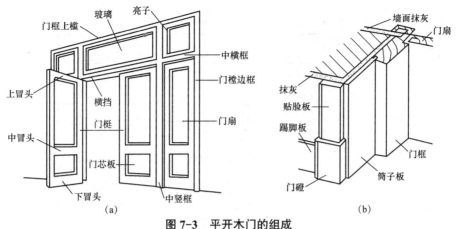

图 7-3 平开木门的组成

（a）平开木门整体；（b）平开木门与墙衔接

1. 门框

门框又称为门樘，其主要作用是固定门扇和腰窗并与门洞间相联系，一般由两根边框和上槛组成，有腰窗的门还有中横挡；多扇门还有中竖梃，外门及特种需要的门有些还有下槛。门框用料一般分为四级，净料宽为 135 mm、115 mm、95 mm、80 mm，厚度分别为 52 mm、67 mm 两种。框料厚薄与木材优劣有关，一般采用松木和杉木。木门框的构造如图 7-4 所示，木门框的断面形式与尺寸如图 7-5 所示。为了掩盖门框与墙面抹灰之间的裂缝，提高室内装饰的质量，门框四周加钉带有装饰框之间的镶合均用榫接。

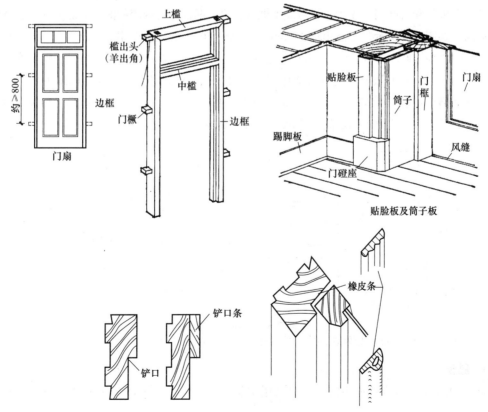

图 7-4　木门框的构造

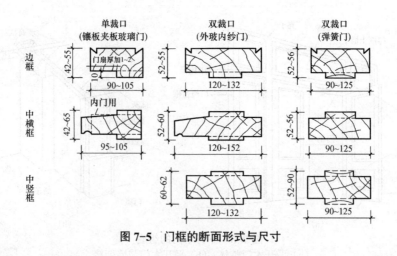

图 7-5　门框的断面形式与尺寸

2. 门扇

木门扇主要由上冒头、中冒头、下冒头、门框及门芯板等组成。按门板的材料，木门又有全玻璃门、半玻璃门、镶板门、夹板门、纱门、百叶门等类型。

（1）玻璃门、镶板门、纱门。其主要骨架由上冒头、下冒头和两根边梃组成框子，有时中间还有一条或几条横冒头或一条竖向中梃，在其中镶装门芯板、纱。门芯板可用 10～15 mm 厚木板拼装成整块，镶入边框。有的地区门芯板用多层胶合板，硬质纤维板或其他塑料板等所代替。门扇边框的厚度即上冒头、下冒头和门梃厚度，一般为 40～45 mm，纱门的厚度为 30～35 mm，上冒头和两旁边梃的宽度为 75～120 mm，下冒头因踢脚等原因一般宽度较大，常用 150～300 mm。

（2）夹板门和百叶门。先用木料做成木框格，再在两面用钉或胶粘的方法加上面板，框料的做法不同，如图 7-6 所示。外框用料 35 mm×（50～70）mm，内框用 33 mm×（25～35）mm 的木料，中距为 100～300 mm。夹板门构造须注意：面板不能胶粘到外框边，否则经常碰撞容易损坏。为了装门锁和铰链，边框料须加宽，也可局部另钉木条。为了保持门扇内部干燥，最好在上下框格上贯通透气孔，孔径为 9 mm。面板一般为胶合板，硬质纤维板或塑料板，用胶结材料双面胶结。有换气要求的房间，选用百叶门，如卫生间、厨房等。

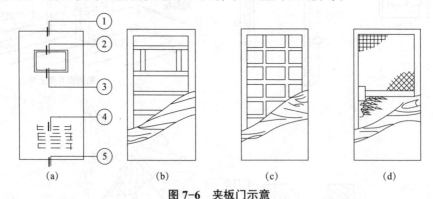

图 7-6　夹板门示意

（a）门扇外观；（b）水平骨架；（c）双向骨架；（d）格状骨架

3. 腰窗

腰窗构造同窗构造基本相同，一般采用中悬开启方法，也可以采用上悬、平开及固定窗形式。

4. 门的五金零件

门的五金零件主要有铰链、插销、门锁和拉手等，均为工业定型产品，形式多种多样。在选型时，铰链需要特别注意其强度，以防止其变形影响门的使用；拉手需要结合建筑装修进行选型。

7.2.4 门的安装

1. 门的安装

门的安装有立口和塞口两类，但均需要在地面找平层和面层施工前进行，以便门边框伸入地面 20 mm 以上。立口安装目前使用较少。塞口安装是在门洞口侧墙上每隔 500 ～ 800 mm 高预埋木砖，用长钉、木螺钉等固定门框。门框外侧与墙面（柱面）的接触面、预埋木砖均需要进行防腐处理，如图 7-7 所示。

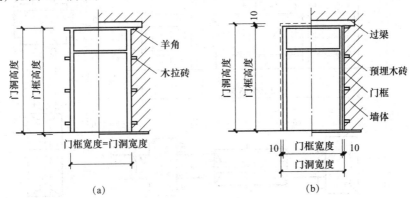

图 7-7　门框的安装方式
（a）立口；（b）塞口

2. 门框在墙中的位置

门框在墙中的位置，可在墙的中间或与墙的一侧平齐。一般多与开启方向一侧平齐，尽可能使门扇开启时贴近墙面。门框的安装方式如图 7-8 所示。

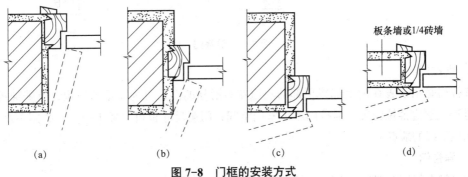

图 7-8　门框的安装方式
（a）外平齐；（b）立中；（c）内平齐；（d）内外平齐

7.2.5　弹簧门、推拉门、卷帘门、转门和玻璃门

1. 弹簧门

弹簧门形式同平开门，但采用了弹簧铰链，可单向或内外弹动且开启后可自动关闭，所以兼具有内外平开门的特点，可进行多扇组合，一般适用于人流较多的公共场所。单面弹簧门多

为单扇，常用于需要有温度调节及气味要遮挡的房间，如厨房、厕所等；双面弹簧门适用于公共建筑的过厅、走廊及人流较多的房间。应在门扇上安装玻璃或者采用玻璃门扇，以免相互碰撞。弹簧门使用方便，但存在关闭不严密、空间密闭性不好的缺点，如图7-9所示。

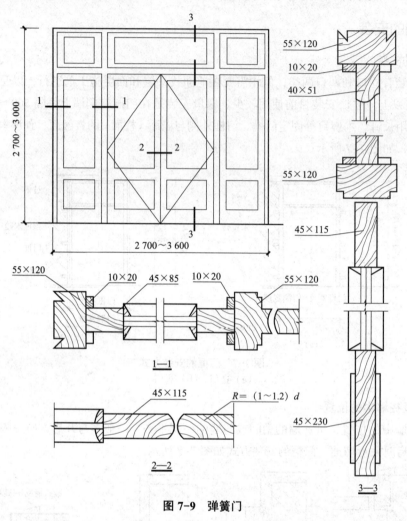

图 7-9　弹簧门

2. 推拉门

推拉门是沿设置在门上部或下部的轨道左右滑移的门，可为单扇或双扇，有普通推拉门，也有电动及感应推拉门等。推拉门不占室内空间，门洞尺寸也可以较大，但有关闭不严密、空间密闭性不好的缺点。

3. 卷帘门

卷帘门在门洞上部设置卷轴，利用卷轴将门帘上卷或放下来开关门洞口的门，主要由帘板、导轨及传动装置组成。页板的上部与卷筒连接，开启时，页板沿着门洞两侧的导轨上升，卷在卷筒上。门洞的上部安设传动装置，传动装置可分为手动和电动两种，主要适用于商场、车库、车间等需大门洞尺寸的场合。

4. 转门

转门是20世纪90年代以来建筑入口非常流行的一种装修形式，它改变了门的入口形式。利用门的旋转给人带来一种动的美感，丰富了入口的内涵，同时又由于转门构造合理，开启方便，密封性能良好，赋予建筑现代感，广泛用于宾馆、商厦、办公大楼、银行等高级场所。转门的优点是室内外始终处于隔绝状态，能够有效防止室内外空气对流；缺点是交通能力小，不能作为安全疏散门，需要与平开门、弹簧门等组合使用。

转门为旋转结构，是由三或四扇门连成风车形，在两个固定弧形门套内旋转的门，旋转方向通常为逆时针，门扇的惯性转速可通过阻尼调节装置按需要进行调整。转门按材质，可分为铝合金、钢质、钢木结合三种类型。铝合金转门采用转门专用挤压型材，由外框、圆顶、固定扇和活动扇四部分组成。氧化色常用仿金、银白、古铜等色。转门的轴承应根据门的质量选用。

转门的构造复杂、结构严密，起到控制人流通行量、防风保温的作用。转门不适用于人流较大且集中的场所，更不可作为疏散门使用。设置转门需要有一定的空间，通常在转门的两侧加设玻璃门，以增加疏通量。

5. 玻璃门

玻璃门在必须采光与通透的出入口使用。除透明玻璃外，还有平板玻璃、毛玻璃及防冻玻璃等。

玻璃门的门扇构造与镶板门基本相同，只是镶板门的门芯板用玻璃代替，也可在门扇的上部安装玻璃，下部安装门芯板。对于小格子玻璃门，最好安装车边玻璃，这样的门显得十分精致而高贵。玻璃门也可采用无框全玻璃门，它用 10 mm 厚的钢化玻璃做门扇，在上部安装转轴铰链，下部安装地弹簧，门的把手一定要醒目，以免伤人。玻璃门构造如图 7-10 所示。

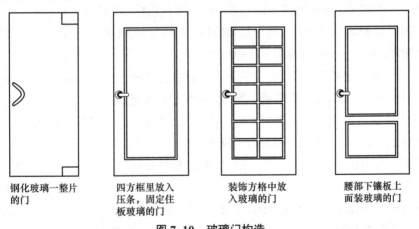

钢化玻璃一整片的门　　四方框里放入压条，固定住板玻璃的门　　装饰方格中放入玻璃的门　　腰部下镶板上面装玻璃的门

图 7-10　玻璃门构造

7.3　窗

7.3.1　窗的分类与一般尺寸

（1）按使用材料，可分为木窗、钢窗、铝合金窗、塑料窗、玻璃钢窗、塑钢窗等。

（2）按开启方式，可分为固定窗、平开窗、悬窗、立转窗、推拉窗、百叶窗等，如图 7-11 所示。

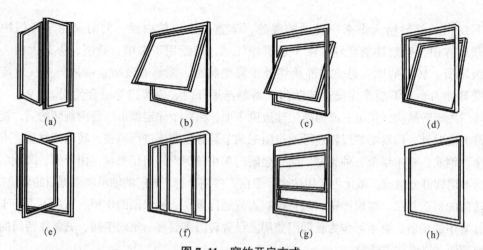

图 7-11 窗的开启方式

(a) 固定窗；(b) 平开窗；(c) 上悬窗；(d) 中悬窗；
(e) 立转窗；(f) 下悬窗；(g) 垂直推拉窗；(h) 水平推拉窗

1）固定窗。固定窗是无窗扇、不能开启的窗。固定窗的玻璃直接嵌固在窗框上，可供采光和眺望之用。

2）平开窗。铰链安装在窗扇一侧与窗框相连，向外或向内水平开启，有单扇、双扇、多扇，向内开与向外开之分。其构造简单、开启灵活、制作维修方便，是民用建筑中采用最广泛的窗。

3）悬窗。因铰链和转轴的位置不同，悬窗可分为上悬窗、中悬窗和下悬窗。

4）立转窗。立转窗引导风进入室内效果较好，防雨及密封性较差，多用于单层厂房的低侧窗。因密闭性差，不宜用于寒冷和多风沙的地区。

5）推拉窗。推拉窗可分为垂直推拉窗和水平推拉窗两种。它们开启时不占据室内外空间，窗扇受力状态较好，适宜安装较大玻璃，但通风面积受到限制。

6）百叶窗。百叶窗主要用于遮阳、防雨及通风，但采光差。百叶窗可用金属、木材、玻璃、钢筋混凝土等制作，有固定式和活动式两种形式。

窗的尺度主要取决于房间的采光、通风、构造做法和建筑造型等要求，并应符合《建筑模数协调标准》（GB/T 50002—2013）的规定。为使窗坚固耐久，一般平开木窗的窗扇高度为800～1 200 mm，宽度不宜大于 500 mm；上、下悬窗的窗扇高度为 300～600 mm；中悬窗的窗扇高不宜大于 1 200 mm，宽度不宜大于 1 000 mm；推拉窗的高宽均不宜大于 1 500 mm。对一般民用建筑用窗，各地均有通用图，各类窗的高度与宽度尺寸通常采用扩大模数 3M 数列作为洞口的标志尺寸，需要时只要按所需类型及尺度大小直接选用即可。

7.3.2 窗的选用与布置

1. 窗的选用

（1）面向外廊的居室、厨厕窗应向内开，或在人的高度以上外开，并应考虑防护安全及密闭性要求。

（2）无论低层、多层还是高层的所有民用建筑，除高级空调房间外（确保昼夜运转）均应设纱扇，并应注意防止走道、楼梯间、次要房间漏装纱扇而常进蚊蝇。

（3）高温、高湿及防火要求高时，不宜用木窗。

（4）用于锅炉房、烧火间、车库等处的外窗，可不装纱扇。

2．窗的布置

（1）楼梯间外窗应考虑各层圈梁走向，避免冲突。

（2）楼梯间外窗作内开扇时，开启后不得在人的高度内凸出墙面。

（3）窗台高度由工作面需要而定，一般不宜低于工作面（900 mm）。如窗台过高或上部开启时，应考虑开启方便，必要时加设开闭设施。

（4）需要设置暖气片时，窗台板下净高、净宽须满足暖气片及阀门操作的空间需要。

（5）窗台高度低于 800 mm 时，须有防护措施。窗前有阳台或大平台时可以除外。

（6）错层住宅屋顶不上人处，尽量不设窗，如因采光或检修需要设窗时，应有可锁启的铁栅栏，以免儿童上屋顶发生事故，并可以减少屋面损坏及相互窜通。

7.3.3　窗的组成与构造

窗主要由窗框、窗扇和五金零件三部分组成，如图 7-12 所示。

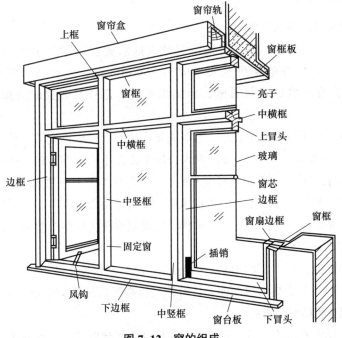

图 7-12　窗的组成

1．窗框

窗框又称为窗樘，其主要作用是与墙连接并通过五金零件固定窗扇。窗框由上槛、中槛、下槛、边框用合角全榫拼接成框。一般尺度的单层窗窗樘的厚度常为 40～50 mm，宽度为 70～95 mm，中竖挡双面窗扇需要加厚一个铲口的深度 10 mm，中横挡除加厚 10 mm 外，若要加披水，一般还要加宽 20 mm 左右。

2．窗扇

平开玻璃窗一般由上冒头、下冒头和左、右边框榫接而成，有的中间还设窗棂。窗扇厚度为 35～42 mm，一般为 40 mm。上冒头、下冒头及边框的宽度视木料材质和窗扇大小而定，一般为

50～60 mm，下冒头可较上冒头适当加宽 10～25 mm，窗棂宽度为 27～40 mm。

玻璃常用厚度为 3 mm，较大面积可采用 5 mm 或 6 mm。为了隔声保温等需要，可采用双层中空玻璃；需遮挡或模糊视线，可选用磨砂玻璃或压花玻璃；为了安全，可采用夹丝玻璃、钢化玻璃及有机玻璃等；为了防晒，可采用有色、吸热和涂层、变色等种类的玻璃。

纱窗窗扇用料较小，一般为 30 mm×50 mm～35 mm×65 mm。

百叶窗中固定百叶窗（硬百叶窗）用（10～15）mm×（50～75）mm 的百叶板，两端开半榫装于窗框内侧，成 30°～45° 斜度，间距约为 30 mm。固定百叶窗的规格一般宽为 400、600、1 000、1 200（mm），高为 600、800、1 000（mm）几种。活动百叶窗百叶板的间距约为 40 mm，用垂直于百叶板的调节木棒装羊眼螺钉与板连系，该棒俗称猢狲棒。

3. 五金零件

五金零件一般有铰链、插销、窗钩、拉手和铁三角等。铰链又称合页、折页，是连接窗扇和窗框的连接件，窗扇可绕铰链转动；插销和窗钩是固定窗扇的零件；拉手为开关窗扇用。

7.3.4　窗的安装方法

窗的安装可分为立口和塞口两类。

（1）立口又称为立樘子，施工时先将窗樘放好后砌窗间墙。上下挡各伸出约半砖长的木段（羊角或走头），在边框外侧每 500～700 mm 设一木拉砖或铁脚砌入墙身。这种方法的特点是窗樘与墙的连接紧密，但施工不便，窗樘及其临时支撑易被碰撞，较少采用。

（2）塞口又称为塞子或嵌樘子，在砌墙时先留出窗洞，以后再安装窗樘。为了加强窗樘与墙的连系，窗洞两侧每隔 500～700 mm 砌入一块半砖大小的防腐木砖（窗洞每侧应不少于两块）、安装窗樘时用长钉或螺钉将窗樘钉在木砖上，也可在樘子上钉铁脚，再用膨胀螺钉在墙上或用膨胀螺钉直接把樘子钉于墙上。为了抗风雨，外侧须用砂浆嵌缝，也可加钉压缝条或油膏嵌缝，寒冷地区应用纤维或毡类如毛毡、矿棉、麻丝或泡沫塑料绳等垫塞。塞樘子的窗樘每边应比窗洞小 10～20 mm。

一般窗扇都用铰链、转轴或滑轨固定在窗樘上。通常在窗樘上做铲口，深 10～12 mm，也有钉小木条形成铲口。为提高防风雨能力，可适当提高铲口深度（约 15 mm）或钉密封条，或在窗樘留槽，形成空腔的回风槽。

外开窗的上口和内开窗的下口一般须做披水板及滴水槽以防止雨水内渗。同时，在窗樘内槽及窗盘处做积水槽与排水孔将渗入的雨水排除。

7.3.5　窗框在墙中的位置

窗框在墙中的位置（图 7-13）一般与墙内表面平，安装时窗框凸出砖面 20 mm，以便墙面粉刷后与抹灰面平。框与抹灰面交接处，应用贴脸板搭盖，以阻止由于抹灰干缩形成缝隙后风透入室内，同时可增加美观。贴脸板的形状及尺寸与门的贴脸板相同。

当窗框立于墙中时，应内设窗台板，外设窗台。窗框外平时，靠室内一面设置窗台板。

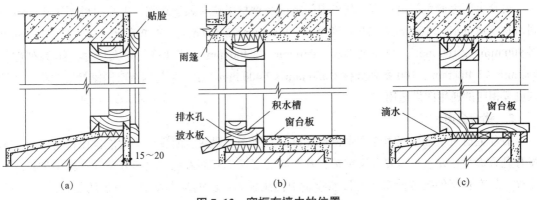

图 7-13 窗框在墙中的位置
（a）窗框内平；（b）窗框外平；（c）窗框居中

7.4 铝合金门窗和塑料门窗

7.4.1 铝合金门窗

铝合金是以铝为主，加入适量钢、镁等多种元素的合金。其轻质、高强、耐腐蚀、无磁性、易加工、质感好，特别是其密闭性能好，远比钢、木门窗优越，广泛应用于各种建筑中，但造价较高；铝合金门、窗扇面积较大，其结构坚挺、明快，从建筑的立面效果看，大块玻璃门窗使建筑物显得简洁、明亮，更有现代感。

1. 铝合金门

铝合金门的形式很多，其构造方法与木门、钢门相似，也由铝合金门框、门扇、腰窗及五金零件组成。铝合金门按其门芯板的镶嵌材料不同，有铝合金条板门、半玻璃门、全玻璃门等形式，主要有平开、弹簧和推拉三种开启方法。其中，铝合金弹簧门、铝合金推拉门是目前最常用的。图 7-14 所示为铝合金弹簧门的构造示意。

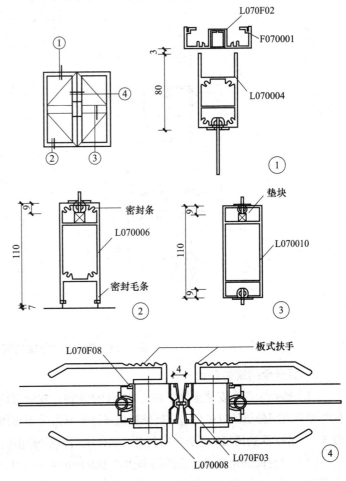

图 7-14 铝合金弹簧门的构造示意

铝合金门为避免门扇变形，其单扇门宽度受型材影响有如下限制，平开门最大尺寸：55 系列型材 900 mm×2 100 mm；70 系列型材：900 mm×2 400 mm；推拉门最大尺寸：70 系列型材 900 mm×2 100 mm；90 系列型材 1 050 mm×2 400 mm；地弹簧门最大尺寸：90 系列型材 900 mm×2 400 mm；100 系列型材 1 050 mm×2 400 mm。铝合金门构造有国家标准图集，各地区也有相应的通用图供选用。

2. 铝合金窗

铝合金窗质量轻、气密性和水密性能好，其隔声、隔热、耐腐蚀等性能也比普通木窗、钢窗有显著提高，并且不需要日常维护；其框料还可通过表面着色、涂膜处理等获得多种色彩和花纹，具有良好的装饰效果，是目前建筑中使用较为广泛的基本窗型。不足的是强度较钢窗、塑钢窗低，其平面开窗尺寸较大时易变形。铝合金推拉窗构造如图 7-15 所示。

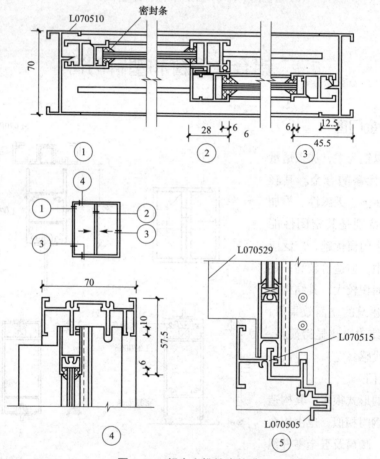

图 7-15 铝合金推拉窗构造

3. 铝合金门窗的安装

（1）铝合金门窗安装主要依靠金属锚固件定位，安装时应保证定位正确、牢固，然后在门窗框与墙体之间分层填以矿棉毡、玻璃棉毡或沥青麻刀等保温隔声材料，并于门窗框内外四周各留设 5～8 mm 深的槽口后填建筑密封膏。铝合金门窗不宜用水泥砂浆做门框与墙体间的填塞材料。

（2）门窗框固定铁件，除四周离边角 180 mm 设一点外，一般间距为 400～500 mm，铁件可采用射钉、膨胀螺栓或钢件焊于墙上的预埋件等形式，锚固铁卡两端均须伸出铝框外，然后用射钉固定于墙上，固定铁卡用厚度不小于 1.5 mm 厚的镀锌薄钢板，如图 7-16 所示。

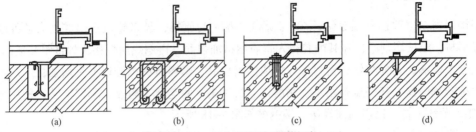

图 7-16　铝合金窗的安装构造
（a）预埋件焊接；（b）燕尾铁脚螺栓连接；（c）金属胀锚螺栓连接；（d）射钉连接

铝合金门窗框料及组合梃料除不锈钢外，均不能与其他金属直接相接触，以免产生电腐蚀现象，所有铝合金门窗的加强件及紧固件均须做防腐蚀处理，一般可采用沥青防腐漆满涂或镀锌处理，应避免将灰浆直接粘到铝合金型材上，铝合金门门框边框应深入地面面层 20 mm 以上。图 7-17 所示为铝合金窗安装构造示意。

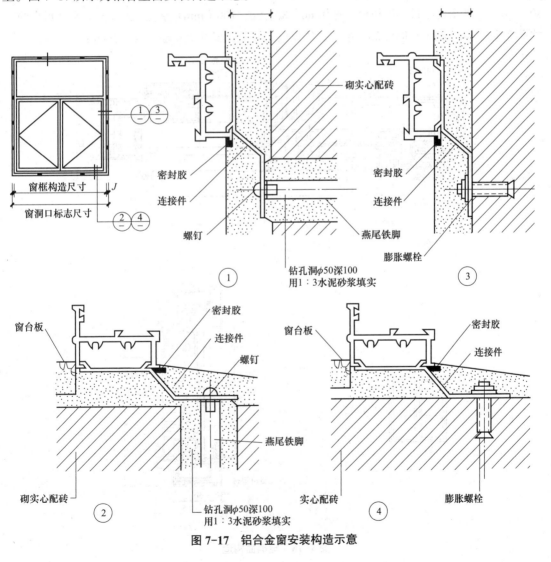

图 7-17　铝合金窗安装构造示意

7.4.2 塑钢门窗

塑钢门窗是以改性硬质聚氯乙烯（简称 UPVC）为原料，经挤塑机挤出成型为各种断面的中空异形材，定长切割后，在其内腔衬入钢质型材加强筋，再用热熔焊接机焊接组装成门窗框、扇、装配上玻璃、五金配件、密封条等构成门窗成品。塑料型材内腔以型钢增强，形成塑钢结构，故称塑钢门窗。其特点是耐水、耐腐蚀、抗冲击、耐老化、阻燃，不需涂装，使用寿命可达 30 年。节约木材，比铝门窗经济。塑钢窗如图 7-18 所示。

塑钢窗由窗框、窗扇、窗的五金零件三部分组成，主要有平开、推拉和上悬、中悬等开启方式。窗框和窗扇应视窗的尺寸、用途、开启方法等因素选用合适的型材，材质应符合《门、窗用未增塑聚氯乙烯（PVC-U）型材》（GB/T 8814—2017）的规定。一般情况下，型材框扇外壁厚度大于等于 2.3 mm，内腔加强筋厚度大于等于 1.2 mm，内腔加衬的增强型钢厚度大于等于 1.2 mm，且尺寸必须与型材内腔尺寸一致。增强型钢及紧固件应采用热镀锌的低碳钢，其镀膜厚度大于等于 12 μm。固定窗可选用 50、60（mm）厚度系列型材，平开窗可选用 50、60、80（mm）厚度系列型材，推拉窗可选用 60、80、90、100（mm）厚度系列型材。平开窗扇的尺寸不宜超过 600 mm×1 500 mm，推拉窗的窗扇尺寸不宜超过 900 mm×1 800 mm。

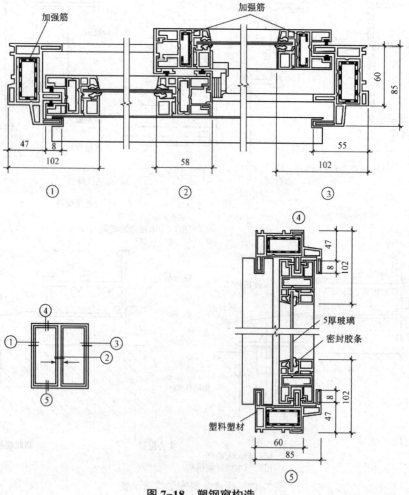

图 7-18 塑钢窗构造

塑钢窗一般采用后塞口安装，在墙和窗框间的缝隙应用泡沫塑料等发泡剂填实，并用玻璃胶密封。安装时可用射钉或塑料、金属膨胀螺栓固定，也可用预埋件固定。

7.5　遮阳构造

7.5.1　门窗遮阳

遮阳是为了避免阳光直射室内，防止局部过热，减少太阳辐射热或产生眩光，以及保护物品而采取的建筑措施。建筑遮阳的方法很多，如室外绿化、室内窗帘、设置百叶窗等均是有效方法，但对于太阳辐射强烈的地区，特别是朝向不利的墙面上、建筑的门窗等洞口，应设置专用遮阳措施。

在窗外设置遮阳设施对室内通风和采光均会产生不利影响，对建筑造型和立面设计也会产生影响。因此，遮阳构造设计时应根据采光、通风、遮阳、美观等统一考虑。

1. 遮阳的形式

建筑遮阳包括建筑外遮阳、窗遮阳、玻璃遮阳、建筑内遮阳等。

（1）外遮阳。建筑的外遮阳是非常有效的遮阳措施，它可以是永久性的建筑遮阳构造，如遮阳板、遮阳挡板、屋檐等；也可以是可拆卸的，如百叶、活动挡板、花格等。

1）简易活动遮阳是利用苇席、布篷竹帘等措施进行遮阳。简易活动遮阳简单、经济、灵活，但耐久性差，如图 7-19 所示。

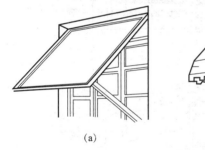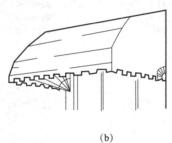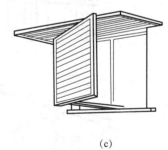

（a）　　　　　　　　　　　　（b）　　　　　　　　　　　（c）

图 7-19　活动遮阳的形式
（a）苇席遮阳；（b）篷布遮阳；（c）木百叶遮阳

2）固定遮阳板按其形状和效果，可分为水平遮阳板、垂直遮阳板和综合式遮阳板，如图 7-20 所示。在工程中，应根据太阳光线的高度角及方向选择遮阳板的尺寸和布置形式。

①水平式遮阳。能够遮挡高度角较大的、从窗口上方照射下来的阳光，它适用于南向及附近的窗口或北回归线以南低纬度地区之北向及其附近的窗口，如图 7-20（a）所示。

②垂直式遮阳。垂直式外遮阳主要应用于东西向的建筑，如图 7-20（b）所示。

③综合式遮阳。水平遮阳和垂直遮阳的综合，能够遮挡从窗左右侧及前上方斜射阳光，遮挡效果比较均匀，主要适用于南、东南、西南及其附近的窗口，如图 7-20（c）所示。

（2）降低玻璃的遮蔽系数。降低玻璃的遮蔽系数也是非常有效的措施。随着玻璃镀膜技术的发展，玻璃已经可以对入射的太阳光进行选择，将可见光引入室内，而将增加负荷和能耗的红外线反射出去。玻璃系统遮阳已经成为现代建筑遮阳重要的手段之一。

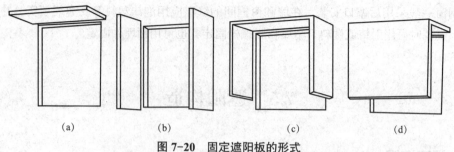

图 7-20　固定遮阳板的形式

（a）水平式；（b）垂直式；（c）综合式；（d）挡板式

（3）内遮阳。内遮阳和窗户遮阳设施也被广泛采用，有时在建筑造型的限制下，内遮阳和窗户遮阳设施的设置还是必须采取的选择措施。

2. 遮阳板的构造及建筑处理方法

遮阳板一般采用混凝土板，也可以采用钢构架石棉瓦、压型金属板等构造。建筑立面上设置遮阳板［图 7-20（d）］时，为兼顾建筑造型和立面设计要求，遮阳板布置宜整齐、有规律。建筑通常将水平遮阳板或垂直遮阳板连续设置，形成较好的立面效果，如图 7-21 所示。

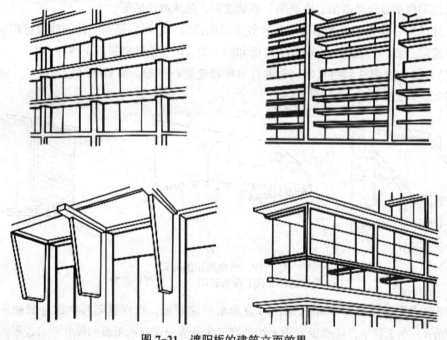

图 7-21　遮阳板的建筑立面效果

7.5.2　门窗保温与节能

1. 门窗保温与节能

建筑外门窗是建筑保温的薄弱环节，我国寒冷地区外窗的传热系数比发达国家大 2～4 倍，我国寒冷地区住宅，在一个采暖周期内通过窗与阳台门的传热和冷风渗透引起的热损失，占房屋能耗的 45%～48%，因此，门窗节能是建筑节能的重点。

造成门窗热损失有两个途径：一是门窗面由于热传导、辐射及对流所造成的；二是通过门窗各种缝隙冷风渗透所造成的。因此，门窗保温应从以上两个方向采取构造措施，具体做法如下：

（1）增强门窗的保温。在寒冷地区，可以通过增加外窗窗扇层数和玻璃层数来提高保温性能，以及采用特种玻璃，如中空玻璃、吸热玻璃、反射玻璃等措施达到节能要求。

（2）减少缝隙的长度。门窗缝隙是冷风渗透的根源，因此为减少冷风渗透，可采用大窗扇，扩大单块玻璃面积以减少门窗缝隙。合理减少可开窗扇的面积，在满足夏季通风的条件下，扩大固定窗扇的面积。

（3）采用密封和密闭措施。框和墙间的缝隙密封可用弹性软型材料（如毛毡）、聚乙烯泡沫、密封膏及边框设置灰口等。框与窗扇的密闭可用橡胶条、橡塑条、泡沫密封条及高低缝、回风槽等，扇与扇之间的密闭可用密闭条、高低缝及缝外压条等。窗扇与玻璃之间的密封可用密封胶、各种弹性压条等。

（4）缩小窗口面积。在满足室内采光和通风的前提下，我国寒冷地区的外窗应尽量缩小窗口面积，以达到节能要求。

2. 新型节能门窗

房子的对外交流需要门窗，但是如果门窗与外界"交流"过多，那就会导致房子的保温不足，过多地散失热量，浪费能源。节能门窗使用的玻璃比普通单片玻璃节能75%，比普通中空玻璃节能50%，还具有隔热、隔声、低温无霜露三大特点。即使靠近路边的房子也不会受到窗外噪声的侵扰，远离城市噪声；同时，节能门窗所使用的温屏玻璃还具备对可见光适中的透过率，可见光反射率很低，这样就避免光污染的产生，在大量使用温屏产品的玻璃幕墙上，以往惹人厌烦的反射强光现象能得到有效缓解。

新型节能门窗可以让房子自动达到"冬暖夏凉"效果：夏季，可以阻止室外地面、建筑物发出的热辐射进入室内，有效减少热量的进入，节约空调的制冷费用；冬季，对室内暖气及室内物体散发的热量，可以像一面热反射镜一样，将绝大部分的热量反射回室内，保证室内热量不向室外散失，从而节约取暖费用。

新型节能门窗就是将舒适与节能结为一体，能有效降低空调病的发生概率，这是其受到欢迎的重要原因。新型节能门窗在民用建筑及公共建筑都适用，并能起到非常好的节能效果。

3. 断桥铝门窗

断桥铝门窗是指隔断冷热桥，因为铝合金是金属，导热比较快，所以，室内外温度相差很多时，铝合金就成了为热量传递的"桥"了。断桥就是将铝合金从中间断开，采用硬塑与两边的铝合金相连，而塑料导热慢，这样热量就不容易传递了，所以称为断桥铝合金。

断桥铝门窗的优点如下：

（1）防火性好：铝合金为金属材料，因此，它不易燃烧。

（2）防撬防盗性能好：铝塑复合窗配置高级装饰锁及优良的五金配件（如平开上悬五金件），安全性更高。

（3）耐冲击：由于铝塑复合型材外表面为铝合金材料，硬度超强，刚性好，因此它比塑钢窗型材的耐冲击性强大得多。

（4）免去维护的麻烦：铝塑复合型材不易受酸碱侵蚀，使用断桥铝门窗不会变黄褪色，不必保养。

（5）具有很好的密封性能：真正做到了冬暖夏凉。

模块小结

在建筑中，门和窗是建筑物的重要组成部分，也是重要围护构件之一。门窗类型包括木门窗、铝合金门窗、塑钢门窗等，本模块着重介绍木门窗的构造及构造原理，并对铝合金门窗、塑钢门窗和特种门窗侧重介绍其特点与节点连接构造。

课后习题

一、填空题

1. 门窗框的安装方法有_____和_____两种。

2. 平开窗的组成主要有_____、_____、_____组成。

3. 门洞宽度和高度的级差，基本按扩大模数_____递增。

4. 只可采光而不可通风的窗是_____。

二、选择题

1. 民用建筑窗洞口的宽度和高度均应采用（　　）mm 模数。

A．300　　　　　　B．30　　　　　　C．60　　　　　　D．600

2. 以下说法中正确的是（　　）。

A．推拉门是建筑中最常见、使用最广泛的门

B．转门可向两个方向旋转，故可做疏散门

C．转门可作为寒冷地区公共建筑的外门，也可作为疏散门

D．平开门是建筑中最常见、使用最广泛的门

3. 平开木窗的窗扇由（　　）组成。

A．上冒头、下冒头、窗芯、玻璃　　　　B．边框、上下框、玻璃

C．边框、五金零件、玻璃　　　　　　　D．亮子、上冒头、下冒头、玻璃

4. 只能采光不能通风的窗是（　　）。

A．固定窗　　　　B．悬窗　　　　　C．立转窗　　　　D．百叶窗

5. 民用建筑中应用最广泛的门是（　　）。

A．平开门　　　　B．玻璃门　　　　C．推拉门　　　　D．弹簧门

6. 民用建筑中应用最广泛的窗是（　　）。

A．平开窗　　　　B．上悬窗　　　　C．推拉窗　　　　D．立转窗

7. 门窗常采用的安装方法是（　　）。

A．塞口　　　　　　　　　　　　　　　B．立口

C．预埋木框　　　　　　　　　　　　　D．与砖墙砌筑同时施工

8. 下列门中不宜用于幼儿园的门是（　　）。

A．平开门　　　　B．折叠门　　　　C．推拉门　　　　D．弹簧门

9. 安装窗框时，若采用塞口的施工方法，预留的洞口比窗框至少大（　　）mm。

A．10　　　　　　B．20　　　　　　C．30　　　　　　D．50

三、简答题

1. 门和窗的作用分别是什么?

2. 简述平开木窗、木门的构造组成。

3. 门和窗各有哪几种开启方式?

4. 安装木窗框的方法有哪些? 各有什么特点?

5. 铝合金门窗和塑料门窗有哪些特点?

6. 建筑中遮阳措施有哪些?

四、实践题

1. 抄绘门窗构造示意图。

2. 观察校园门窗都有哪些形式?

模块 8 装配式建筑

知识目标

1. 了解装配式建筑的概念。
2. 理解装配式建筑的节能特征。
3. 掌握装配式建筑的主要类型。
4. 理解装配式建筑的环保材料和技术。

能力目标

1. 能够正确识读装配式建筑施工图。
2. 能够掌握装配式建筑施工图中的标注和符号。
3. 能够基于施工图进行装配式建筑构件的选择和布局。

素养目标

1. 了解装配式混凝土建筑的发展历程，激发学生的职业荣誉感。
2. 了解装配式建筑对提高建筑效率、节能减排和减少建筑废料的重要贡献，增强个人的环保意识和社会责任感，认识到作为建筑专业人士在推动建筑行业可持续发展中的责任和使命。

8.1 装配式墙体的构造设计

装配式墙体的各种接缝部位、门窗洞口等构配件组装部位的构造设计及材料的选用应满足建筑的各类物理性能、力学性能、耐久性能与装饰性能的要求。预制外墙板与部品及预制构配件的连接（如门、窗、管线支架等）应牢固、可靠。

8.1.1 预制墙体的防水构造

预制装配式建筑由于是分块拼装的，构配件之间会留下大量的拼装接缝，这些接缝很容易成为渗漏水的通道，从而对建筑的防水处理提出了挑战。另外，为了抵抗地震作用的影响，一些非承重部位还设计成一定范围内可活动结构，这更增加了防水的难度。预制件与预制件之间、预制件与后浇混凝土结合处等接缝的防水密封，以及门窗周边、预留洞口等节点部位的防水成了装配式建筑防水的重点和难点。处理好这些部位的防水，是保证建筑使用功能的重要因素之一。

预制外墙板接缝，包括屋面女儿墙、阳台、勒脚等处的竖缝、水平缝、十字缝及窗口处，应根据工程特点和自然条件等，确定防水设防要求，进行防水设计。水平缝宜选用构造防水与材料防水结合的两道防水构造，垂直缝宜选用结构防水与材料防水结合的两道防水构造，如图8-1和图8-2所示。

预制外墙接缝采用材料防水时，应采用防水性能可靠的嵌缝材料。预制外墙接缝的防水材料还应符合下列要求：

（1）外墙接缝宽度设计应满足在热胀冷缩及风载荷、地震作用等外界环境的影响下，其尺寸变形不会导致密封胶的破裂或剥离破坏的要求。在设计时应考虑接缝的位移，确定接缝宽度，使其满足密封胶最大容许变形率的要求。

（2）外墙接缝宽度应控制为 10～35 mm；接缝胶深度控制为 8～15 mm。

（3）外墙接缝所用的密封材料应选用耐候性密封胶，耐候性密封胶与混凝土的相容性、低温柔性、最大伸缩变形量、剪切变形性、防霉性及耐水性等均应根据设计要求选用。

（4）外墙接缝防水工程应由专业人员进行施工，以保证外墙的防水排水质量。

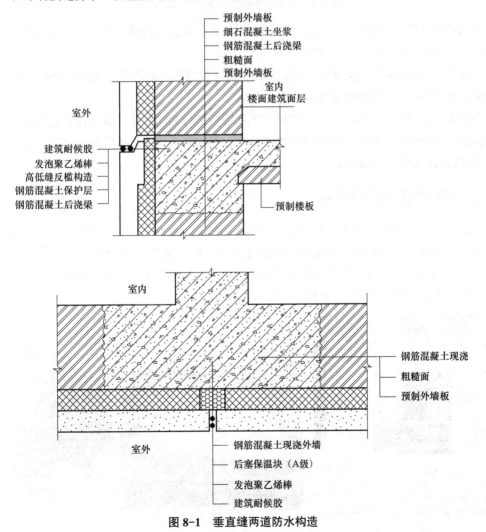

图 8-1　垂直缝两道防水构造

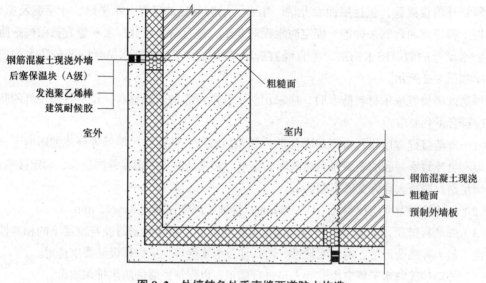

图8-2　外墙转角处垂直缝两道防水构造

预制外墙接缝采用构造防水时，水平缝宜采用企口缝或高低缝。当竖缝后有现浇节点并能实现结构防水时，竖缝可以采用直缝。

预制外墙接缝采用结构防水时，应在预制构件与现浇节点的连接界面设置"粗糙面"，保证预制构件和现浇节点接缝处的整体性和防水性能。

当屋面采用预制女儿墙板时，应采用与下部墙板结构相同的分块方式和节点做法，女儿墙板内侧在要求的泛水高度处设凹槽或挑檐等防水材料的收头构造。挑出外墙的阳台雨篷等预制构件的周边应在板底设置滴水线。

8.1.2　预制墙体的保温构造

预制混凝土夹芯保温外墙（又称为"三明治"外墙），是由内、外叶混凝土墙板，夹芯保温层和连接件组成的预制混凝土外墙板。预制夹芯外墙板是集建筑、结构、防水、保温、防火、装饰等多项功能于一体的重要装配式预制构件，通过局部现浇及钢筋套筒连接等有效的连接方式，使其形成装配整体式住宅，如图8-3所示。

图8-3　预制夹芯保温板外墙

1. 预制夹芯保温外墙组合方式

（1）采用预制混凝土夹芯保温承重外墙板。预制混凝土夹芯保温承重外墙板墙板内侧的混凝土板作为承重结构层，厚度可根据结构设计要求确定，一般为 160～200 mm，保温层及连接件可采用非金属连接件技术，外层混凝土板作为装饰面层，通过连接件挂在结构层上。该方案可以最大限度地实现预制混凝土外墙的承重、围护、保温、装饰等性能的系统组成。

（2）采用预制混凝土外模板技术的夹芯保温墙板。采用预制混凝土外层面板作为外模板，在预制板内侧放置保温材料，通过连接螺栓与内模板连接，再与现场浇筑混凝土剪力墙形成装配整体式保温墙板。

2. 保温板的连接方式

（1）采用非金属连接件技术的夹芯保温板。采用非金属连接件技术的夹芯保温板是一种新型预制混凝土墙体保温系统，由复合增强纤维连接件和挤塑保温材料构成。使用时，将连接件两端插入混凝土中锚固，中间固定保温材料，采用非金属连接件连接内外层混凝土板会明显降低连接件的热桥效应。

（2）采用金属连接件技术的夹芯保温板。预制夹芯保温板采用不锈钢连接件连接内外叶混凝土板，用不锈钢制作的拉接件导热系数远低于普通碳钢，可以减少拉接件的热损失，同时提高拉接件的耐久性。

3. 预制混凝土夹芯保温外墙板的优势

通过工厂化生产的"三明治"墙板，质量稳定，精度高，尺寸可控制在 ±2 mm 以内。内叶墙、保温层及外叶墙一次成型，通过可靠的连接件进行连接形成一个整体，无须再做外墙保温，并且保温层和外饰面与结构同寿命，不用维修。可采用瓷砖反打的方法将外饰面的瓷砖一次成型，也可将外饰面做成凹凸、条纹或各种花纹样式，使外饰面造型多样化。采用外墙装配式的方式进行施工，可大大缩短施工周期，预埋线盒、线管及钢筋绑扎等复杂工序都在工厂内完成，现场只需要拼装、连接。可实现无外架施工，由于外饰面已经一次成型，无须外架进行外饰面处理，只需要在墙板中预留孔洞或预埋件，固定临时防护工装。防火效果好，采用耐火等级 B1 级的挤塑板，外饰面层采用 60 mm 厚钢筋混凝土包裹，墙板整体防火性能可达到 A 级。由于墙板内叶墙精度较高，可取消抹灰或减薄抹灰层达到节约成本的目的；采用预制方式可大量减少现场支模；减少现场作业人工；采用无外架方案节约外脚手架成本。

8.2 装配式楼板、屋面构造

8.2.1 装配式楼板分类

装配式楼板可分为叠合楼板和全预制楼板。

1. 叠合楼板

叠合楼板是预制底板与现浇混凝土叠合的楼板。叠合楼板的预制部分最小厚度为 60 mm，现浇厚度不小于预制厚度，预制板表面做成粗糙面，如图 8-4 所示。

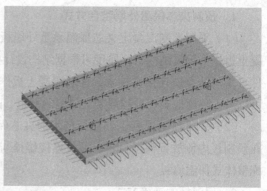

图 8-4　叠合楼板

（1）普通叠合楼板。普通叠合楼板的预制底板一般厚 60 mm 或 70 mm，包括有桁架筋预制底板和无桁架筋预制底板。预制底板安装后绑扎叠合层钢筋，浇筑混凝土，形成整体式受弯楼盖。普通叠合楼板是装配整体式 PC 建筑应用最多的楼盖类型。

（2）带肋预应力叠合楼板。预应力叠合楼板由预制预应力底板与非预应力现浇混凝土叠合而成。带肋预应力叠合楼板的底板包括无架立筋和有架立筋两种。

（3）预应力空心叠合楼板。预应力空心叠合楼板是预应力空心楼板与现浇混凝土叠合层的结合。

（4）预应力双 T 形板和双槽形板叠合楼板。预应力双 T 形板和预应力双槽形板的肋朝下，在板面上浇筑混凝土形成叠合板，适用于公共建筑、工业厂房和车库。

普通叠合板跨度可做到 6 m，带肋预应力叠合板可做到 12 m，空心预应力叠合板可做到 18 m，双 T 形预应力叠合板可做到 24 m。

2. 全预制楼板

全预制楼板多用于全装配式建筑，即干法装配的建筑，可在非抗震或低设防烈度工程中应用，包括预应力空心板和预应力 T 形板。

（1）预应力空心板。预应力空心板也称为 SP 板，多用于多层框架结构建筑，可用于大跨度住宅、写字楼建筑。其在美国应用较多，欧洲也有应用。在日本，由于 PC 建筑对抗震设防烈度要求整体性强，较少采用 SP 板。

（2）预应力双 T 形板。预应力双 T 形板可用作叠合板的底板，也可直接作为全预制楼板，用于大跨度公共建筑和工业厂房。

8.2.2　装配式楼板、屋面的构造设计

装配整体式建筑的楼板可采用预制叠合楼盖或现浇楼盖，宜优先选用预制叠合楼板。房屋的顶层、结构转换层、平面复杂或开洞过大的楼层、作为上部结构嵌固部位的地下室楼层应采用现浇楼盖结构。厨房、卫生间可采用现浇楼板。

叠合楼板与梁或墙的连接应保证楼盖或屋盖能够起到作为整体传递水平力和连接竖向构件的作用。装配整体式楼盖或屋盖体系的周边应与封闭交圈的梁系连接。楼板与楼板间、楼板与梁或墙间应有可靠连接。

用于装配整体式楼盖的叠合板应符合下列要求：

（1）叠合板的预制板厚度不宜小于 60 mm，现浇层厚度不应小于 60 mm。

（2）叠合板的预制板搁置在梁上或剪力墙上的长度分别不宜小于35 mm和15 mm。

（3）叠合板中预制板板缝宽度不宜小于40 mm。板缝大于40 mm时应在板缝内配置钢筋，并宜贯通整个结构单元。预制板板缝、板缝梁的混凝土强度等级应高于预制板的混凝土强度等级，且不应低于C30。

（4）叠合板中预制板板端宜预留锚固钢筋。锚固钢筋应锚入叠合梁或者墙的现浇混凝土层中，其长度不应小于$5d$（d为锚固钢筋直径），且不应小于100 mm。当板内温度、收缩应力较大时，宜适当增加钢筋数量。

（5）预制板上表面应做成不小于4 mm的凹凸面。

（6）当叠合板中预制板采用空心板时，板端堵头宜留出不小于50 mm的空腔，并采用强度等级不低于C30的混凝土浇灌密实。

（7）对于楼板较厚及整体性要求较高的楼盖或屋盖结构，可采用格构式钢筋叠合楼板，格构式钢筋叠合楼板施工可不设支撑，格构式钢筋架承担全部施工载荷。

当预制叠合楼板的板侧采用整体式拼缝时，如图8-5所示，可按双向板叠合受弯构件进行设计，并应满足以下要求：

（1）板侧应有伸出钢筋；

（2）板侧拼缝的上口宽度应不小于40 mm；

（3）拼缝宽度超边板厚的1/3或40 mm时，应在拼缝中配置通长钢筋，并宜贯通整个结构单元；

（4）拼缝宽度超边板厚的1/2或120 mm时，应在拼缝中布置配筋梁；

（5）板缝两侧伸出的钢筋锚入现浇层；

（6）浇筑前应清理、湿润拼缝，灌缝混凝土应振捣密实，加强养护；板缝内的后浇混凝土强度等级应高于预制板的混凝土强度等级，且不应低于C30，宜采用膨胀混凝土。

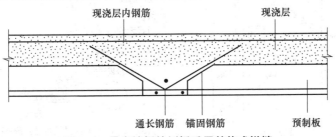

图8-5　叠合楼板的侧板采用整体式拼缝

叠合板中预制板的端面或侧面没有锚固钢筋或预埋件时，应在拼缝处贴预制板。顶面设置垂直于板缝的接缝钢筋。接缝钢筋与预制板钢筋的重叠长度：板跨中部位不小于$1.2L_a$；板跨边部位不小于$0.8L_a$。接缝钢筋伸入支座的锚固长度不应小于100 mm，楼板考虑地震作用时锚固长度不应小于L_E；连续板内温度、收缩应力较大时，宜适当增加。

8.3　装配式建筑楼梯的构造

预制装配式钢筋混凝土楼梯将楼梯分为休息平台、楼梯梁和楼梯段三个部分。将构件在加工厂或施工现场进行预制，施工时将预制构件进行装配、焊接。预制装配式钢筋混凝土楼梯根据构件尺度不同，分为小型构件装配式和大、中型构件装配式两类。

8.3.1 小型构件装配式钢筋混凝土楼梯

小型构件装配式钢筋混凝土楼梯的主要特点是构件小而轻，易制作，但施工繁而慢，湿作业多，耗费人力，适用于施工条件较差的地区。

1. 构件类型

小型构件装配式钢筋混凝土楼梯的预制构件主要有钢筋混凝土预制踏步、平台板、支撑结构。

2. 支撑方式

预制踏步的支撑方式一般有墙承式、悬臂踏步式和梁承式三种。

（1）墙承式。预制装配墙承式钢筋混凝土楼梯是指预制钢筋混凝土踏步板直接搁置在墙上的一种楼梯形式，如图 8-6 所示。其踏步板一般采用一字形、L 形断面。这种楼梯由于在梯段之间有墙，搬运家具不方便，也阻挡视线，上下人流易相撞。通常，在中间墙上开设观察口，以使上下人流视线畅通。也可将中间墙两端靠平台部分局部收进，以使空间通透，有利于改善视线和搬运家具物品。但这种方式对抗震不利，施工也较麻烦。

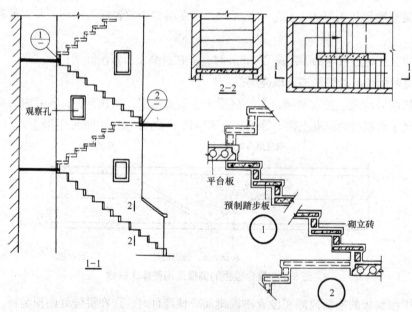

图 8-6 墙承式

（2）悬臂踏步式。预制装配悬臂踏步式钢筋混凝土楼梯是指预制钢筋混凝土踏步板一端嵌固于楼梯间侧墙上，另一端凌空悬挑的楼梯形式，如图 8-7 所示。

预制装配悬臂踏步式钢筋混凝土楼梯用于嵌固踏步板的墙体厚度不应小于 240 mm，踏步板悬挑长度一般 ≤1 800 mm。踏步板一般采用 L 形带肋断面形式，其入墙嵌固端一般做成矩形断面，嵌入深度为 240 mm。

一般情况下，没有特殊的冲击载荷，预制装配悬臂踏步式钢筋混凝土楼梯还是安全、可靠的，但不适宜在抗震设防烈度为 7 度以上的地震区建筑中使用。

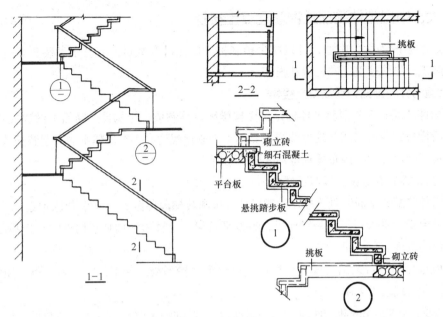

图 8-7　悬臂踏步式

（3）梁承式。预制装配梁承式钢筋混凝土楼梯是指将预制踏步搁置在斜梁上形成梯段，梯段斜梁搁置在平台梁上，平台梁搁置在两边墙或梁上；楼梯休息平台可用空心板或槽形板搁置在两边墙上或用小型的平台板搁置在平台梁和纵墙上的一种楼梯形式，如图 8-8 所示。

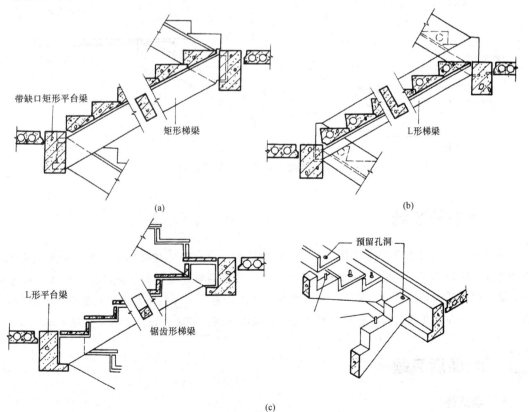

图 8-8　梁承式

8.3.2　大、中型构件装配式钢筋混凝土楼梯

构件从小型改为大、中型，可以减少预制构件的品种和数量，有利于吊装工具进行安装，从而简化施工，加快速度，减轻劳动强度。

1. 大型构件装配式钢筋混凝土楼梯

大型构件装配式钢筋混凝土楼梯是将楼梯梁平台预制成一个构件，断面可做成板式或空心板式、双梁槽板式或单梁式。这种楼梯主要用于工业化程度高、专用体系的大型装配式建筑中，或用于建筑平面设计和结构布置有特别需要的场所。

2. 中型构件装配式钢筋混凝土楼梯

中型构件装配式钢筋混凝土楼梯一般以平台板和楼梯段各做一个构件装配而成。

（1）平台板。平台板可用一般楼板，另设平台梁。这种做法增加了构件的类型和吊装的次数，但平台的宽度变化灵活。

平台板也可与平台梁结合成一个构件，一般采用槽形板。为了地面平整，也可用空心板，但厚度须较大，现较少采用。

（2）楼梯段有板式和梁板式两种。板式楼梯段有实心和空心之分。实心板自重较大；空心板可纵向或横向抽孔，纵向抽孔厚度较大，横向抽孔孔型可以是圆形或三角形，如图8-9所示。

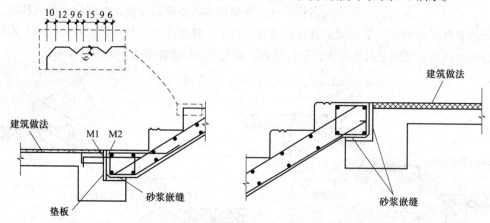

图 8-9　预制装配式楼梯上、下连接点做法

模块小结

本模块深入探讨了装配式建筑中关键的构造技术，特别是针对装配式墙体、楼板、屋面及楼梯的设计与施工要点。通过对装配式墙体接缝、门窗洞口等关键部位的构造设计和材料选择的讨论，强调了满足建筑物理性能、力学性能、耐久性能及装饰性能要求的重要性。特别指出，预制外墙板与部品及预制构配件之间的连接需要确保牢固、可靠，以应对各种环境影响。

课后习题

一、填空题

1. 装配式建筑是一种在_____预先制造建筑组件、部件和模块，然后运输到施工现场进

行_____的建筑方式。

2．预制外墙板与部品及预制构配件的连接需要确保_____和_____，以应对各种环境的影响。

3．在装配式建筑中，预制件与预制件之间、预制件与后浇混凝土结合处等接缝的防水密封成为防水处理的_____和_____。

4．预制混凝土夹芯保温外墙板通过_____和钢_____等有效的连接方式，使其形成装配整体式住宅。

5．装配式楼板可分为_____和_____两大类。

6．叠合楼板的预制部分最小厚度为_____mm，现浇厚度不小于预制厚度。

7．在装配式建筑楼梯的构造中，预制装配式钢筋混凝土楼梯根据构件尺度不同，分为_____、_____和_____三类。

二、选择题

1．装配式建筑的主要优势不包括（　　　）。

A．节能减排　　　　B．快速施工　　　　C．增加建筑成本　　　D．减少建筑废料

2．预制外墙板的防水设计不需要考虑的因素是（　　　）。

A．接缝的位移　　　B．密封胶的变形率　　C．外墙颜色　　　　D．风载荷和地震作用

3．预制混凝土夹芯保温外墙的保温层材料是（　　　）。

A．钢筋　　　　　　B．混凝土　　　　　　C．挤塑板　　　　　D．玻璃

4．在装配式楼板中，叠合楼板的现浇层厚度应不小于预制板厚度的原因是（　　　）。

A．增加楼板重量　　B．提高楼板强度　　　C．美观　　　　　　D．降低成本

5．在装配式建筑中，用于连接预制构件的一种非金属材料是（　　　）。

A．钢筋　　　　　　B．增强纤维　　　　　C．铝材　　　　　　D．木材

6．在装配式建筑中，预制楼梯的支撑方式不包括（　　　）。

A．墙承式　　　　　B．悬臂踏步式　　　　C．梁承式　　　　　D．浮动式

7．装配式建筑的环保材料不包括（　　　）。

A．挤塑保温板　　　B．高性能混凝土　　　C．传统砖块　　　　D．复合增强纤维

三、简答题

1．装配式建筑在节能方面的主要措施是什么？

2．装配式建筑施工图中的标注和符号有哪些作用？

四、思考题

装配式建筑如何解决接缝处的防水问题，以确保建筑的耐久性和使用功能？

模块 9 节能及绿色建筑

知识目标

1. 了解节能及绿色建筑的概念。
2. 理解绿色建筑的节能特征。
3. 掌握绿色建筑的主要构成。
4. 掌握绿色建筑的主要构造。

能力目标

1. 能够正确识读绿色建筑设计图。
2. 能够根据工程特点进行节能及绿色建筑构造处理。

素养目标

1. 了解绿色建筑的知识，培养学生系统性思考问题的能力。
2. 深入了解绿色建筑对环境保护和节能减排的重要贡献，增强学生的环保意识和社会责任感，激发学生的社会责任感。

9.1 节能及绿色建筑设计基础知识

9.1.1 节能及绿色建筑设计

绿色建筑设计是将绿色环保理念融入建筑设计的各个环节，以此达到节能降耗的目的。绿色建筑设计，实际上指的是在建筑的设计与使用中尽可能地减少资源浪费，从而做到节约能源、降低污染，最大限度地保护生存环境。与此同时，为人类提供更舒适、有效的生存生产环境与空间，加强自然与人类之间的联系，实现人与自然环境统一、共存的理念。

关于绿色建筑设计，需要注意的内容有以下三点：

（1）在绿色建筑设计中，最突出的节能特征就是节约能源和资源，首先针对人类生存生产发展环境，尽量增强人们居住的舒适度，加强节能、节水等标准要求，在采光、通风、绿化、降低噪声等方面需要采取对应的基础措施，从而为人类生活提供更良好的环境保障与技术保障。

（2）针对节能减排，相较于传统建筑设计，绿色建筑设计使用的资源相对消耗会更少，综合考虑人居环境的调研、规划及设计、建筑的施工与使用、环境的保护与发展、材料回收与处理等生命周期中各环节对环境及人的影响的设计方法；在实际建造过程中，需要以此为基础进行各项标准及要求制订。只有满足更低能源消耗标准，才符合绿色建筑设计。

（3）针对资源效益问题，绿色建筑设计的理念中极为重要的一点：相关绿色建筑在项目过程中能节省大量能源，遵循生命周期设计原则，在设计过程中随时在各环节间进行信息交流和反馈，实现多因素、多目标、整个设计过程的全局最优化；每个环节的设计都要遵循生态化原则，要节约能源、资源，无害化，可循环，需要能逐步收回建筑的新增成本，从而为建筑设计提升经济效益和社会效益。

9.1.2 绿色建筑节能设计

建筑节能是指在建筑物的规划、设计、新建（改建、扩建）、改造和使用过程中，执行建筑节能标准，采用节能型的建筑技术、工艺、设备、材料和产品，提高保温隔热性能和采暖供热、空调制冷制热系统效率，加强建筑物用能系统的运行管理，利用可再生能源，保证绿色建筑的需要。

建筑节能设计是实施能源、环境、社会可持续发展战略的重要组成部分，也是国际社会走可持续发展绿色建筑之路的基本趋势。绿色节能建筑与普通建筑的区别主要体现在节能性及环保性两个方面。在绿色建筑设计的支撑下，绿色节能建筑的节能降耗能力获得了大幅度提升。同时，其使用寿命也得到了一定的延长。此外，绿色节能建筑采用的大部分材料可以进行回收利用。绿色节能建筑的特性表现在以下三个方面：

（1）建筑室内热环境的调整。绿色节能建筑采用了大量的复合材料，墙体的隔热保温效果十分显著，无论是炎热的夏季，还是寒冷的冬季，都能为住户提供良好舒适的环境，充分满足住户的不同要求。

（2）对照明和空气的要求。绿色节能建筑对照明和空气的要求较高。因此，绿色节能建筑的照明系统和通风系统尤为重要。在设计过程中，必须积极采取先进技术和设计方法，切实保障这两个系统的功能，以获得良好的采光和通风条件，促进建筑节能环保性能的发挥。

（3）噪声隔绝。噪声污染已成为当前阶段社会污染的重要形式，对城市居民的生活带来了十分重要的负面影响。因此，绿色节能建筑必须具备噪声隔绝的能力。通常情况下，主要的方法是应用特殊建材对噪声进行吸收或隔绝，降低噪声对居民正常生活的影响。

9.2 节能绿色建筑外墙保温隔热构造图识读

建筑的围护结构是构成建筑空间，并且抵御外部环境不利影响的构件。它主要是指外墙、屋顶和外窗三个部分。围护结构节能是实现建筑节能的有效途径，能从根本上减少能源的使用量。建筑围护结构节能设计的优劣直接影响建筑内部热环境的优劣、建筑的节能效率，是绿色建筑节能设计的重要组成部分。

建筑的外部围护结构直接面向外部环境，其热损失占了建筑物能量损失的绝大部分，而建筑物外墙在其中又占了较大的一部分。因此，墙体节能是建筑节能的重要组成部分。建筑墙体的节能优化和外墙保温节能技术的运用是目前建筑节能技术发展的一个关键前提，改善墙体的性能能明显提高建筑节能的效果，发展外墙保温技术和节能材料则是促进建筑节能的基本方式。

常用的外墙保温构造图识读如下。

9.2.1 粘贴保温板外墙保温—涂料饰面基本构造

图 9-1 用于建筑高度 $H \leqslant 20$ m，图 9-2 用于建筑高度 $H > 20$ m。

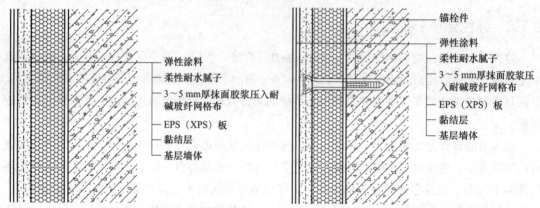

图 9-1 涂料饰面基本构造（用于建筑高度≤ 20 m） 图 9-2 涂料饰面基本构造（用于建筑高度> 20 m）

（1）在基层墙体上用专用胶粘剂粘贴 EPS（XPS）板。必要时，应采用锚栓辅助固定。

（2）刮抹 3 ~ 5 mm 厚抗裂砂浆，并在抗裂砂浆中满铺耐碱玻纤网格布。

（3）刮柔性耐水腻子。

（4）涂弹性涂料。

9.2.2 粘贴保温板外墙保温（面砖饰面基本做法）

面砖饰面基本构造图如图 9-3 所示，面砖饰面构造细部如图 9-4 所示。

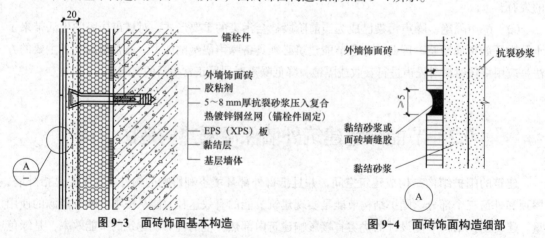

图 9-3 面砖饰面基本构造　　　　**图 9-4 面砖饰面构造细部**

（1）在基层墙体上用专用胶粘剂粘贴 EPS（XPS）板。必要时，应采用锚栓辅助固定。

（2）刮抹 5 ~ 8 mm 厚抗裂砂浆，在抗裂砂浆中压入满铺复合热镀锌钢丝网防开裂。必要时，要应用锚栓辅助固定。

（3）用胶粘剂粘贴外墙饰面砖。

9.2.3 粘贴保温板外保温平面转角节点构造（外墙阳角）

（1）图9-5所示为首层外墙阳角加强，首层外墙设置两层网格布。

（2）图9-6所示为二层及二层以上外墙阳角。

（3）二层及以上设置一层网格布，转角网格布搭接长度为400 mm。饰面材料为涂料或面砖的，与以上相同。

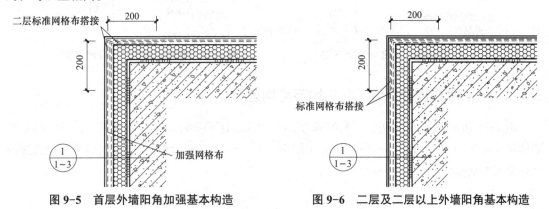

图9-5　首层外墙阳角加强基本构造　　　　图9-6　二层及二层以上外墙阳角基本构造

9.2.4 粘贴保温板外保温平面转角节点构造（外墙阴角）

（1）图9-7所示为首层外墙阴角加强，首层外墙设置两层网格布。

（2）图9-8所示为二层及二层以上外墙阴角，二层及以上设置一层网格布。

（3）转角网格布搭接长度为400 mm，饰面材料为涂料或面砖的，与以上相同。

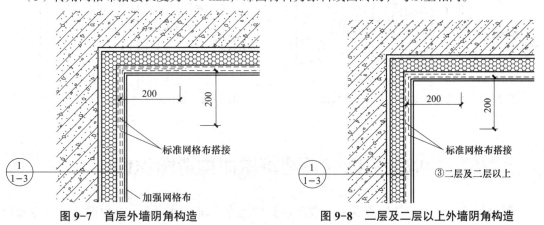

图9-7　首层外墙阴角构造　　　　　　图9-8　二层及二层以上外墙阴角构造

9.2.5 粘贴保温板外保温（勒脚节点构造）

勒脚基本构造图如图9-9和图9-10所示。

此处墙身做法详见个体工程，密封胶是指用建筑密封胶嵌缝，散水阴角部分一般可做直径为100 mm左右的圆弧。

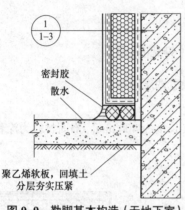

图 9-9　勒脚基本构造（无地下室）

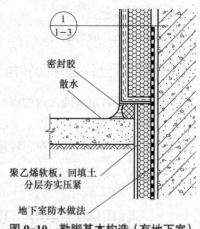

图 9-10　勒脚基本构造（有地下室）

9.2.6　粘贴保温板外保温（女儿墙节点构造）

图 9-11 所示为不压顶构造，图 9-12 所示为混凝土压顶构造。其中，混凝土压顶是指砌筑墙体顶部浇筑的 50 ～ 100 mm 厚的混凝土结构，压住墙顶（防止墙顶块因浇筑砂浆风化或遭振动碰撞而松动掉落）。

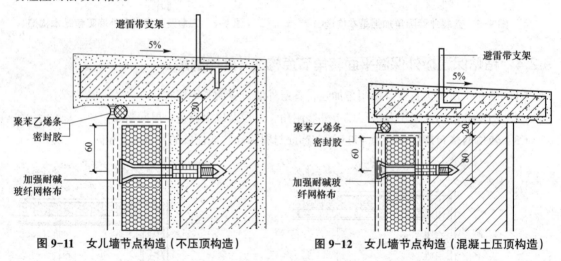

图 9-11　女儿墙节点构造（不压顶构造）　　　　　图 9-12　女儿墙节点构造（混凝土压顶构造）

9.3　节能绿色建筑屋面构造图识读

屋面是建筑外围护结构承受室外温度最高的地方，面积也较大。对中国北方寒冷和严寒地区，屋面节能设计主要是保温；对南方夏季较炎热的地区，屋面节能设计主要是隔热。屋面耗热量在围护结构中所占比重较大，其耗热量占围护结构传热耗热量的 7% ～ 9%。因此，屋面的保温隔热相关措施对改善室内温度环境和节约整体能耗具有十分重要的意义。

常用的屋面保温构造图识读如下。

9.3.1 保温不上人屋面（正置式）

保温不上人屋面（正置式）基本构造图如图9-13所示。

（1）在钢筋混凝土屋面板上，用厚为30 mm轻骨料混凝土做2%找坡层（采用直式排水）。

（2）采用1：3水泥砂浆做约为20 mm厚的找平层。

（3）将保温层（挤塑聚苯板XPS或聚苯乙烯泡沫板EPS）用聚合物砂浆粘贴在找平层之上，厚度约为60 mm，拼缝处用贴胶带。

（4）采用20 mm厚的1：3水泥砂浆找平收光。

（5）粘贴防水层卷。

（6）热熔粘贴石油沥青卷材。

（7）刮抹20 mm厚水泥砂浆保护层，需要设置分隔缝防开裂。

9.3.2 保温上人屋面（正置式）

保温上人屋面（正置式）基本构造图如图9-14所示。

（1）在钢筋混凝土屋面板上，用最薄厚为30 mm轻骨料混凝土做2%找坡层（采用直式排水）。

（2）采用1：3水泥砂浆做约为20 mm厚的找平层。

（3）将保温层（挤塑聚苯板XPS或聚苯乙烯泡沫板EPS）用聚合物砂浆粘贴在找平层之上，厚度约为60 mm，拼缝处用贴胶带。

（4）采用20 mm厚的1：3水泥砂浆找平收光。

（5）粘贴防水层卷。

（6）刮抹10 mm厚低强度等级砂浆隔离层。

（7）现浇40 mm厚强度等级为C20细石混凝土保护层，内配Φ6钢筋（间距为150 mm）双向钢筋网片防开裂。

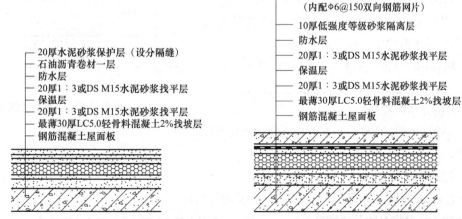

图9-13 保温不上人屋面（正置式）基本构造　　图9-14 保温上人屋面（正置式）基本构造

9.3.3 保温隔汽不上人屋面（正置式）

保温隔汽不上人屋面（正置式）基本构造图如图 9-15 所示。

（1）在钢筋混凝土屋面板上，采用厚为 20 mm 用 1：3 水泥砂浆做找平层。

（2）涂刷 1.2 mm 厚聚氨酯防水涂料（隔汽层，用于阻止室内水蒸气渗透保温层而设的构造层）。

（3）用最薄厚为 30 mm LC5.0 轻骨料混凝土做 2% 找坡层（采用直式排水）。

（4）将保温层（挤塑聚苯板 XPS 或聚苯乙烯泡沫板 EPS）用聚合物砂浆粘贴在找平层之上，厚度约为 60 mm，拼缝处用贴胶带。

（5）采用 20 mm 厚的 1：3 或 DSM 15 水泥砂浆找平收光。

（6）粘贴防水层卷。

（7）0.4 mm 厚聚乙烯膜（隔离层，用于保护防水层）。

（8）20 mm 厚聚合物砂浆铺卧。

（9）铺贴素水泥预制块。

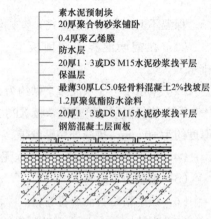

素水泥预制块
20厚聚合物砂浆铺卧
0.4厚聚乙烯膜
防水层
20厚1：3或DS M15水泥砂浆找平层
保温层
最薄30厚LC5.0轻骨料混凝土2%找坡层
1.2厚聚氨酯防水涂料
20厚1：3或DS M15水泥砂浆找平层
钢筋混凝土层面板

图 9-15　保温隔汽不上人屋面（正置式）基本构造

9.3.4 保温隔汽上人屋面（正置式）

保温隔汽上人屋面（正置式）基本构造图如图 9-16 所示。

（1）在钢筋混凝土屋面板上，采用厚为 20 mm 用 1：3 水泥砂浆做约 20 mm 厚的找平层。

（2）涂刷 1.2 mm 厚聚氨酯防水涂料（隔汽层，用于阻止室内水蒸气渗透保温层而设的构造层）。

（3）用最薄厚为 30 mm LC5.0 轻骨料混凝土做 2% 找坡层（采用直式排水）。

（4）将保温层（挤塑聚苯板 XPS 或聚苯乙烯泡沫板 EPS）用聚合物砂浆粘贴在找平层之上，厚度约为 60 mm，拼缝处用贴胶带。

（5）采用 20 mm 厚的 1：3 或 DSM 15 水泥砂浆找平收光。

（6）粘贴防水层卷。

（7）0.4 mm 厚聚乙烯膜（隔离层，用于保护防水层）。

（8）20 mm 厚聚合物砂浆铺卧。

（9）铺贴防滑地砖，地砖之间用防水砂浆勾缝。

防滑地砖，防水砂浆勾缝
20厚聚合物砂浆铺卧
0.4厚聚乙烯膜
防水层
20厚1：3或DS M15水泥砂浆找平层
最薄30厚LC5.0轻骨料混凝土2%找坡层
保温层
1.2厚聚氨酯防水涂料
20厚1：3或DS M15水泥砂浆找平层
钢筋混凝土屋面板

图 9-16　保温隔汽上人屋面（正置式）基本构造

9.3.5　保温不上人屋面（倒置式）

保温不上人屋面（倒置式）基本构造如图 9-17 所示。

（1）在钢筋混凝土屋面板上，采用最薄处厚为 30 mm 的 LC5.0 轻骨料混凝土做 3% 找坡层（采用直式排水）。

（2）采用 20 mm 厚的 1∶3 或 DSM 15 水泥砂浆找平收光。

（3）粘贴防水层卷。

（4）将保温层（挤塑聚苯板 XPS 或聚苯乙烯泡沫板 EPS）用聚合物砂浆粘贴在找平层之上，厚度约为 60 mm，拼缝处用贴胶带。

（5）热熔粘贴石油沥青卷材一层。

（6）刮抹 20 mm 水泥砂浆保护层（设分隔缝）。

9.3.6　保温上人屋面（倒置式）

保温上人屋面（倒置式）基本构造如图 9-18 所示。

（1）在钢筋混凝土屋面板上，采用最薄处厚为 30 mm 的 LC5.0 轻骨料混凝土做 3% 找坡层（采用直式排水）。

（2）采用 20 mm 厚的 1∶3 或 DS M15 水泥砂浆找平收光。

（3）粘贴防水层卷。

（4）将保温层（挤塑聚苯板 XPS，或聚苯乙烯泡沫板 EPS）用聚合物砂浆粘贴在找平层之上，厚度约为 60 mm，拼缝处用贴胶带。

（5）刮抹 10 mm 厚低强度等级砂浆隔离层。

（6）现浇 40 mm 厚细石混凝土保护层，内配直径为 4 mm 的钢筋（间距为 100 mm），双向钢筋网片防开裂。

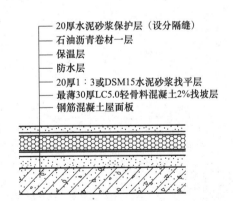

图 9-17　保温不上人屋面（倒置式）基本构造

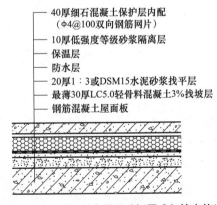

图 9-18　保温上人屋面（倒置式）基本构造

▶模块小结

本模块介绍了绿色建筑在节能设计方面的要点。此外，还详细讲解了节能绿色建筑外墙保温隔热构造图的识读方法，包括常见的外墙保温技术和屋面保温隔热措施。精确的构造图识读和理解，为施工提供了实用的技术指导，同时强调了绿色建筑设计理念在现代建筑实践中的重要性。此外，本模块还通过具体的构造图识读，详细介绍了外墙保温隔热、屋面保温隔热等节能技术的应用，进一步证明了绿色节能建筑在提升节能降耗能力和延长使用寿命方面的显著优势，不仅为读者提供了绿色建筑设计的理论知识和实践指导，还展示了绿色建筑在促进可持续发展方面的重要价值和应用前景。

课后习题

一、填空题

1．绿色建筑设计旨在通过减少资源浪费，实现_____、_____和最大限度地保护生存环境的目标。

2．绿色建筑的节能特征主要体现在节约_____和_____上。

3．绿色建筑设计过程中，对采光、通风、绿化和降低噪声等方面的基础措施，旨在为人类生活提供更良好的_____与_____。

4．绿色建筑在设计和施工过程中，遵守_____原则，实现设计过程的全局最优化。

5．建筑节能设计的一个重要组成部分是提高建筑物的_____和_____系统效率。

二、简答题

1．简述绿色建筑在设计和施工过程中如何实现节能降耗。

2．解释为什么绿色建筑要重视墙体和屋面的保温隔热性能？

三、思考题

探讨绿色建筑在提升建筑节能性能的同时，如何平衡经济成本和环境效益？

模块 10 工业建筑概论

知识目标

1. 了解工业建筑的类型、组成。
2. 掌握单层工业厂房平面布置和剖面布置的方法。
3. 了解运输起重设备，熟悉桥式起重机的相关参数。
4. 掌握厂房的定位轴线布置。

能力目标

1. 能够识读一般工业厂房的建筑施工图。
2. 能够处理单层工业厂房施工时所遇到的一般问题。

素养目标

1. 通过工业建筑的学习，树立大国自信与家国情怀，培养社会责任担当和奉献精神。
2. 通过工业建筑的学习，培养职业素养及道德情操，精益求精、追求卓越的工匠精神，传承鲁班品质。

10.1 工业建筑概述

工业建筑是指供人们从事各类生产活动及为生产活动提供服务的建筑物和构筑物。

10.1.1 工业建筑的特点

1. 应满足生产工艺要求

每种工业产品的生产都有一定的生产程序，即生产工艺流程。为了保证生产的顺利进行，保证产品质量和提高劳动生产率，厂房设计必须满足生产工艺要求。不同生产工艺的厂房有不同的特征。

2. 内部空间大

由于厂房中的生产设备多，体积大，各部分生产联系密切，并有多种起重运输设备通行，这要求厂房内部具有较大的敞通空间，如有桥式起重机的厂房，室内净高一般均在 8 m 以上；厂房长度一般均在数十米，有些大型轧钢厂的长度可达数百米甚至超过千米。

3. 厂房屋顶面积大，构造复杂

当厂房宽度较大时，特别是多跨厂房，为满足室内采光、通风的需要，屋顶上往往设有天窗；为了屋面防水、排水的需要，还应设置屋面排水系统（天沟及落水管），这些设施均使屋顶构造复杂。

4. 结构承载力大

工业厂房由于跨度大，屋顶自重大，并且一般设置有一台或数台起重量为数十吨的起重机，同时，还要承受较大的振动载荷，因此，多数工业厂房采用钢筋混凝土骨架承重。对于特别高大的厂房，或有重型起重机的厂房，或高温厂房，或地震烈度较高地区的厂房需要采用钢骨架承重。

5. 须满足生产工艺的某些特殊要求

对于一些有特殊要求的厂房，为保证产品质量和产量、保护工人身体健康及生产安全，厂房在设计时常采取一些技术措施解决这些特殊要求。如热加工厂房所产生大量余热的二次利用及有害烟尘的通风；精密仪器、生物制剂、制药等厂房要求车间内空气保持一定的温度、湿度、洁净度；有的厂房还须满足防震、防辐射等要求。

10.1.2 工业建筑的分类

1. 按厂房用途分

（1）主要生产厂房。主要生产厂房是完成由原料到成品的主要生产工序的厂房，如机械制造厂中的铸造车间、机械加工车间及装配车间等。

（2）辅助生产厂房。辅助生产厂房是为主要生产厂房服务的各类厂房，如机械制造厂中的机修车间、工具车间等。

（3）动力类厂房。动力类厂房是为全厂提供能源和动力供应的厂房，如机械制造厂中的变电站、发电站、锅炉房、压缩空气站等。

（4）贮藏类建筑。贮藏类建筑是用来储存生产原料、半成品或成品的仓库，如油料库、金属材料库、成品库等。

（5）运输类建筑。运输类建筑是用于停放、检修各种运输工具的库房，如汽车库、电瓶车库等。

2. 按车间内部生产状况分

（1）热加工厂房。热加工厂房是在生产过程中散发大量热量、烟尘的厂房，如炼钢、轧钢、铸造等车间。

（2）冷加工厂房。冷加工厂房是在正常温度、湿度条件下进行生产的车间，如机械加工、装配等车间。

（3）有侵蚀性介质作用的车间。有侵蚀性介质作用的车间是在生产过程中会受到酸、碱、盐等侵蚀性介质的作用，使厂房耐久性受到影响的车间，如化工厂和化肥厂中的某些生产车间，冶金工厂中的酸洗车间等。

（4）恒温恒湿车间。恒温恒湿车间是产品的生产对室内温度、湿度的稳定性要求很高的车间，如精密仪器、纺织等车间。这类车间除需要安装必要的空调设备外，厂房也要采取相应的构造措施，以减小室外气象对室内的影响。

（5）洁净车间。洁净车间是产品的生产对空气的洁净度要求很高的车间，如医药、集成电路等生产车间。这类车间除依靠专业设备对室内空气进行净化处理，将空气中的含尘量控制在允许的范围内以外，对厂房围护结构的严密性要求也很高，以减少大气灰尘的侵入。

3. 按厂房层数分

厂房按层数可分为单层厂房、多层厂房和混合层次厂房。

（1）单层厂房。单层厂房在工业建筑中占很大的比例，广泛应用于重型机械制造工业、冶金工业等。单层厂房如图10-1所示。

（2）多层厂房。一般设备与产品轻而小的厂房，为节约土地或生产要求，可做成多层厂房，如轻工、仪表、电子、食品等工业。多层厂房如图10-2所示。

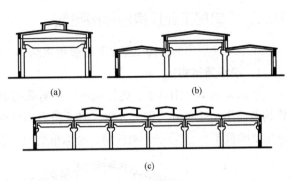

图 10-1　单层厂房
（a）单跨；（b）高低跨；（c）多跨

图 10-2　多层厂房

（3）混合层次厂房。厂房内既有单层跨又有多层跨，多用于化工和电力行业。混合层次厂房如图10-3所示。

10.1.3　工业建筑的设计要求

工业建筑设计的主要任务是按生产工艺的要求，合理确定厂房的平、立、剖面形式；选择承重结构和围护结构方案、材料及构造形式；进行细部构造设计，解决采光、通风、生产环境、卫生条件等问题；协调建筑、结构、水、暖、电、通风等工程。工业建筑设计时应满足以

图 10-3　混合层次厂房

下要求：

（1）满足生产工艺的要求；

（2）满足建筑经济的要求；

（3）满足建筑技术的要求；

（4）满足卫生及安全的要求；

（5）具有良好的建筑外形及内部空间。

10.2 单层工业厂房的结构组成

10.2.1 单层工业厂房的结构类型

单层工业厂房的结构类型主要有墙承重结构、排架结构和刚架结构等形式。

1. 墙承重结构

墙承重结构采用砖墙、砖柱承重，屋架采用钢筋混凝土屋架、木屋架和钢木屋架。这种结构构造简单，造价低、施工方便，但承载力小且抗震性能较差，一般适用于跨度不超过 15 m、起重机吨位不超过 5 t 的小型厂房。墙承重结构示意如图 10-4 所示。

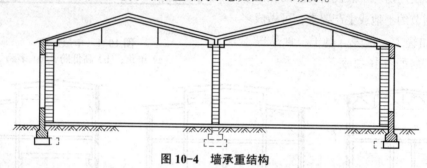

图 10-4 墙承重结构

2. 排架结构

排架结构是目前单层厂房中最基本的、应用比较普遍的结构形式（图 10-5）。其特点是将屋架看作一个刚度很大的横梁，屋架与柱子的连接为铰接，柱子与基础的连接为刚接。排架结构的优点是整体刚度大、稳定性强。排架结构厂房按其用料不同主要分为以下两种类型：

（1）装配式钢筋混凝土排架结构，是单层厂房常用的结构形式，其承载力大、耐久性好、施工速度快，适用于空间尺度大、起重机载荷大，以及地震设防烈度较高的单层厂房建筑，如图 10-6 所示。

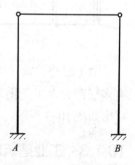

图 10-5 排架结构

（2）钢屋架与钢筋混凝土柱组成的结构，如图 10-7 所示。其适用于跨度在 30 m 以上、起重机起重量可达 150 t 以上的厂房或有特殊生产要求的厂房。

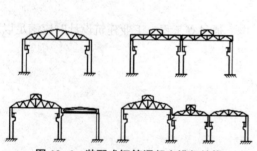

图 10-6 装配式钢筋混凝土排架结构

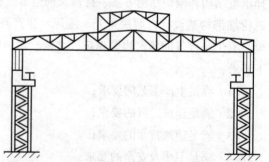

图 10-7 钢屋架与钢筋混凝土柱组成的结构

3．刚架结构

刚架结构厂房按材料不同主要有装配式钢筋混凝土刚架和钢结构刚架两种类型。

（1）装配式钢筋混凝土刚架。装配式钢筋混凝土刚架结构是将屋架（或屋面梁）与柱子合并为一个构件，柱子与屋架（或屋面梁）的连接处为刚接，柱子与基础一般为铰接。目前单层厂房中常用的是两铰或三铰钢架形式。其优点是梁柱合一，构件种类少，结构轻巧，空间宽敞，但刚度较小。其适用于屋盖较轻的无桥式起重机或起重机吨位不大、跨度和高度较小的厂房。钢筋混凝土门式刚架如图10-8所示。

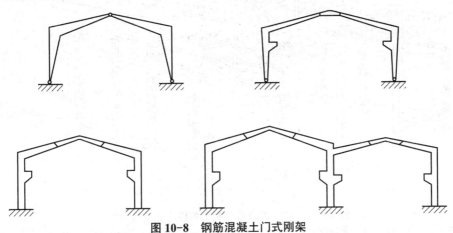

图10-8　钢筋混凝土门式刚架

（2）钢结构刚架。钢结构的主要构件（屋架、柱、吊车梁等）都用钢材制作。屋架与柱做成刚接，以提高厂房的横向跨度。这种结构承载力大，抗震性能好，但耗钢量大，耐火性能差。其适用于跨度较大、空间高度较高、起重机起重量大和有振动载荷的厂房，如炼钢厂等，如图10-9所示。

4．其他结构类型厂房

在实际工程中，还有门架、网架、折板、双曲板和壳体等结构类型的厂房，如图10-10所示。

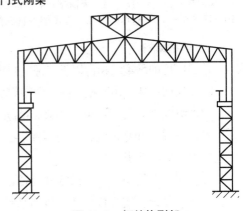

图10-9　钢结构刚架

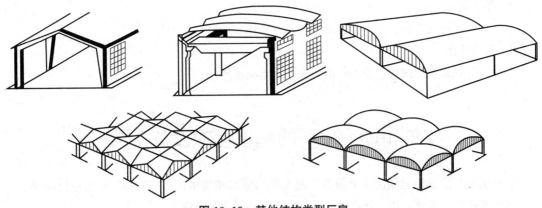

图10-10　其他结构类型厂房

10.2.2 单层工业厂房构造组成

装配式钢筋混凝土排架结构在工业厂房中应用较为广泛。装配式钢筋混凝土单层工业厂房结构如图 10-11 所示。

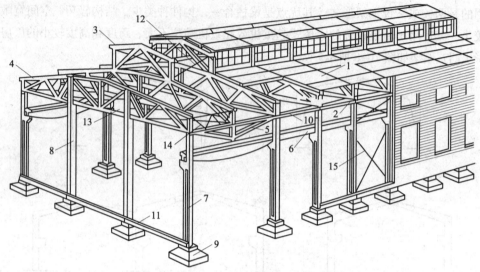

图 10-11 装配式钢筋混凝土单层工业厂房结构

1—屋面板；2—天沟板；3—天窗架；4—屋架；5—托架；6—吊车梁；7—边列柱；8—抗风柱；9—基础；10—连系梁；11—基础梁；12—天窗架垂直支撑；13—屋架下弦横向支撑；14—屋架垂直支撑；15—斜撑

1. 承重结构

单层厂房的承重结构由以下三部分组成：

（1）横向排架：由基础、柱、屋架组成，主要是承受厂房的各种载荷。

（2）纵向连系构件：由吊车梁、圈梁、连系梁、基础梁等组成，与横向排架构成骨架，保证厂房的整体性和稳定性；纵向构件主要承受作用在山墙上的风载荷及起重机纵向制动力，并将这些力传递给柱子。

（3）支撑系统构件：支撑构件设置在屋架之间的称为屋架支撑；设置在纵向柱列之间的称为柱间支撑系统，支撑构件主要传递水平风载荷及起重机产生的水平载荷，起保证厂房空间刚度和稳定性的作用。

2. 围护结构

单层工业厂房的围护结构包括外墙、屋顶、地面、门窗、天窗等。

3. 其他构造

其他构造如地沟、散水、坡道、消防梯、起重机梯等。

10.3 厂房的起重运输设备

起重机是厂房起重运输的主要设备，起重机的形式和规格，直接影响厂房的设计选型。工业厂房中常用的有单轨悬挂式起重机、梁式起重机和桥式起重机。

10.3.1 单轨悬挂式起重机

单轨悬挂式起重机（图10-12）由电动葫芦和型钢轨道组成。型钢轨道一般悬挂在屋架下弦，可以布置成直线或曲线。由于起重机载荷直接作用于屋架下弦，厂房应有足够的刚度。

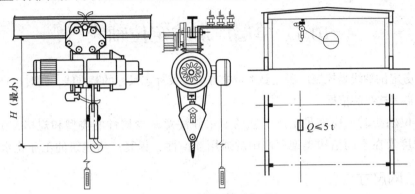

图10-12　单轨悬挂式起重机

10.3.2 梁式起重机

梁式起重机由电动葫芦和梁架组成，有悬挂式和支撑式两种形式，如图10-13所示。

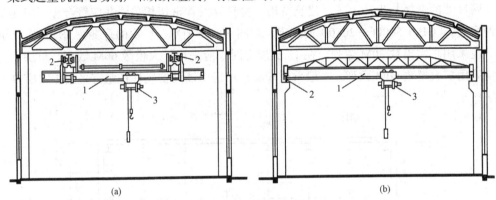

(a)　　　　　　　　　　　　　　　　(b)

图10-13　梁式起重机
（a）悬挂式梁式起重机；（b）支撑式梁式起重机
1—钢梁；2—轨道；3—提升装置

　　悬挂式梁式起重机是在屋架的下弦悬挂平行双轨，起重机安装于轨道下部。支撑式梁式起重机是在两列柱牛腿上设置吊车梁，起重机安装在吊车梁轨道上部。

10.3.3 桥式起重机

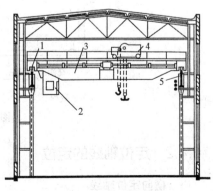

　　桥式起重机（图10-14）由桥架和起重小车组成。桥架支撑在吊车梁的钢轨上，沿吊车梁纵向运行；起重小车安装在桥架上部的轨道上部，沿桥架长度方向运行。

　　桥式起重机的吊钩有单钩和主副钩的形式。桥式起重机的起重量通常为5～400 t，重型桥式起重机的起重量更大。

图10-14　桥式起重机
1—起重机轮；2—起重机司机室；
3—桥架；4—起重小车；5—吊车梁

10.3.4 其他运输设备

其他运输设备有电动平板车、电瓶车、载重汽车、火车等。

10.4 单层厂房的定位轴线

单层厂房定位轴线是控制厂房主要承重构件位置及标志尺寸的基准线，同时也是设备定位、安装及厂房施工放线的依据。

标志定位轴线时，应满足生产工艺的要求并注意减少构件的类型和规格，扩大构件预制装配化程度及在不同结构类型厂房中的通用互换性，提高厂房建筑的工业化水平。

10.4.1 柱网尺寸

厂房柱网是确定承重柱位置的定位轴线在平面上排列所形成的网络。定位轴线的划分是在柱网布置的基础上进行的。因为承重柱纵向定位轴线间的距离是跨度，横向定位轴线间的距离是柱距，所以厂房柱网尺寸实际上是由跨度和柱距组成的。

柱网尺寸的选择与生产工艺、建筑结构、材料等因素密切相关，并应符合《厂房建筑模数协调标准》（GB/T 50006—2010）的规定，如图10-15所示。厂房的跨度在18 m或18 m以下时，应采用扩大模数30M数列；在18 m以上时，应采用扩大模数60M数列。单层厂房的柱距应采用扩大模数60M数列，一般采用6 m；厂房山墙处抗风柱柱距宜采用扩大模数15M数列。

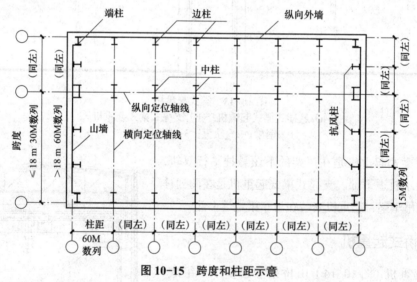

图 10-15 跨度和柱距示意

10.4.2 定位轴线的定位

1. 横向定位轴线

横向定位轴线通过处是吊车梁、屋面板、连系梁、基础梁及墙板标志尺寸端部的位置。单层厂房的横向定位轴线主要用来控制厂房纵向构件（如屋面板、吊车梁等）的位置，标注它们的长度方向的标志尺寸。

（1）中间柱与横向定位轴线的联系。除山墙端部排架及横向伸缩缝处外，横向定位轴线一般与柱的定位轴线与柱的中心线相重合，且通过屋架中心线和屋面板横向接缝，如图 10-16 所示。

（2）横向变形缝与横向定位轴线的联系。横向变形缝处一般采用双柱双轴线处理，两柱的中心线应从横向定位轴线向缝的两侧各移 600 mm，两条定位轴线之间的距离等于变形缝的宽度，即插入距等于变形缝的宽度，如图 10-17 所示。

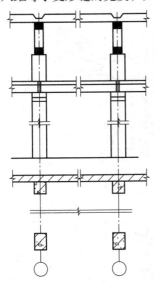

图 10-16　中间柱与横向定位轴线

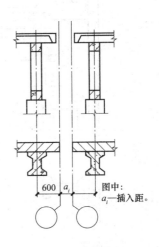

图 10-17　横向变形缝与横向定位轴线

（3）山墙与横向定位轴线的联系。当山墙为非承重墙时，山墙内缘与横向定位轴线相重合，端部排架柱中心线自定位轴线向内移 600 mm，如图 10-18 所示；当山墙为承重墙时，墙体内缘与横向定位轴线的距离，按墙体的块材类别分别为半块或一半的倍数块或墙厚的一半，如图 10-19 所示。

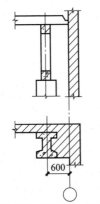

图 10-18　非承重山墙与横向定位轴线的定位

图 10-19　承重山墙与横向定位轴线的定位

2. 纵向定位轴线

纵向定位轴线与柱的关系主要是指纵向边柱和中柱与纵向定位轴线。纵跨相交处的柱与定位轴线的三种情况如下。

（1）纵向边柱与纵向定位轴线的关系。

1）封闭结合。一般情况下，边柱的外缘、墙的内缘宜与纵向定位轴线相重合。此时，屋架端部与墙内缘也重合——"封闭结合"，如图10-20所示。

2）非封闭结合。当起重机吨位较大时，再采用封闭结合就不能满足起重机安全运行所需间隙要求，因此，需要将边柱的外缘从纵向定位轴线向外移出一定尺寸 a_c（称为连系尺寸），此时上部屋面板与外墙之间便出现空隙——"非封闭结合"，如图10-21所示。

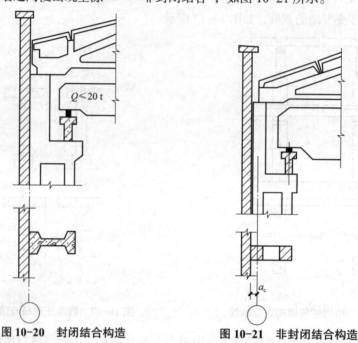

图10-20 封闭结合构造　　　　　图10-21 非封闭结合构造

（2）中柱与纵向定位轴线的关系。中柱与纵向定位轴线的关系主要是指等高跨中柱和高低跨处中柱与纵向定位轴线的两种情况。

1）等高跨中柱与纵向定位轴线的关系，一般设单柱和单纵向定位轴线。此轴线通过相邻两跨屋架的标志尺寸端部，并与上柱中心线相重合，如图10-22所示。

2）高低跨处中柱与纵向定位轴线的关系，一般也设单柱和单纵向定位轴线。纵向定位轴线宜与上柱外缘及封墙内缘相重合，如图10-23所示。

（3）纵横跨相交处的柱与定位轴线的关系。在有纵横跨相交的单层厂房中，常在交接处设有变形缝。通过设置变形缝使两侧结构各自独立，形成各自独立的柱网和定位轴线，其定位轴线与柱的关系按前述各原则分别进行定位，如图10-24所示。

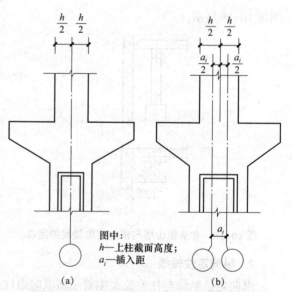

图中：
h——上柱截面高度；
a_i——插入距

(a) 一条定位轴线；(b) 两条定位轴线

图10-22 等高跨中柱与纵向定位轴线的关系

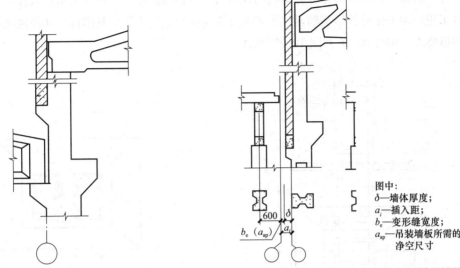

图 10-23　高低跨处中柱与纵向定位轴线的关系　　**图 10-24　纵横跨相交处的柱与纵向定位轴线的关系**

图中：
δ—墙体厚度；
a_i—插入距；
b_e—变形缝宽度；
a_{ap}—吊装墙板所需的
　　　净空尺寸

10.5　单层工业厂房主要结构构件

10.5.1　基础及基础梁

1.　基础

（1）基础的类型。基础承受建筑物传来的全部载荷，并将其传递给地基。所以，它起着承上传下的作用，是厂房结构中的重要结构构件之一。装配式单层工业厂房的基础一般为独立基础，其形式有杯形基础、薄壳基础、板肋基础，如图 10-25 所示。但当结构载荷比较大而地基承载力又较小时，也可采用柱下条形基础或桩基础。

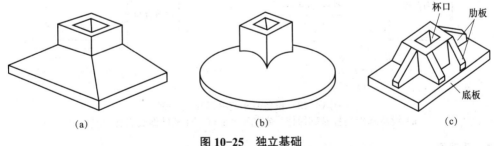

图 10-25　独立基础
（a）杯形基础；（b）薄壳基础；（c）板肋基础

（2）基础的构造。在装配式单层工业厂房中，预制柱下杯形基础较为常见，其上部为杯口形式，柱子安装在杯口内。为便于柱子的安装，杯口尺寸应大于柱的截面尺寸，周边留有空隙，杯口顶应比柱每边大 75 mm；杯口底应比柱每边大 50 mm。在柱底面与杯底面之间还应预留 50 mm 的缝隙，以高强度细石混凝土找平。杯口内表面应尽量凿毛，柱子就位后杯口与柱子四周缝隙用 C20 细石混凝土灌实，如图 10-26 所示。

杯形基础有单杯基础和双杯基础两种形式。单杯基础在一般位置采用；双杯口基础在变形缝处采用。为了保证杯形基础与柱子能够可靠连接及正常工作，其细部尺寸及做法应满足相应的构造要求，如图10-26和图10-27所示。

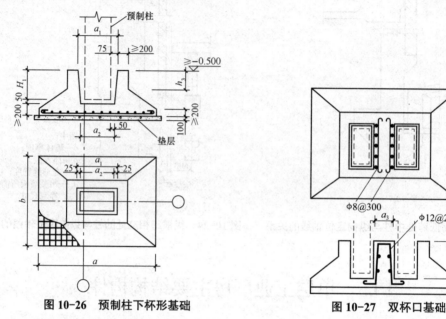

图 10-26　预制柱下杯形基础　　　　　　图 10-27　双杯口基础

有些车间内靠柱边有设备基础（地坑），当它们的基槽在柱基础施工完成后才开挖时，为防止施工时滑坡而扰动柱基础的地基土层致使沉降过大，应与工艺设计部门协商，使设备基础（地坑）与柱基础保持一定的距离，如图10-28（a）所示；如设备基础的位置不能移动时，可将柱基础做成高杯口基础，如图10-28（b）所示。

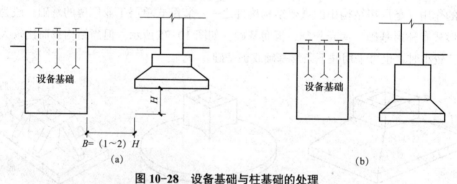

图 10-28　设备基础与柱基础的处理
（a）设备基础与柱基础保持一定的距离；（b）柱基础做成高杯口基础

2. 基础梁

装配式单层工业厂房的外墙仅起围护作用，为避免柱与墙的不均匀沉降，墙身一般砌筑在基础梁上（当墙较高时，上部的墙体砌筑在连系梁上），基础梁的两端搁置在相邻两杯形基础的杯口上，这样可使墙和柱一起沉降，墙面不易开裂，如图10-29所示。

（1）基础梁的截面形式、尺寸。基础梁可分为预应力与非预应力两种。其截面形式多采用倒梯形，这样既能在吊装时便于识别，又可在预制时利用制成的梁做模板。其标志尺寸：一般情况下，长度为6m；截面尺寸有两种，分别适用于二四墙、三七墙，如图10-30所示。

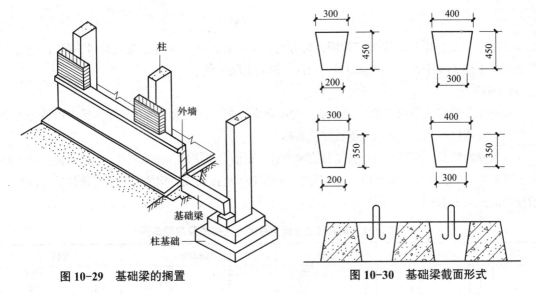

图 10-29　基础梁的搁置　　　　图 10-30　基础梁截面形式

（2）基础梁的搁置要求。基础梁的搁置方式根据基础的埋深不同而不同，其搁置要求如下：

1）为了避免影响开门及满足防潮要求，基础梁顶面标高应低于室内地坪 50 ~ 100 mm，高于室外地坪 100 ~ 150 mm。

2）基础梁一般直接搁置在杯形基础的杯口上，但当基础埋置较深时，可采取加垫块、设置高杯口基础或在柱子适当部位加设牛腿等措施，如图 10-31 所示。

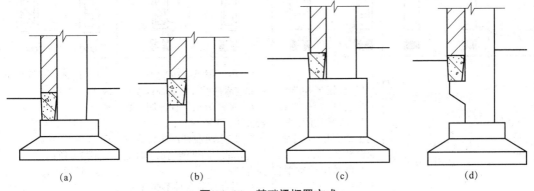

图 10-31　基础梁搁置方式

（a）基础梁直接搁置在基础杯口上；（b）基础梁搁置在混凝土垫块上；
（c）基础梁搁置在高杯口基础上；（d）基础梁搁置在柱牛腿上

（3）基础梁防冻措施。由于地基将发生不均匀沉降，又因为基础梁埋置较浅，在寒冷地区其下的土壤冻胀将对基础梁产生反拱作用，因此在基础梁底部应留有 50 ~ 100 mm 的空隙。同时，对于保温、隔热的厂房，为防止热量沿基础梁散失，应在基础梁两侧铺设厚度不小于 300 mm 的松散材料，如炉渣、干砂等，如图 10-32 所示。

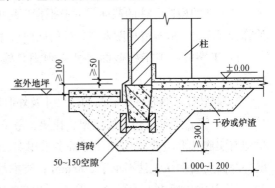

图 10-32　基础梁防冻措施

10.5.2　柱

在单层工业厂房中，柱按其作用，可分为排架柱和抗风柱两种；按其材料，可分为钢柱、钢筋混凝土柱、砖柱等。当前应用最广泛的是钢筋混凝土柱。

1. 排架柱

排架柱是装配式单层工业厂房中重要的承重构件之一，它承受屋盖、吊车梁、墙体等传来的载荷，并将这些载荷及自重全部传递给基础。

（1）柱的类型。钢筋混凝土排架柱有单肢柱（矩形、工字形）和双肢柱（矩形截面、圆形截面）两大类。双肢柱的双肢用腹杆（平腹杆、斜腹杆）连接而成。钢筋混凝土排架柱的一般形式及应用范围见表10-1。

表 10-1　钢筋混凝土排架柱的一般形式及应用范围

名称	矩形柱	工字柱	双肢柱	管柱
形式				
特点及适用范围	1. 外形简单，制作方便； 2. 自重大，混凝土用量较大； 3. 适用于中小型厂房	1. 比矩形柱节省混凝土30%～50%； 2. 截面高度较大，在主要受力方向上截面惯性矩较大； 3. 可适用于重型、大型厂房	1. 由两根承受轴向力的肢杆和连系两肢杆的腹杆构成； 2. 腹杆为水平杆，制作比较方便，节省材料； 3. 连系两肢杆的腹杆为斜杆，其受力的性能比水平杆更为合理； 4. 便于安装各种不同管线； 5. 适用于大型厂房	1. 在离心制管机上成型，质量好，便于拼装； 2. 预埋件较多，与墙体连接不如矩形、工字柱方便； 3. 适用于大型厂房； 4. 也可在钢管内注入混凝土做成管柱

（2）柱的构造。柱的截面尺寸应根据厂房的跨度、高度、柱距及起重机起重量等通过结构计算合理确定。从构造角度来看，柱的截面尺寸和外形首先应满足构造方面的要求。

1）工字柱。工字柱截面尺寸必须满足施工和使用上的构造要求，具体尺寸如图10-33所示。

2）双肢柱。双肢柱的截面构造尺寸及外形要求，如图10-34所示。

3）牛腿。厂房结构中的屋架、托架、吊车梁和连系梁等构件常由设置在柱上的牛腿支撑。牛腿有实腹式和空腹式两种，通常多采用实腹式牛腿。为了避免沿支撑板内侧剪切破坏，牛腿外缘高度 $h_k \geqslant h/3$ 且不小于 200 mm；支撑吊车梁的牛腿，其外缘与吊车梁的距离不宜小于 70 mm（其中包括 20 mm 的施工误差），以免影响牛腿局部承压力，造成外缘混凝土剥落；当牛

腿挑出距离 $d > 100$ mm 时，牛腿底面的倾斜角 β 宜小于或等于 $45°$，否则会降低牛腿的承载力；当 $d \leqslant 100$ mm 时，倾斜角可等于 $0°$。牛腿的构造如图 10-35 所示。

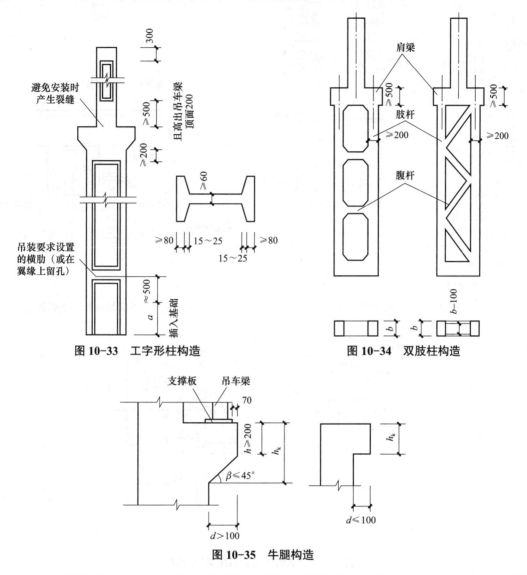

图 10-33 工字形柱构造

图 10-34 双肢柱构造

图 10-35 牛腿构造

（3）柱的预埋铁件。为保证柱有效地传递载荷，必须使柱与其他构件有可靠的连接，所以应在柱子的相应位置预埋铁件或钢筋。其位置及作用如图 10-36 所示。

2. 抗风柱

当单层工业厂房高度或跨度较大时，在单层工业厂房的山墙处设置抗风柱，用以承受山墙上的风载荷。一部分风载荷由抗风柱直接传递给基础；一部分风载荷由抗风柱上端通过屋盖系统传递到纵向柱列上。单层工业厂房一般设置钢筋混凝土抗风柱。其下端插入杯形基础，柱上端应通过特制的弹簧板与屋架（屋面梁）做构造连接，如图 10-37 所示。当单层工业厂房沉降较大时，往往采用螺栓连接方式，如图 10-38 所示，从而保证水平方向有效地传递风载荷，也使屋架与抗风柱之间在竖向有一定的相对位移的可能性。有时，为了减小抗风柱的截面尺寸，可在山墙内侧设置水平抗风梁，作为抗风柱的支点。

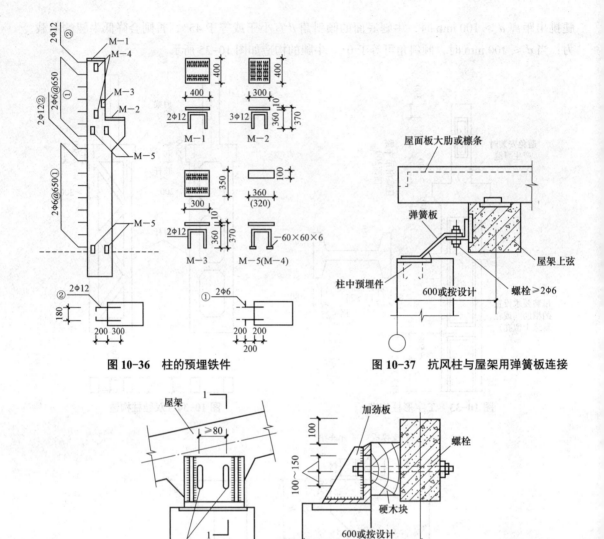

图 10-36　柱的预埋铁件

图 10-37　抗风柱与屋架用弹簧板连接

图 10-38　抗风柱与屋架用螺栓连接

10.5.3　屋盖

1. 屋盖结构体系

单层工业厂房的屋盖起着承重和围护的作用，包括承重构件（屋架、屋面梁、托架、支撑等）和覆盖构件（屋面板、小型屋面板或瓦、檩条等）两部分。目前，单层工业厂房屋盖结构形式可分为无檩体系和有檩体系，如图 10-39 所示。

（1）无檩体系。无檩体系是将大型屋面板直接放在屋架（或屋面梁）上，屋架（或屋面梁）放在柱子上，如图 10-39（a）所示。其优点是整体性好、刚度大。

（2）有檩体系。有檩体系是将各种小型屋面板（或瓦）直接放在檩条上，檩条支撑在屋架（或屋面梁）上，屋架（或屋面梁）放在柱子上，如图 10-39（b）所示。其优点是屋盖质量轻，构件小，吊装容易，但整体刚度较差，构件数量多，适用于小型工业厂房和起重机吨位小的中型工业厂房。

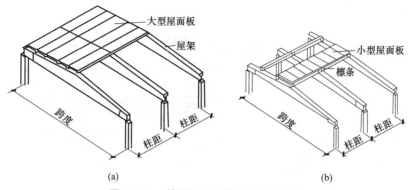

图 10-39　单层工业厂房屋盖结构形式
（a）无檩体系；（b）有檩体系

2. 屋盖的承重构件

（1）屋架（或屋面梁）。在单层工业厂房中，屋架（或屋面梁）是屋盖结构的主要承重构件，它直接承受屋面载荷，有些厂房还承受悬挂起重机、管道等设备的载荷。除对于跨度很大的重型车间多采用钢结构屋架外，一般采用钢筋混凝土屋面梁或各种形式的钢筋混凝土屋架。屋架（或屋面梁）的形式及应用范围见表 10-2。屋架与柱的连接方法有焊接和螺栓连接两种形式。

表 10-2　钢筋混凝土屋架的形式及应用范围

序号	名称	形式	跨度 /m	应用范围
1	钢筋混凝土三铰拱屋架		9 12 15	1. 构造简单，自重轻，施工方便，外形轻巧； 2. 屋面坡度：卷材屋面 1/5，自防水屋面 1/4； 3. 适用于中、小型厂房
2	预应力混凝土拱形屋架		18 24 30	1. 构件外形较合理，自重轻，刚度好； 2. 屋架端部坡度大，为减缓坡度，端部可特殊处理； 3. 适用于跨度较大的各类厂房
3	预应力混凝土梯形屋架		18 21 24 27 30	1. 外形较合理，屋面坡度小，但自重重，经济效果较差； 2. 屋面坡度 1/15～1/5； 3. 适用于各类厂房，特别是需要经常上屋面清除积灰的冶金厂房
4	预应力混凝土折线形屋架		18 21 24	1. 上弦为折线，大部分为 1/4 坡度，在屋架端部设短柱，可以保证整个屋面有同一坡度； 2. 适用于有檩体系的槽瓦等自防水屋面

（2）托架。因工艺要求或设备安装的需要，柱距需为12 000 mm，而屋架的间距和大型屋面板的长度仍为6 000 mm时，此时应在12 000 mm的柱距间设置托架来支撑中间屋架，如图10-40所示。

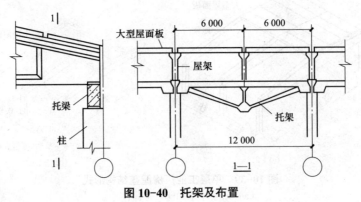

图10-40 托架及布置

3. 覆盖构件

（1）屋面板。屋面板的名称、形式、标志尺寸、特点及适用条件见表10-3。

表10-3 屋面板的名称、形式、标志尺寸、特点及适用条件

序号	名称	形式	标志尺寸	特点及适用条件
1	大型屋面板	240~300 5 970、8 970 1 490	1.5 m×6 m	1. 与嵌板、檐口板和天沟板配合使用； 2. 适用于中、大型和振动较大，并对屋面刚度要求较高的厂房
2	预应力F形屋面板	200 5 970 1 490	1.5 m×6 m	1. 与盖瓦和脊瓦配合使用； 2. 适用于中、轻型非保温厂房，不适用于对屋面防水要求高的厂房
3	预应力混凝土夹心保温屋面板	130 1 490 5 950	1.5 m×6 m	1. 具有承重、保温和防水三种作用； 2. 适用于一般保温厂房，不适用于气候寒冷、冻融频繁地区和有腐蚀性气体及湿度大的厂房
4	钢筋混凝土槽瓦	3 300~3 900 990 100	1.0 m×（3.3～3.9）m	1. 自防水构件，与盖瓦、脊瓦和檩条一起使用； 2. 适用于中、小型厂房，不适用于有腐蚀气体、有较大振动、对屋面刚度及隔热要求高的厂房

除此之外，还有预应力混凝土单肋板、钢丝网水泥波形瓦、石棉水泥瓦等。每块屋面板与屋架（或屋面梁）上弦相应处预埋铁件相互焊接，其焊接点不少于 3 点，板与板缝隙均用不低于 C15 细石混凝土填实。

（2）檩条。起着支撑槽瓦或小型屋面板的作用，并将屋面载荷传递给屋架。常用的有预应力钢筋混凝土倒 L 形檩条和 T 形檩条，如图 10-41 所示。檩条与屋架上弦的连接有焊接和螺栓连接两种，如图 10-42 所示，常采用焊接形式。两个檩条在屋架上弦的对头空隙应以水泥砂浆填实。

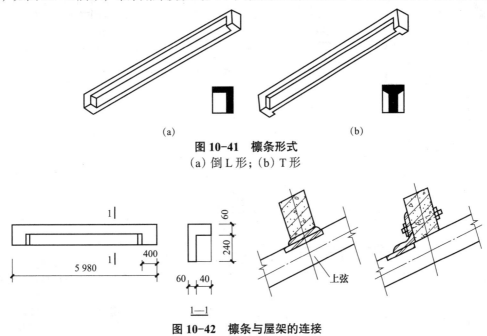

图 10-41　檩条形式
（a）倒 L 形；（b）T 形

图 10-42　檩条与屋架的连接

10.5.4　吊车梁、连系梁和圈梁

1. 吊车梁

在设有桥式起重机或梁式起重机的单层工业厂房中，需要在柱的牛腿上设置吊车梁。吊车梁上辅有钢轨，起重机轮子沿钢轨运行。吊车梁直接承受起重机起重、运行、制动时产生的各种载荷。它同时还有传递单层工业厂房的纵向载荷、保证单层工业厂房骨架纵向刚度和稳定性的作用。

（1）吊车梁的种类。吊车梁的种类很多，按材料可分为钢筋混凝土吊车梁和钢梁，其中前者较为常用。钢筋混凝土吊车梁又可分为普通混凝土吊车梁与预应力混凝土吊车梁两种。吊车梁按形状大致可分为梁式和桁架式两种，前者较为常用。梁式吊车梁又可分为等截面梁（T 形与工字形）和变截面梁（鱼腹式与折线式）两种。其特点及适用条件见表 10-4。

（2）吊车梁与柱的连接。吊车梁与柱的连接多采用焊接。为承受起重机横向水平制动力，吊车梁翼缘的预埋件与柱牛腿的预埋件用钢板或角钢焊接。为承受吊车梁竖向压力，吊车梁底部安装前应焊接上一块垫板与柱牛腿顶面预埋钢板焊接牢固。梁与柱之间的空隙用 C20 混凝土填实，如图 10-43 所示。

（3）起重机轨道的安装与车挡的固定。吊车梁上的钢轨有方形和工字形两种。吊车梁的翼缘上留有安装孔，安装前先用 C20 混凝土垫层将吊车梁顶面找平，然后铺设钢垫板或压板，用螺栓将起重机轨道固定，如图 10-44 所示。

表 10-4　梁式吊车梁的类型、特点及适用条件

类型	简图	特点及适用条件
等截面 T 形 吊车梁	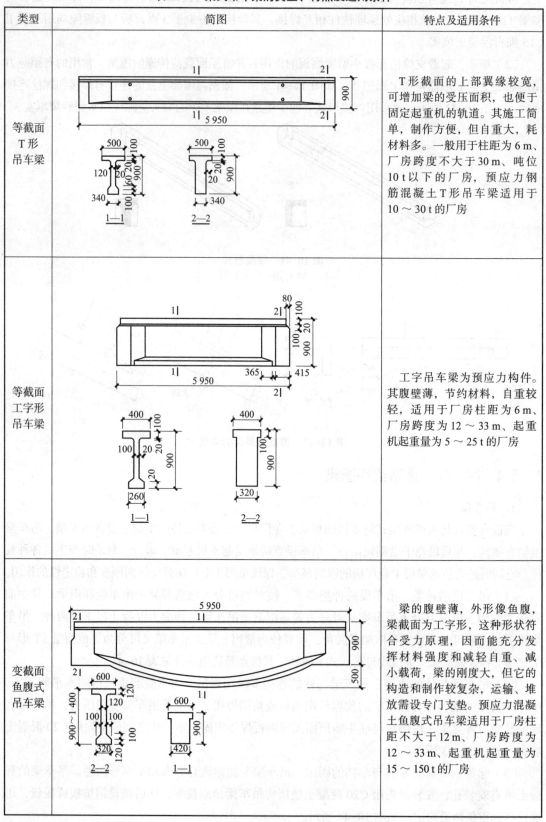	T 形截面的上部翼缘较宽,可增加梁的受压面积,也便于固定起重机的轨道。其施工简单,制作方便,但自重大,耗材料多。一般用于柱距为 6 m、厂房跨度不大于 30 m、吨位 10 t 以下的厂房,预应力钢筋混凝土 T 形吊车梁适用于 10～30 t 的厂房
等截面 工字形 吊车梁		工字吊车梁为预应力构件。其腹壁薄,节约材料,自重较轻,适用于厂房柱距为 6 m、厂房跨度为 12～33 m、起重机起重量为 5～25 t 的厂房
变截面 鱼腹式 吊车梁		梁的腹壁薄,外形像鱼腹,梁截面为工字形,这种形状符合受力原理,因而能充分发挥材料强度和减轻自重、减小载荷,梁的刚度大,但它的构造和制作较复杂,运输、堆放需设专门支垫。预应力混凝土鱼腹式吊车梁适用于厂房柱距不大于 12 m、厂房跨度为 12～33 m、起重机起重量为 15～150 t 的厂房

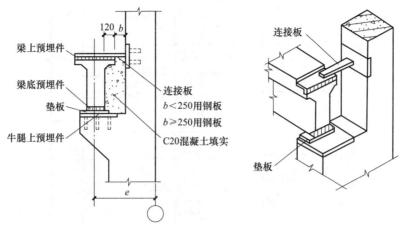

图 10-43　吊车梁与柱的连接

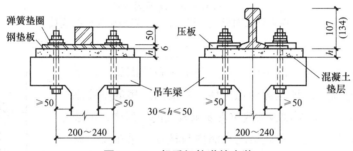

图 10-44　起重机轨道的安装

为防止起重机在行驶中制动失灵，在吊车梁前端应设置车挡，以免起重机冲撞山墙，如图 10-45 所示。

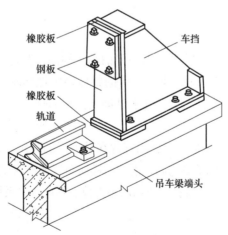

图 10-45　车挡的固定

2. 连系梁

连系梁是单层工业厂房纵向柱列的水平连系构件，常设置在窗口上皮，并代替窗过梁。其作用是增强厂房纵向刚度、传递风载荷到纵向柱列；承受部分墙体质量（当墙长超过 15 m）并传递给柱子。连系梁与柱子用焊接或螺栓连接。其截面形式有矩形和 L 形，分别用于 240 mm 和 370 mm 墙，如图 10-46 所示。

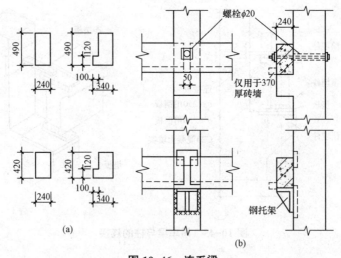

图 10-46 连系梁

（a）连系梁截面形式及尺寸；（b）连系梁与柱的连接

3. 圈梁

在高度较大或振动较大的单层工业厂房中应布置圈梁，以加强墙与柱之间的连接，保证墙体的稳定性，并增加厂房的整体刚度。圈梁的布置原则是在振动较大或抗震要求较高的厂房中，沿墙高每隔 4 m 左右设置一道；一般情况在墙内与柱顶、吊车梁、窗过梁相对应的位置设置圈梁。其断面高度应不小于 180 mm，配筋为 4Φ12，箍筋为 Φ6@200。圈梁应与柱伸出的预埋筋相连接，如图 10-47 所示。连系梁若水平交圈，可视为圈梁。

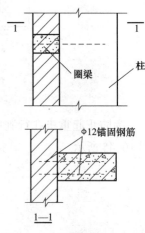

图 10-47 圈梁与柱子的连接

10.5.5 支撑系统

在单层工业厂房结构中，支撑虽然不是主要的承重构件，但它能够保证厂房结构和构件的承载力，提高厂房的整体稳定性和刚度，并传递部分水平载荷。支撑有屋盖支撑和柱间支撑两部分。

1. 屋盖支撑

屋盖支撑主要是为了保证屋架上下弦间杆件在受力后的稳定性，并能传递山墙受到的风载荷。水平支撑布置在屋架上弦和下弦之间，沿柱距横向布置或沿跨度纵向布置。水平支撑可分为上弦横向水平支撑、下弦横向水平支撑、纵向水平支撑、纵向水平系杆等，如图 10-48 所示。

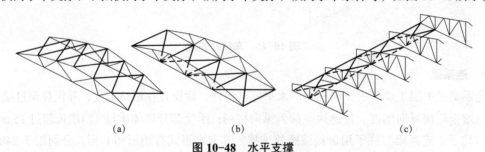

图 10-48 水平支撑

（a）上弦横向水平支撑；（b）下弦横向水平支撑；（c）纵向水平支撑

垂直支撑主要保证屋架与屋架在使用和安装阶段的侧向稳定，并能提高厂房的整体刚度，如图 10-49 所示。

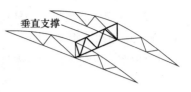

图 10-49　垂直支撑

2. 柱间支撑

柱间支撑一般设置在厂房变形缝的区段中部。其作用是承受山墙抗风柱传来的水平载荷；传递起重机产生纵向制动力；加强纵向柱列的稳定性，是厂房必须设置的支撑系统。柱间支撑可分为上柱支撑和下柱支撑。一般采用钢材制成，其形状有交叉式、门式等，如图 10-50 所示。

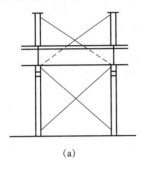
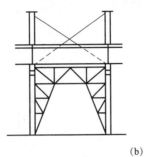
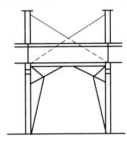

(a)　　　　　　　　　　　(b)

图 10-50　柱间支撑
(a) 交叉式；(b) 门式

10.6　单层厂房围护结构构件

10.6.1　外墙

1. 砖墙

由于实心黏土砖被禁止使用，墙体材料多采用空心烧结普通砖，墙体厚度有 240 mm 和 370 mm 两种。为防止外墙由于受风载荷、地震或振动等作用而破坏，墙与柱子、山墙与抗风柱、墙与屋架或屋面梁之间应有可靠的连接，具体构造做法如下。

（1）墙与柱的相对位置。将墙砌筑在柱子外侧，这种方案构造简单、施工方便，热工性能好，基础梁和连系梁便于标准化，因此被广泛采用；将墙部分嵌入排架柱，能增强柱列的刚度，但施工较麻烦，需要部分砍砖；将墙设置在柱间，更能增加柱列的刚度，节省占地，但不利于基础梁和连系梁的统一及标准化，热工性能差，构造复杂。墙与柱的相对位置如图 10-51 所示。

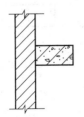
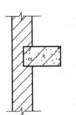
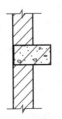
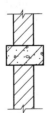

图 10-51　墙与柱的相对位置

（2）墙与柱的连接。为使墙体与柱子之间有可靠的连接，通常的做法是在柱子高度方向每隔500 mm 甩出两根 Φ6 钢筋，砌筑时把钢筋砌在墙的水平缝里。端柱距离外墙内缘的空隙应在砌墙时填实，以利于柱对墙体起骨架作用，如图 10-52 所示。

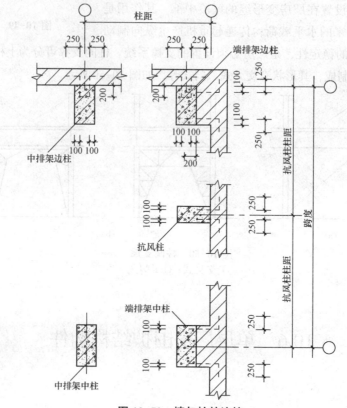

图 10-52　墙与柱的连接

（3）女儿墙与屋面板的连接。为保证纵向女儿墙的稳定性，墙与屋面板之间应采取拉结措施，即在屋面板横向缝内放置两根 Φ12 钢筋，与在屋面板纵缝内及纵向外墙中各放置的一根 Φ12、长度为 1 000 mm 的钢筋相连接，形成工字形的钢筋，然后在缝内用 C20 细石混凝土捣实，如图 10-53 所示。女儿墙的厚度一般为 240 mm，用强度等级不低于 M5 的砂浆砌筑。

女儿墙的顶部都须做压顶处理，压顶宜用钢筋混凝土现浇而成，其截面常为梯形，如图 10-54 所示。

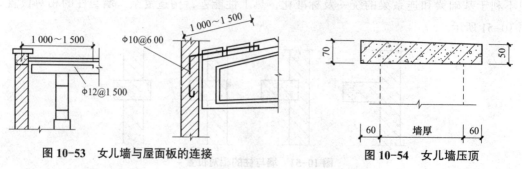

图 10-53　女儿墙与屋面板的连接　　　　图 10-54　女儿墙压顶

2. 板材墙

板材墙由工厂的大型墙板在现场装配而成。它的使用能减轻墙体自重，改善墙体的抗震性能，简化、净化施工现场，加快施工速度。但目前板材墙还存在造价偏高，连接构件不理想，接缝不易保证质量，且有渗水、透风、保温隔热效果欠佳等缺点。

（1）板材墙的规格和类型。

1）钢筋混凝土槽形板、空心板。槽形板也称为肋形板，其钢材和水泥的用量较省，但保温隔热性能差，且易积灰。空心板的钢材水泥用料较多，但双面平整，不易积灰，并且有一定保温隔热能力，如图 10-55 所示。

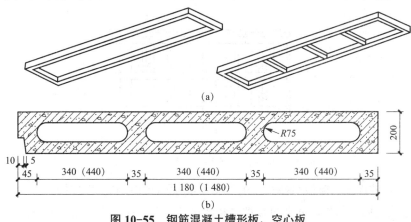

图 10-55 钢筋混凝土槽形板、空心板
（a）槽形板；（b）空心板

2）配筋轻混凝土墙板。配筋轻混凝土墙板的优点是保温性能好，但有龟裂或锈蚀钢筋等缺点，故一般需要加水泥砂浆等防水面层，如图 10-56 所示。

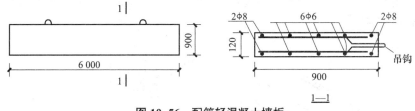

图 10-56 配筋轻混凝土墙板

3）组合墙板。组合墙板一般做成轻质高强的夹芯墙板，芯层采用高效热工材料制作，面层外壳采用承重、防腐蚀性能好的材料制作，板缝处热工性能差，如图 10-57 所示。

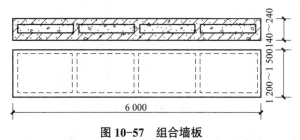

图 10-57 组合墙板

（2）板材墙的布置与构造。

1）板材墙的布置。板材墙的布置可分为横向布置、竖向布置和混合布置。其中，横向布置用得最多，其特点是以柱距为板长，可省去窗过梁和连系梁，板型少，并有助于加强厂房刚度，接缝处理也较容易。其次是混合布置，墙板虽增加板型，但立面处理灵活。竖向布置因板长受侧窗高度的限制，板型和构件较多，故应用较少。墙板布置如图 10-58 所示。

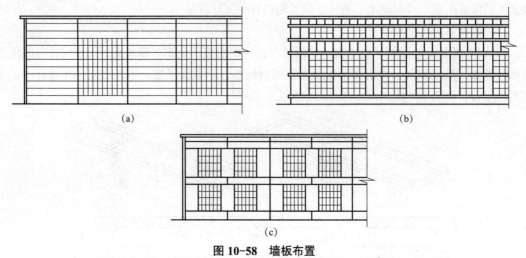

图 10-58　墙板布置
（a）横向布置；（b）竖向布置；（c）混合布置

2）墙板与柱的连接。墙板与柱的连接一般可分为柔性连接和刚性连接。

①柔性连接是墙板与柱之间通过预埋件和连接件将两者拉结在一起。其特点是墙板与骨架及墙板之间在一定范围内可相对位移，能较好地适应各种振动引起的变形，故适用于地基沉降较大或受较大振动影响的厂房。柔性连接包括螺栓连接和压条连接。螺栓连接是在大型墙板上预留安装孔，同时在柱的两侧相应位置预埋铁件，在墙板吊装前焊接连接角钢，并安装上螺栓钩，吊装后用螺栓钩将上下两块板连接起来，这种连接对厂房的振动和不均匀沉降的适应性较强，如图 10-59 所示。

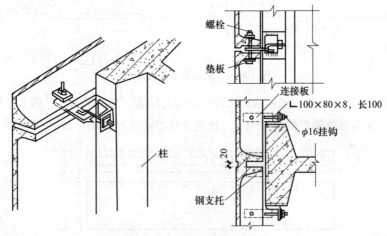

图 10-59　螺栓连接构造示例

②刚性连接是在柱子和墙板中先分别设置预埋铁件，安装时用角钢或 $\phi 6$ 的钢筋焊接连牢。其优点是构造简单，施工方便，厂房的纵向刚度好；缺点是对不均匀沉降及振动较敏感，墙板板面要求平整，预埋件位置要求准确。刚性连接宜用于抗震设防烈度不大于 7 度的地区和地基

构成均匀、受振动影响不大的厂房。刚性连接构造示例如图 10-60 所示。

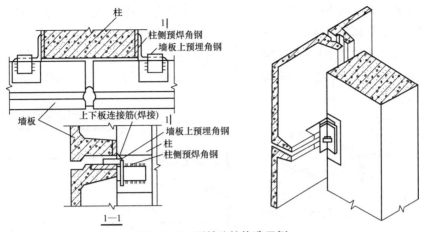

图 10-60　刚性连接构造示例

3）墙板板缝的处理。为满足防水、制作安装方便、保温、防风、经济美观、坚固耐久等要求，墙板的水平缝和垂直缝都应采取构造处理。板缝的防水处理一般是在墙板相交处做出挡水台、滴水槽、空腔等，然后在缝中填充防水材料，如图 10-61 所示。墙板在勒脚、转角、檐口、高低跨交接处及窗口等特殊部位，均应做相应的构造处理，以确保其正常发挥围护作用。

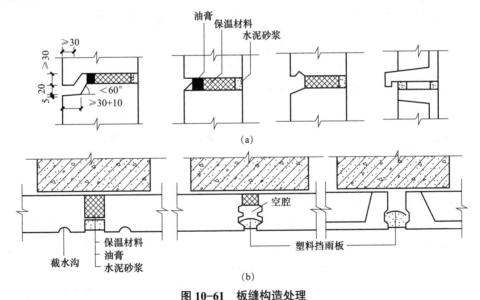

图 10-61　板缝构造处理
（a）水平缝；（b）垂直缝

10.6.2　屋面

屋面是厂房重要的围护结构，其主要特点是面积较大，多采用装配式，接缝较多，受到厂房内部的振动、高温、腐蚀性气体、积灰等因素的影响。对于一些有特殊要求的屋面，还要考虑防爆、泄压、防腐蚀等问题，但厂房屋面构造的关键问题是排水和防水。

1. 屋面排水

屋面排水方式可分为有组织排水和无组织排水两种。

（1）有组织排水。有组织排水是使屋面雨水有组织地汇集到天沟或檐沟内，再经雨水口进入厂房内的雨水立管及地下排水管网。这种排水方式构造较复杂、造价较高，适用于连跨多坡屋面和檐口较高、屋面集水面积较大的大中型厂房。有组织排水通常可分为外排水、内排水和内落外排水。外排水适用于厂房较高或地区降雨量较大的南方地区；内排水适用于多跨厂房或严寒多雪北方；内落外排水适用于多跨厂房或地下管线铺设复杂的厂房，如图 10-62 所示。

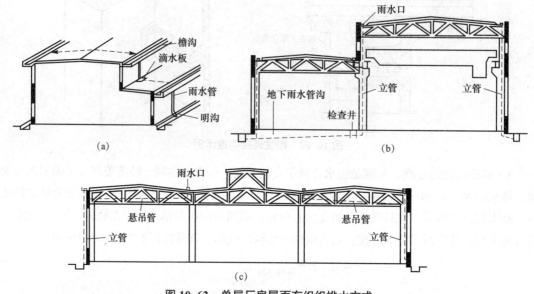

图 10-62 单层厂房屋面有组织排水方式
（a）外排水；（b）内排水；（c）内落外排水

（2）无组织排水。无组织排水也称为自由落水，使雨水直接由屋面经檐口自由排落到散水或明沟内，适用于高度较低或屋面积灰较多的厂房，如图 10-63 所示。

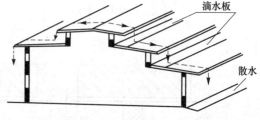

图 10-63 单层厂房屋面无组织排水形式

2. 屋面防水

按照屋面防水材料和构造做法，单层厂房的屋面防水主要有卷材防水屋面和构件自防水屋面。

（1）卷材防水屋面。单层厂房中卷材防水屋面的构造原则和做法与民用建筑基本相同，它的防水质量关键在于基层和防水层。由于厂房屋面载荷大、振动大，因此变形可能性大。一旦基层变形过大，容易引起卷材拉裂，施工质量不高也会引起渗漏，须用 C20 细石混凝土灌缝填实，在板的横缝处应加铺一层卷材延伸层后，再做屋面防水层。

（2）构件自防水屋面。构件自防水屋面利用钢筋混凝土板、石棉水泥瓦、彩色钢板等板材的自身防水性能（有时板面加刷涂料）来达到防水目的。这种屋面具有施工简单、造价低、减轻屋面质量的优点。构件自防水屋面的防水关键是板缝的处理，按其构造可分为嵌缝式、贴缝式防水与搭盖式防水等基本类型。

1）嵌缝式、贴缝式防水。嵌缝式构件自防水屋面是利用大型屋面作为防水构件并在板缝内嵌灌油膏，板缝有纵缝、横缝和脊缝，嵌缝前必须将板缝清扫干净，排除水分，嵌缝油膏要饱满。为保护油膏，减慢油膏老化速度，提高其防水效果，可在油膏嵌缝的基础上，在板缝上再粘贴一层卷材或玻璃布覆盖层，称为贴缝式防水，如图 10-64 所示。

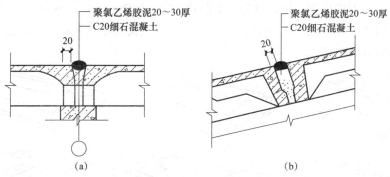

图 10-64 嵌缝式、贴缝式防水构造
（a）嵌缝式；（b）贴缝式

2）搭盖式防水。搭盖式防水是利用钢筋混凝土 F 形屋面板上下搭盖纵缝，用盖瓦、脊瓦覆盖横缝和脊缝的方式来达到屋面防水的效果，如图 10-65 所示。

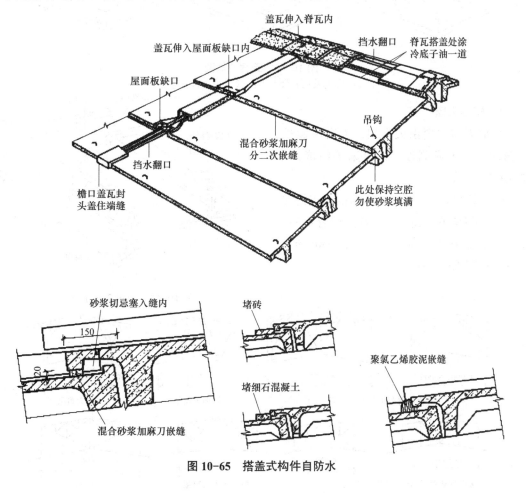

图 10-65 搭盖式构件自防水

10.6.3 天窗

在大跨度和多跨度的单层工业厂房中，为了满足天然采光和自然通风的要求，常在厂房的屋顶设置各种类型的天窗。

天窗按其在屋面的位置不同，可分为上凸式天窗，如矩形天窗、M形天窗、梯形天窗等；下沉式天窗，如横向下沉式天窗、纵向下沉式天窗、井式天窗等；平天窗，如采光板、采光罩、采光带等，如图10-66所示。

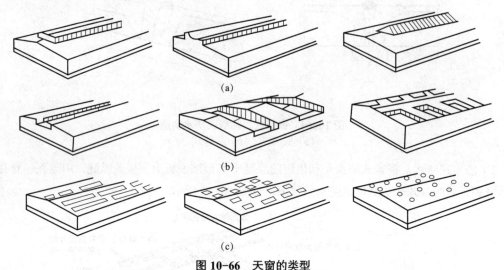

(a)

(b)

(c)

图10-66　天窗的类型
(a) 上凸式天窗；(b) 下沉式天窗；(c) 平天窗

1. 矩形天窗

矩形天窗主要由天窗架、天窗屋面板、天窗端壁、天窗侧板、天窗扇等组成，如图10-67所示。

（1）天窗架。天窗架是天窗的承重构件，它支撑在屋架或屋面梁上，常用的有钢筋混凝土天窗架和钢天窗架，跨度有6 m、9 m、12 m，如图10-68所示。

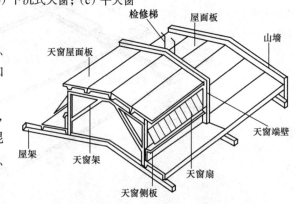

图10-67　矩形天窗的组成

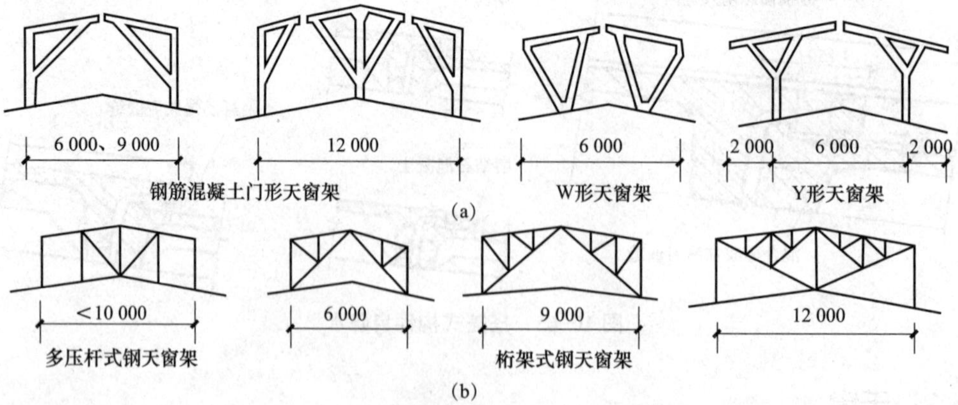

6 000、9 000

12 000

钢筋混凝土门形天窗架

6 000

W形天窗架

2 000 6 000 2 000

Y形天窗架

(a)

<10 000

多压杆式钢天窗架

6 000

9 000

桁架式钢天窗架

12 000

(b)

图10-68　天窗架
(a) 钢筋混凝土天窗架；(b) 钢天窗架

（2）天窗屋面板。天窗屋面板通常与厂房屋面的构造相同，由于天窗宽度和高度一般均较小，故多采用无组织排水，并在天窗檐口下部的屋面上铺设滴水板，如图10-69（a）所示。雨量多或天窗高度和宽度较大时，宜采用有组织排水，如图10-69（b）～（d）所示。

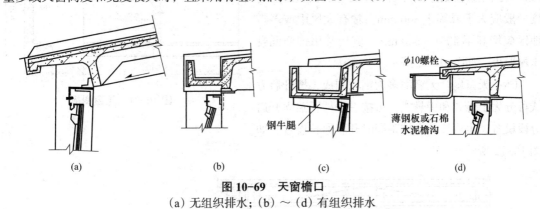

（a）　　　　　（b）　　　　　（c）　　　　　（d）

图 10-69　天窗檐口
（a）无组织排水；（b）～（d）有组织排水

（3）天窗端壁。天窗两端的山墙称为天窗端壁，常用预制钢筋混凝土端壁板，它不仅使天窗前端封闭起来，同时也支撑天窗上部的屋面板，如图10-70所示。

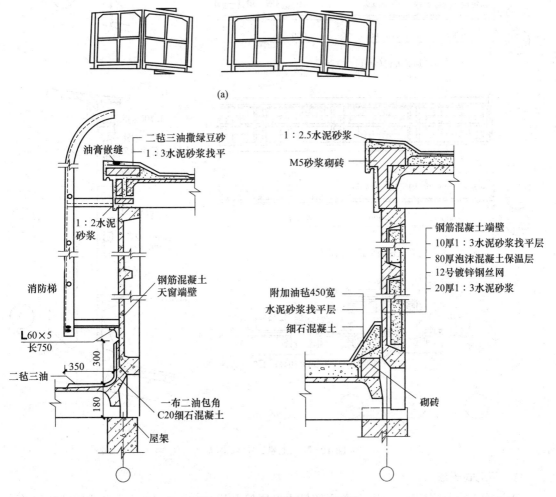

图 10-70　钢筋混凝土天窗端壁

（4）天窗侧板。天窗侧板是天窗下部的围护构件，它的主要作用是防止屋面的雨水溅入车间，以及积雪挡住天窗扇影响开启。屋面至侧板顶面的高度一般应大于或等于 300 mm，常有大风雨或多雪地区应增高至 400 ~ 600 mm。侧板常用钢筋混凝土槽形板，如图 10-71 所示。

（5）天窗扇。天窗扇多为钢材制成，按开启方式可分为上悬式和中悬式，可按一个柱距独立开启分段设置，也可按几个柱距同时开启通长设置，如图 10-72 所示。

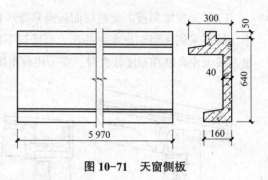

图 10-71 天窗侧板

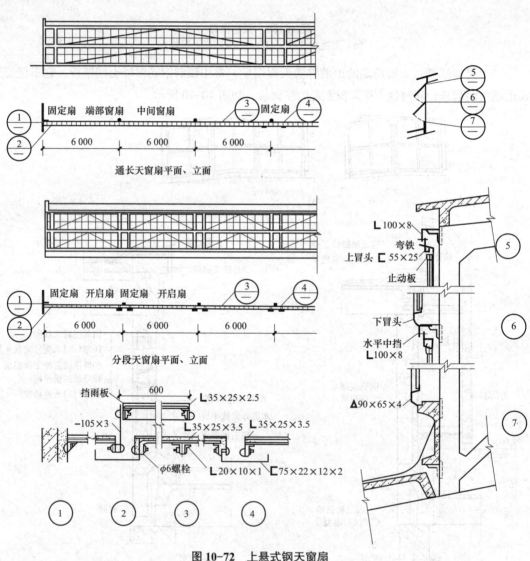

通长天窗扇平面、立面

分段天窗扇平面、立面

图 10-72 上悬式钢天窗扇

2. 下沉式天窗

下沉式天窗是将厂房局部屋面板下移铺设在屋架上弦上，利用屋架上下弦之间的空间做采光和通风口，不再另设天窗架和挡风板。下沉式天窗常见的有井式天窗、纵向下沉式天窗和横向下沉式天窗。这三种天窗的构造类似，下面以井式天窗为例进行介绍。

井式天窗由井底板、井底檩条、井口板、挡雨设施、挡风墙及排水设施等组成，如图 10-73 所示。

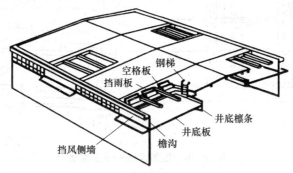

图 10-73　井式天窗构造组成

（1）井底板。井底板位于屋架下弦，底板铺设有横向铺设和纵向铺设两种方式。

1）横向铺设是井底板平行于屋架铺设，铺板前应先在屋架下弦搁置檩条。檩条有 T 形和槽形两种，如图 10-74 所示。

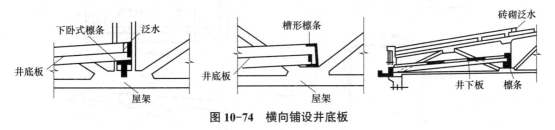

图 10-74　横向铺设井底板

2）纵向铺设是将井底板直接放在屋架下弦上，可省去檩条，增加天窗垂直的净空高度，井底板常采用出肋板或卡口板，如图 10-75 所示。

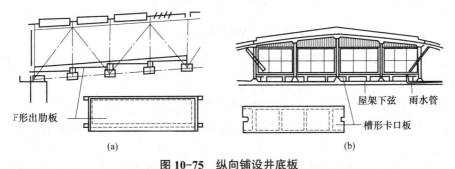

(a)　　　　　　　　　　　　　　(b)

图 10-75　纵向铺设井底板

（2）挡雨设施。不采暖厂房的井式天窗通常不设窗扇而做成开敞式，但应加设挡雨设施，常用的方法有空格板、挑檐板、镶边板等。

1）空格板。空格板是将大型屋面板的大部分板面去掉，仅保留纵肋和部分横向小肋及两端用作挑檐挡雨的实板，如图 10-76 所示。

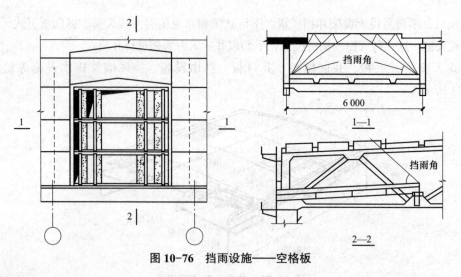

图 10-76　挡雨设施——空格板

2）挑檐板。挑檐板是在井口的横向采用加长屋面板，纵向多铺一块屋面板形成挑檐，如图 10-77 所示。

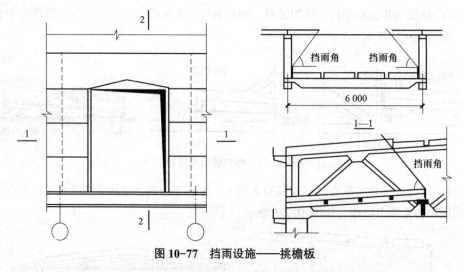

图 10-77　挡雨设施——挑檐板

3）镶边板。镶边板可设在井口的檩条或直接搁置在屋面板纵肋的钢牛腿上，如图 10-78 所示。

（3）窗扇。窗扇可设在垂直口，也可设在水平口。

1）垂直口一般设在厂房的垂直方向，可以安装上悬窗扇或中悬窗扇，如图 10-79 所示。

2）水平口设窗扇有两种形式：一种是设中悬窗扇，窗扇架在井口的空格板或檩条上，如图 10-80（a）所示；另一种是设水平推拉窗扇，即在水平口上设导轨，窗扇两侧设滑轮，使窗扇沿导轨开闭，如图 10-80（b）所示。

（4）排水及泛水。井式天窗由于有上下两层屋面，既要做好排水，又要解决好井口板、井底板的泛水。

1）排水。具体做法可采用无组织排水、上层屋面通长天沟排水、下层屋面通长天沟排水、双层天沟排水（图 10-81）。

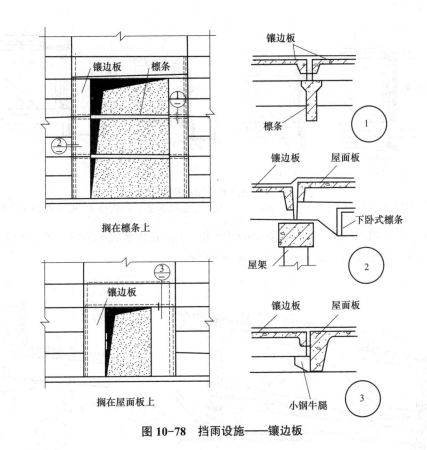

图 10-78　挡雨设施——镶边板

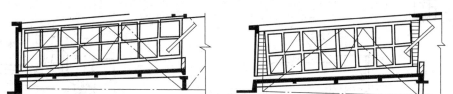

图 10-79　横向垂直口窗扇的设置

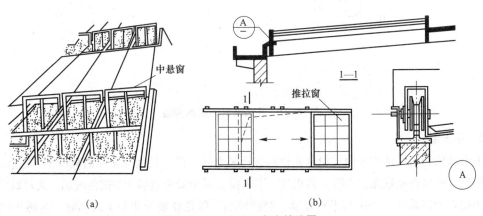

图 10-80　水平口窗扇的设置

（a）中悬窗；（b）推拉窗

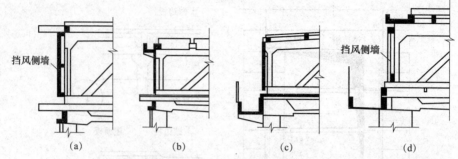

图 10-81　下沉式天窗的排水方式

（a）无组织排水；（b）上层屋面通长天沟排水；（c）下层屋面通长天沟排水；（d）双层天沟排水

2）泛水。井口周围应做 150～200 mm 的泛水，为防止雨水流入车间，在井底板的边缘也应设泛水，高度大于或等于 300 mm，如图 10-82 所示。

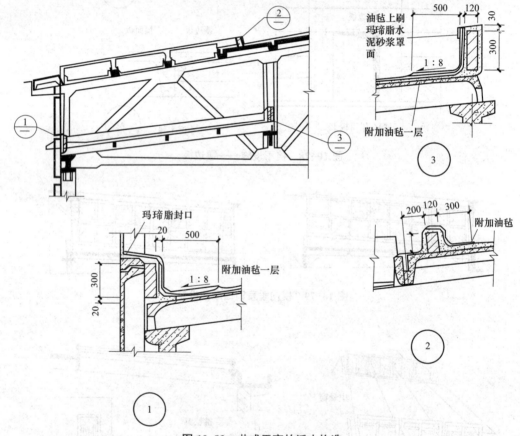

图 10-82　井式天窗的泛水构造

3. 平天窗

平天窗是利用屋顶水平面安设透光材料进行采光的天窗。其优点是屋面载荷小，构造简单，施工简便，但易造成眩光、直射，易积灰。平天窗宜采用安全玻璃（如钢化玻璃、夹丝玻璃等），但此类材料价格较高，当采用平板玻璃、磨砂玻璃、压花玻璃等非安全玻璃时，为防止玻璃破碎掉落伤人，须加安全网。平天窗可分为采光板、采光罩和采光带三种类型。

（1）采光板。采光板是在屋面板上留孔，并安装平板式透光材料。采光板的形式和组成如图 10-83 所示。

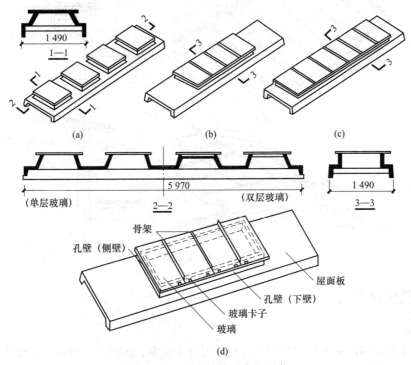

图 10-83 采光板的形式和组成
（a）小孔采光板；（b）中孔采光板；（c）大孔采光板；（d）采光板的组成

（2）采光罩。采光罩是在屋面板上留孔，并安装弧形采光材料，有固定和开启两种，如图 10-84 所示。

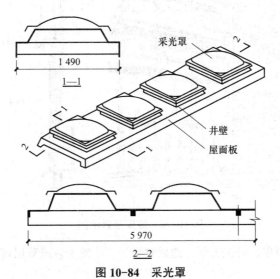

图 10-84 采光罩

（3）采光带。采光带是在屋面的纵向和横向开设 6 m 以上的采光口，安装平板透光材料，如图 10-85 所示。

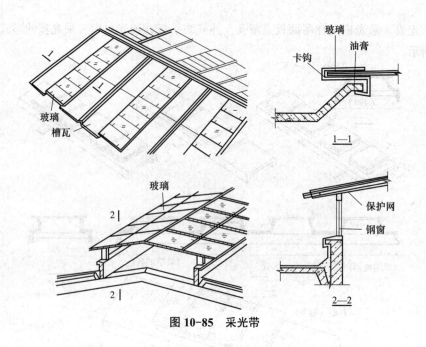

图 10-85 采光带

10.6.4 侧窗及大门

1. 侧窗

（1）侧窗的类型。侧窗根据采用的材料，可分为钢窗、木窗及塑钢窗；根据开关方式，可分为中悬窗、平开窗、垂直旋转窗、固定窗和百叶窗等。如图 10-86 所示为侧窗组合示例。

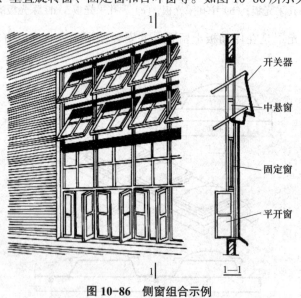

图 10-86 侧窗组合示例

1）平开窗：构造简单，开关方便，通风效果好，并便于做成双层窗，用于外墙下部，作为通风的进气口。

2）中悬窗：窗扇沿水平轴转动，开启 80°，有利于泄压，并便于机械开关或绳索手动开关，常用于外墙上部。但中悬窗构造复杂，开关扇周边的缝隙易漏雨且不利于保温。

3）固定窗：构造简单，节省材料，多设在外墙中部，主要用于采光，对于有防尘要求的车间，其侧窗也多做成固定窗。

4）立转窗：窗扇沿垂直轴转动，并可根据不同的风向调节开启角度，通风效果好，多用于热加工车间的外墙下部，作为进风口。

5）上悬窗：一般向外开，防雨性能好，但启闭不如中悬窗轻便，并且开启角度小，通风效果差，常用于厂房上部做高侧窗。

（2）侧窗的构造。

1）空腹式钢侧窗。空腹式钢侧窗具有坚固、耐久、挡光少，易于批量生产，但维护费高、易锈蚀的特点。其构造如图 10-87 所示。

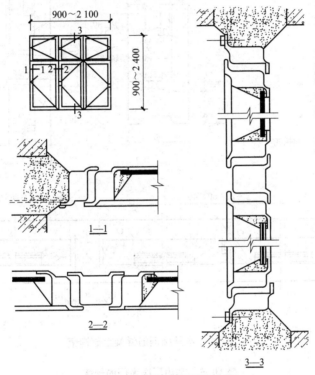

图 10-87　空腹式钢侧窗构造

2）木开扇钢筋混凝土窗。木开扇钢筋混凝土窗具有能开启、坚固、耐久、造价低，但不美观、挡光的特点。其构造如图 10-88 所示。

3）铝合金推拉窗。铝合金推拉窗美观、耐久、密封性好，但造价较高、热工性能差。

4）塑钢平开窗。塑钢平开窗美观、耐久、耐腐蚀、防火性能好，但造价高。

2. 大门

（1）大门洞口尺寸。厂房大门主要用于生产运输和人流通行，因此，大门的尺寸应根据运输工具的类型、运输货物的外形尺寸及通行方便等因素确定。一般门的尺寸应比装满货物时的车辆宽出 600～1 000 mm，高出 400～600 mm。常用厂房大门的规格见表 10-5。

（2）大门的类型。工业厂房的大门按用途可分为一般大门和特殊大门。特殊大门是根据特殊要求设计的，有保温门、防火门、防风沙门、隔声门、冷藏门、烘干室门、射线防护门等。

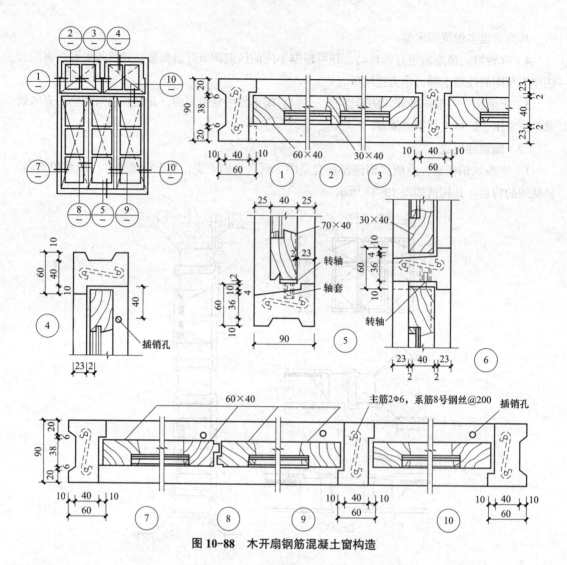

图 10-88　木开扇钢筋混凝土窗构造

表 10-5　常用厂房大门的规格

运输工具 \ 洞口宽/mm	2 100	2 100	3 000	3 300	3 600	3 900	4 200 4 500	洞口高/mm
3 t矿车	🚃							2 100
电瓶车		🚜						2 400
轻型卡车			🚗					2 700
中型卡车				🚙				3 000
重型卡车					🚚			3 900
汽车起重机						🏗		4 200
火车							🚂	5 100 5 400

工业厂房的大门按开启方式可分为平开门、折叠门、推拉门、升降门、上翻门、卷帘门，如图 10-89 所示。

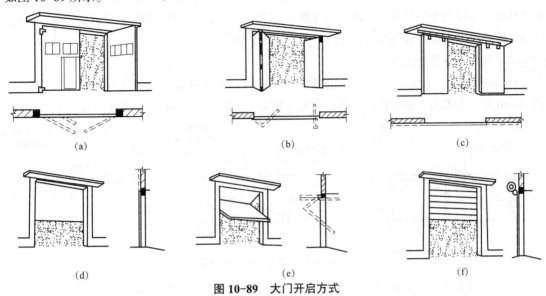

图 10-89 大门开启方式

（a）平开门；（b）折叠门；（c）推拉门；（d）升降门；（e）上翻门；（f）卷帘门

1）平开门：构造简单，开启方便，为便于疏散和节省车间使用面积，平开门通常向外开启，但需设置雨篷，以保护门扇和方便出入，受力状态较差，易产生下垂或扭曲变形。

2）折叠门：由几个较窄的门扇通过铰链组合而成，开启时通过门扇上下轮沿导轨左右移动并折叠在一起。占空间较少，适用于较大的门洞口。

3）推拉门：门的开关是通过滑轮沿导轨向左右推拉，门扇受力状态好，构造简单，不易变形，但密闭性较差，不宜用于密闭要求高的车间。

4）升降门：开启时门扇沿导轨向上升，门洞高时可沿水平方向将门扇分为几扇。不占使用空间，只需要在门洞上部留有足够的上升高度，开启宜采用电动，适用于较高的大型厂房。

5）上翻门：开启时门扇随水平轴沿导轨上翻至门顶过梁下面，不占使用空间。这种门可避免门扇的碰损，多用于车库大门。

6）卷帘门：门扇是由许多冲压成型的金属叶片连接而成的，开启时通过门洞上部的转动轴将叶片卷起，有手动和电动两种。

10.6.5 地面及其他构造

1. 地面

单层厂房的地面面积较大，应具有抵抗各种破坏的能力，以满足各种生产使用的要求，如防尘、防潮、防水、抗腐蚀、耐冲击和耐磨等。另外，两种不同材料的地面，接缝处是最易破坏的地方，应根据不同情况采取措施。当接缝两侧均为刚性垫层时，交界处不做处理。

（1）地面的组成。厂房地面一般也是由面层、垫层、基层（地基）组成的。当只设这些构造层还不能满足生产与使用要求时，还要增设找平层、结合层、隔离层、保温层、隔声层、防潮层等其他构造层次。

1）面层。厂房地面的面层可分为整体式面层及块材面层两大类。

2）垫层。厂房地面的垫层要承受并传递载荷，按材料性质不同可分为刚性垫层、半刚性垫层及柔性垫层三种。刚性垫层是以混凝土、沥青混凝土、钢筋混凝土等材料构筑而成的垫层；半刚性垫层是以灰土、三合土、四合土等材料构筑而成的垫层；柔性垫层是以砂、碎石、卵石、矿渣、碎炉渣等构筑而成的垫层，受力后产生塑性变形。

（2）地面特殊部位构造。

1）地面接缝。大面积刚性垫层的地面应做接缝。接缝按其作用可分为伸缝和缩缝两种。图 10-90 所示为混凝土垫层接缝构造。不同地面的接缝处理方法不同，如图 10-91 所示。

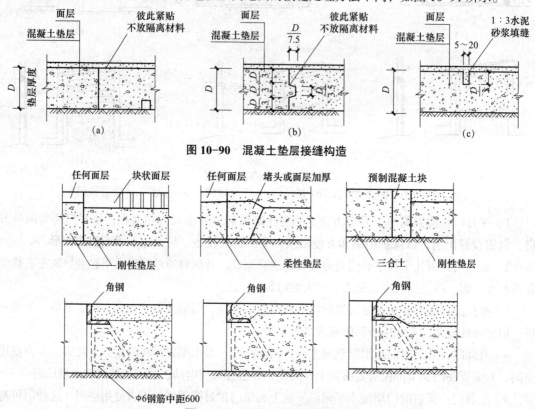

图 10-90　混凝土垫层接缝构造

图 10-91　不同地面的接缝处理

2）地沟。地沟供敷设生产管线用，由底板、沟壁、盖板三部分组成。盖板常用钢筋混凝土预制板或铸铁制作。砖砌地沟的底板一般用 C10 混凝土浇筑，厚度为 80～100 mm。沟壁常用砖砌，厚度一般为 120～490 mm，上部设混凝土垫块，以支撑预制钢筋混凝土盖板。为了防潮，沟壁外侧应涂刷冷底子油一道、热沥青两道，沟壁内侧抹 20 mm 厚 1∶2 防水砂浆，如图 10-92 所示。

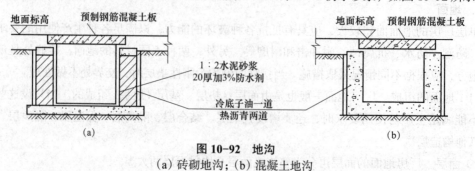

图 10-92　地沟
（a）砖砌地沟；（b）混凝土地沟

2. 其他构造

（1）坡道。厂房的室内外高差一般为 150 mm，为了便于各种车辆通行，在门口外侧须设置坡道。坡道的坡度常取 10% ～ 15%，宽度应以比大门宽 600 ～ 1 000 mm 为宜，如图 10-93 所示。

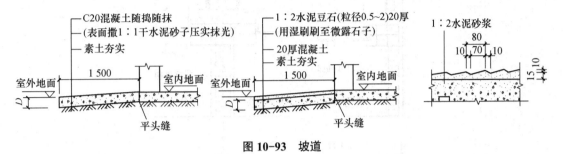

图 10-93　坡道

（2）钢梯。单层工业厂房中常采用各种钢梯，如作业台钢梯、起重机钢梯、消防及屋面检修钢梯等。

1）作业台钢梯。作业台钢梯是工人上下生产操作平台或跨越生产设备联动线的交通通道。其坡度为 45°、59°、73° 和 90°，如图 10-94 所示。

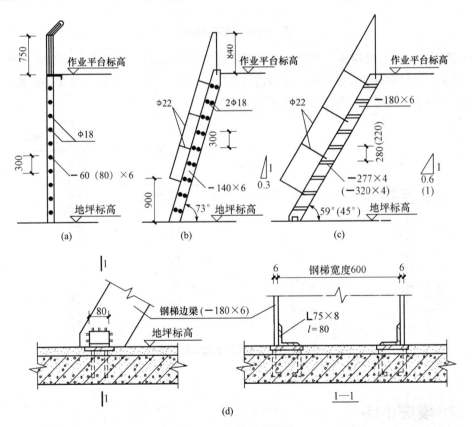

图 10-94　作业台钢梯

2）起重机钢梯。起重机钢梯是为起重机司机上下起重机使用的专用梯，起重机钢梯一般为斜梯，梯段有单跑和双跑两种，坡度有 51°、55° 和 63°，如图 10-95 所示。

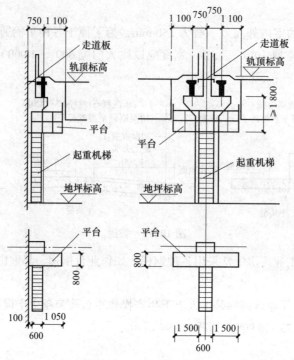

图 10-95　起重机钢梯

3）消防及屋面检修钢梯。单层厂房屋顶高度大于 10 m 时，应设专用梯自室外地面通至屋面，或从厂房屋面通至天窗屋面，作为消防及检修之用。消防及屋面检修常用直梯，宽度为 600 mm，由梯段、踏步、支撑组成，如图 10-96 所示。

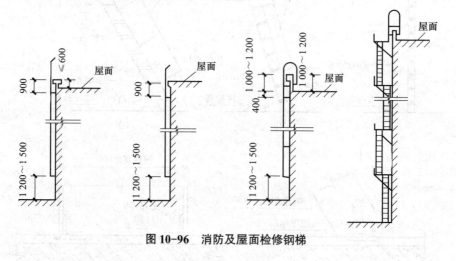

图 10-96　消防及屋面检修钢梯

📁 ▶模块小结

工业建筑是建筑的重要组成部分，与民用建筑一样具有建筑的共同性，但其主要是满足工业生产的需要，因此在建筑空间、建筑结构、建筑设备等方面具有自己的特点，生产工艺决定厂房的结构形式和平面布置。

课后习题

一、填空题

1. 工业建筑按层数划分，可分为_____厂房、_____厂房、_____厂房。

2. 工业建筑按生产状况分类，可分为_____、_____、_____、_____、洁净车间。

3. 工业建筑按用途分类，可分为_____、_____、_____、储藏用建筑、运输用建筑、其他建筑。

4. 单层工业厂房的结构类型主要有_____、_____和_____等形式。

5. 《厂房建筑模数协调标准》（GB/T 50006—2010）对单层厂房的跨度有明确的规定：当厂房跨度≤18 m时，应采用扩大模数_____尺寸系列；当跨度尺寸>18 m时，采用扩大模数_____尺寸系列。

6. 钢筋混凝土柱有_____和_____两大类。

7. 单层工业厂房的基础，主要有_____和_____两类，当柱距为6 m或更大，地质情况较好时，多采用_____基础。

8. 单层工业厂房的屋盖结构体系有_____体系和_____体系。

9. 矩形天窗由_____、_____、_____、_____、_____五部分组成。

10. 单层工业厂房屋面排水方式可分为_____和_____两大类，其中有组织排水包括_____和_____两种。

11. 单层工业厂房屋顶上的天窗按功能可分为_____天窗和_____天窗。

二、判断题

1. 柱网是由柱距和跨度组成的。 （　　）

2. 柱子横向定位轴线之间的距离称为跨度。 （　　）

3. 柱子纵向定位轴线之间的距离称为柱矩。 （　　）

4. 柱距通常采用6 m，并称其为装配式钢筋混凝土结构体系的基本柱距。 （　　）

5. 抗风柱与屋架连接要牢固，不得有竖向和横向变形。 （　　）

6. 同截面尺寸的条件下，双肢柱比矩形柱的承载力大。 （　　）

7. 两柱子之间的距离叫作跨度。 （　　）

8. 钢筋混凝土吊车梁按截面形式不同分为等截面吊车梁和T形吊车梁。 （　　）

9. 墙板的布置方案有横向布置、竖向布置、混合布置。 （　　）

10. 单层工业厂房的大门是按通行的车辆考虑的，在大门上设供人通行的小门。 （　　）

11. 单层工业厂房屋而的排水较民用建筑简单。 （　　）

三、选择题

1. 单层排架结构厂房中（　　）不是承重构件。

A. 基础　　　　　　B. 柱子　　　　　　C. 屋架　　　　　　D. 墙

2. 单层排架结构厂房中（　　）是围护构件。

A. 基础　　　　　　B. 柱子　　　　　　C. 屋架　　　　　　D. 墙

3. 单厂中常见的柱距为（　　）m。

A. 6　　　　　　　　B. 12　　　　　　　C. 18　　　　　　　D. 24

4. 单层工业厂房屋盖支撑的主要作用是（   ）。

A．传递屋面板载荷

B．传递起重机制动时产生的冲剪力

C．传递水平风载荷

D．传递天窗及托架载荷

5. 厂房屋面雨水口的位置和间距应尽量使其排水负荷均匀，有利于雨水管的安装，不影响建筑外观，雨水管的间距不宜超过（   ）m。

A．15 　　　　　　B．20 　　　　　　C．24 　　　　　　D．26

四、简答题

1. 简述工业建筑的特点。

2. 什么是柱网？扩大柱网有何优越性？

3. 基础梁的设置方式有哪几种？

4. 吊车梁与柱子的连接是怎样的？

5. 屋面防水常用的防水方式有哪几种？各有何优点、缺点？

五、实践题

1. 抄绘工业厂房平面柱网布置图。

2. 抄绘单厂变形缝处柱横向定位轴线的构造节点图。

3. 抄绘某单层工业厂房杯形基础的平面图和剖面图。

4. 选择一单层工业厂房对承重构件与围护构件进行调研。

5. 观察所在城市某单层工业厂房的外墙、大门、侧窗与天窗。

6. 选择一单层工业厂房对其屋面排水及防水进行调研。

模块 11　建筑工程施工图

知识目标

1. 熟悉建筑工程施工图的组成和作用。
2. 了解常见建筑工程施工图图例符号。
3. 掌握建筑工程施工图各图样的形成和图示内容。
4. 掌握建筑工程施工图的识读方法和步骤。

能力目标

1. 能够描述建筑工程施工图的组成。
2. 能够描述图纸的图线规定。
3. 能够识读一般住宅的建筑工程施工图。
4. 能够理解图纸反映的主要内容和构造做法。

素养目标

1. 通过建筑工程施工图制图规则的学习，学会查阅相关的国家标准规范，激发规矩意识，培养按规矩办事的世界观与人生观。

2. 通过用手绘制建筑工程施工图，将工匠精神引申到建筑行业来，了解工匠精神对做好一份工作的重要性，并且能够将"工匠精神"和实际任务联系起来，激发吃苦耐劳精神及大国工匠精神。

11.1　建筑工程施工图的分类及编排顺序

11.1.1　建筑工程施工图的分类

一套建筑工程施工图，按其内容和专业分工的不同一般可分为建筑施工图、结构施工图、设备施工图。

视频：建筑施
工图概述

（1）建筑施工图。建筑施工图简称建施，主要反映建筑物的规划位置、外形和大小、内部布置、细部构造及施工要求等。建筑施工图包括图纸目录、设计总说明、建筑总平面图、建筑平面图、建筑立面图、建筑剖面图及建筑详图等。

（2）结构施工图。结构施工图简称结施，主要表达建筑物承重结构及构件的平面布置，使用的材料、形状、大小及内部构造的工程图样，是承重构件及其他受力构件施工的依据。结构施工图包括结构总说明、基础布置图、结构平面图和构件详图。

（3）设备施工图。设备施工图简称设施。设备施工图是给水排水施工图、电气施工图、暖通施工图等的总称，这些施工图都是表达各个专业的管道（或线路）和设备的布置安装构造情况的图样。

11.1.2　建筑工程施工图的编排顺序

一套建筑工程施工图应按专业顺序编排，编排顺序为图纸目录、设计说明、总图、建筑施工图、结构施工图、给水排水图、暖通空调图、电气图等。

各专业施工图应按图纸内容的主次关系、逻辑关系进行分类，做到有序排列。一般全局性的在前，表明局部的图纸在后；先施工的在前，后施工的在后；重要的图纸在前，次要的在后。

11.2　建筑工程施工图的规定和常用符号

为了保证制图质量、提高效率，并做到统一规范、便于阅读，我国制定了《房屋建筑制图统一标准》（GB/T 50001—2017）。在绘制施工图时，必须严格遵守国家标准的规定。

11.2.1　图幅

图幅也就是图纸的大小，其规格有 5 种，见表 11-1。图框即图纸的边框，图框线用粗实线绘制。

表 11-1　图纸幅面及图框尺寸　　　　　　　　　　　　mm

尺寸代号 ＼ 幅面代号	A0	A1	A2	A3	A4
$b \times l$	841×1 189	594×841	420×594	297×420	210×297
c	10			5	
a	25				

图纸的摆放格式有横式与立式两种。A0～A3 图幅常用横式，必要时，也可以使用立式，A4 图幅常用立式，如图 11-1 所示。如果图纸幅面不够，则 A0～A3 幅面长边尺寸可加长，但图纸的短边尺寸不应加长。

（1）横式使用的图纸，应按图 11-1（a）～（c）规定的形式布置。

（2）立式使用的图纸，应按图 11-1（d）～（f）规定的形式布置。

11.2.2　标题栏与会签栏

应根据工程的需要选择确定标题栏、会签栏的尺寸、格式及分区，标题栏、签字栏应按图 11-2 所示布局，签字栏应包括实名列和签名列，并应符合下列规定：

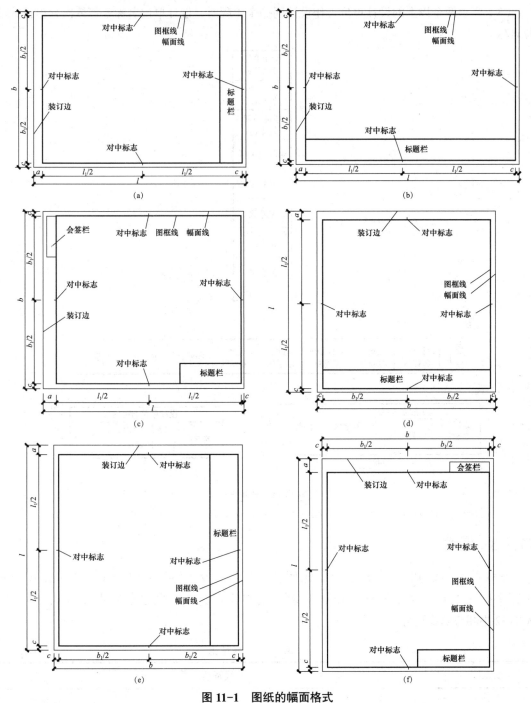

图 11-1　图纸的幅面格式

（a）A0～A3 横式幅面（一）；（b）A0～A3 横式幅面（二）；（c）A0～A1 横式幅面（三）；
（d）A0～A4 立式幅面（一）；（e）A0～A4 立式图幅（二）；（f）A0～A2 立式图幅（三）

（1）涉外工程的标题栏内，各项主要内容的中文下方应附有译文，设计单位的上方和左方，应加"中华人民共和国"字样。

（2）在计算机辅助制图文件中使用电子签名与认证时，应符合《中华人民共和国电子签名法》的有关规定。

（3）当由两个以上的设计单位合作设计同一个工程时，设计单位名称区可依次列出设计单位名称。

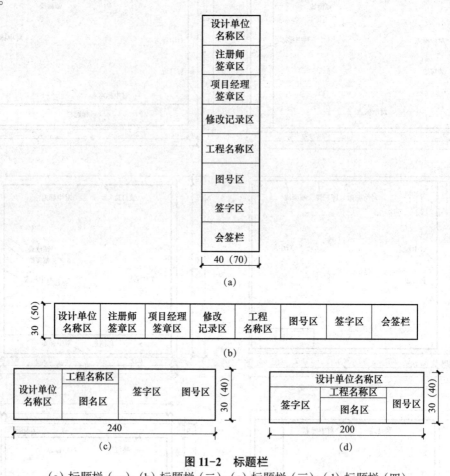

图 11-2　标题栏

（a）标题栏（一）；（b）标题栏（二）；（c）标题栏（三）；（d）标题栏（四）

11.2.3　图线

图线的基本线宽 b，宜按照图纸比例及图纸性质从 1.4 mm、1.0 mm、0.7 mm、0.5 mm 线宽系列中选取。每个图线应根据复杂程度与比例大小，先选定基本线宽 b，再选用表 11-2 中相应的线宽组。

表 11-2　线宽组　　　　　　　mm

线宽比	线宽组			
b	1.4	1.0	0.7	0.5
$0.7b$	1.0	0.7	0.5	0.35
$0.5b$	0.7	0.5	0.35	0.25
$0.25b$	0.35	0.25	0.18	0.13
注：①需要缩微的图纸，不宜采用 0.18 mm 及更细的线宽。 ②同一张图纸内，各不同线宽中的细线，可统一采用较细的线宽组的细线				

工程内容都用图线表达，为了使各种图线所表达的内容统一，国标对建筑工程图样中图线的种类、用途和画法都做了规定，在建筑工程图样中，图线的线型、线宽及其作用见表 11-3。

表 11-3　图线的线型、线宽及其作用

名称		线型	线宽	一般用途
实线	粗		b	主要可见轮廓线
	中粗		$0.7b$	可见轮廓线、变更云线
	中		$0.5b$	可见轮廓线、尺寸线
	细		$0.25b$	图例填充线、家具线
虚线	粗		b	见各有关专业制图标准
	中粗		$0.7b$	不可见轮廓线
	中		$0.5b$	不可见轮廓线、图例线
	细		$0.25b$	图例填充线、家具线
单点长画线	粗		b	见各有关专业制图标准
	中		$0.5b$	见各有关专业制图标准
	细		$0.25b$	中心线、对称线、轴线等
双点长画线	粗		b	见各有关专业制图标准
	中		$0.5b$	见各有关专业制图标准
	细		$0.25b$	假想轮廓线、成型前原始轮廓线
折断线	细		$0.25b$	断开界线
波浪线	细		$0.25b$	断开界线

画图时还应注意以下几个问题：

（1）同一张图纸内，相同比例的各图样应选用相同的线宽组。

（2）图纸的图框和标题栏线可采用表 11-4 的线宽。

表 11-4　图框线和标题栏线的宽度　　　　　　　　　　　　　　　mm

幅面代号	图框线	标题栏外框线	标题栏分格线
A0、A1	b	$0.5b$	$0.25b$
A2、A3、A4	b	$0.7b$	$0.35b$

（3）相互平行的图例线，其净间隙或线中间隙不宜小于 0.2 mm。

（4）虚线、单点长画线或双点长画线的线段长度和间隙，宜各自相等。

（5）单点长画线或双点长画线，当在较小图形中绘制有困难时，可用实线代替。

（6）单点长画线或双点长画线的两端，不应采用点。点画线与点画线交接或点画线与其他图线交接时，应采用线段交接。

（7）虚线与虚线交接或虚线与其他图线交接时，应采用线段交接。虚线为实线的延长线时，不得与实线相接。

（8）图线不得与文字、数字或符号重叠、混淆，不可避免时，应首先保证文字的清晰。

11.2.4　比例

比例是指图形与其实物相应的线性尺寸之比。比例符号应为"："，比例应以阿拉伯数字表示，如 1：200 即表示实物的尺寸是图形尺寸的 200 倍。比例宜注写在图名的右侧，比例的字高宜比图名的字高小一号或二号。施工图绘图时常采用的比例见表 11-5。

表 11-5　绘图所用的比例

常用比例	1：1、1：2、1：5、1：10、1：20、1：30、1：50、1：100、1：150、1：200、1：500、1：1 000、1：2 000
可用比例	1：3、1：4、1：6、1：15、1：25、1：40、1：60、1：80、1：250、1：300、1：400、1：600、1：5 000、1：10 000、1：20 000、1：50 000、1：100 000、1：200 000

一般情况下，一个图样应选用一种比例。根据专业制图需要，同一图样可选用两种比例。

11.2.5　尺寸标注

图样上的尺寸是由尺寸界线、尺寸线、尺寸起止符号及尺寸数字四部分构成，如图 11-3 所示。

（1）尺寸界线。尺寸界线应用细实线绘制，应与被注长度垂直，其一端应离开图样轮廓线不小于 2 mm，另一端宜超出尺寸线 2～3 mm。图样轮廓线可用作为尺寸界线。

（2）尺寸线。尺寸线应用细实线绘制，应与被注长度线平行，两端宜以尺寸界线为边界，也可超出尺寸界线 2～3 mm。与图形外轮廓线相距不宜小于 10 mm，平行排列的尺寸线的距离宜为 7～10 mm，并应保持一致。图样本身的任何图线均不得作为尺寸线。

（3）尺寸起止符号。尺寸起止符号一般用中粗斜短线绘制，其斜线方向应与尺寸界线成顺时针 45°，长度宜为 2～3 mm。半径、直径、角度与弧长的尺寸起止符号，宜用箭头表示，箭头宽度 b 不宜小于 1 mm，如图 11-4 所示。

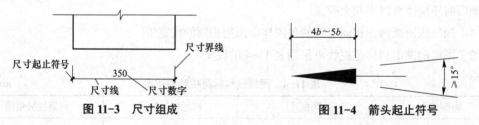

图 11-3　尺寸组成　　　　　　**图 11-4　箭头起止符号**

（4）尺寸数字。图样上的尺寸应以尺寸数字为准，不应从图上直接量取。其数值仅表示图形的真实大小，而与绘图时所选的比例、图形大小及绘图的准确度无关。图样上的尺寸单位除标高及总平面图以米为单位外，其他必须以毫米为单位，在施工图中不注写单位。

尺寸标注时，当尺寸线为水平时，其尺寸数字标注在尺寸线的上方，由左向右；当尺寸线为竖直方向时，其尺寸数字由下至上标注在尺寸线的左侧；当尺寸线为其他方向时，其注写方向如图 11-5 所示。

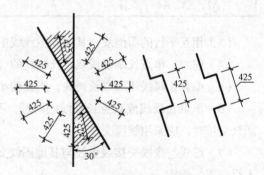

图 11-5　尺寸数字的注写方向

尺寸数字应根据其方向注写在靠近尺寸线的上方中部，如没有足够的注写位置，最外边尺寸数字可错开注写，中间相邻的尺寸数字可上下错开注写。可用引出线表示标注尺寸的位置，如图11-6所示。

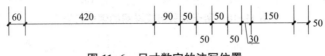

图11-6　尺寸数字的注写位置

尺寸宜标注在图样轮廓以外，不宜与图线、文字及符号等相交，如图11-7所示。

互相平行的尺寸线，应从被注写的图样轮廓线由近向远整齐排列，较小尺寸应离轮廓线较近，较大尺寸应离轮廓线较远，即以大包小，如图11-8所示。

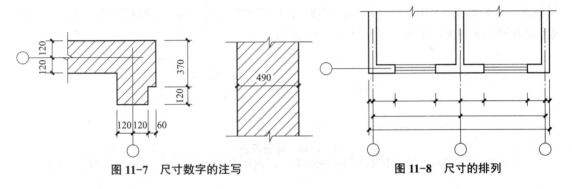

图11-7　尺寸数字的注写　　　　　　**图11-8　尺寸的排列**

11.2.6　索引符号及详图符号

1. 索引符号

图样中的某一局部或构件，如需另见详图，应以索引符号索引，如图11-9（a）所示。索引符号应由直径为8～10 mm的圆和水平直径组成，圆及水平直径均用细实线绘制。索引符号编写应符合下列规定：

当索引出的详图与被索引的图样在同一张图纸内时，应在索引符号的上半圆中用阿拉伯数字注明该详图的编号，并在下半圆中间画一段水平细实线，如图11-9（b）所示。当索引出的详图与被索引的图样不在同一张图纸内时，应在索引符号的上半圆中用阿拉伯数字注明该详图的编号，并在下半圆用阿拉伯数字注明该详图所在图纸的编号，如图11-9（c）所示。当索引出的详图采用标准图时，应在索引符号水平直径的延长线上加注该标准图册的编号，如图11-9（d）所示。

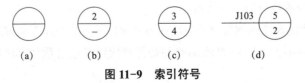

图11-9　索引符号

当索引符号用于索引剖视详图时，应在被剖切的部位绘制剖切位置线，并以引出线引出索引符号，引出线所在一侧应为剖视方向，如图11-10所示。

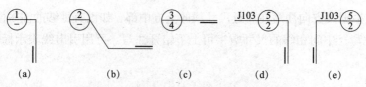

图 11-10　用于索引剖视详图的索引符号

2. 详图符号

详图的位置和编号应以详图符号表示。详图符号的圆应以粗实线绘制，直径为 14 mm。详图符号应符合下列规定：

当详图与被索引的图样在同一张图纸内时，应在详图符号内用阿拉伯数字注明该详图的编号，如图 11-11（a）所示。当详图与被索引的图样不在同一张图纸内时，应用细实线在详图符号内画一水平直径，在上半圆中用阿拉伯数字注明详图的编号，在下半圆用阿拉伯数字注明被索引的图样所在图纸的编号，如图 11-11（b）所示。

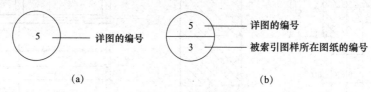

图 11-11　详图符号

（a）与被索引图样同在同一张图纸内的详图索引；（b）与被索引图样不在同一张图纸内的详图索引

11.2.7　剖切符号

剖切符号宜优先选择国际通用方法表示，如图 11-12 所示，也可采用常用方法表示，如图 11-13 所示，同一套图纸应选用一种表示方法。

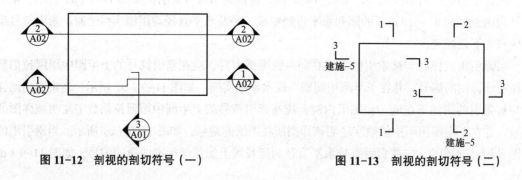

图 11-12　剖视的剖切符号（一）　　　　图 11-13　剖视的剖切符号（二）

剖切符号标注的位置应符合下列规定：

（1）建（构）筑物剖面图的剖切符号应注在 ±0.000 标高的平面图或首层平面图上。

（2）局部剖切图（不含首层）、断面图的剖切符号应注在包含剖切部位的最下面的一层的平面图上。

采用常用方法表示时，剖面的剖切符号由剖切位置线及剖视方向线组成，均应以粗实线绘制。剖面的剖切符号应符合下列规定：

1）剖切位置线的长度宜为 6～10 mm；剖视方向线应垂直于剖切位置线，长度应短于剖切位置线，宜为 4～6 mm。绘制时，剖视剖切符号不应与其他图线相接触。

2）剖视剖切符号的编号宜采用粗阿拉伯数字，按剖切顺序由左至右、由下至上连续编排，并应注写在剖视方向线的端部，如图 11-13 所示。

3）需要转折的剖切位置线，应在转角的外侧加注与该符号相同的编号。

4）断面的剖切符号应仅用剖切位置线表示，其编号应注写在剖切位置线的一侧；编号所在的一侧应为该断面的剖视方向，其余同剖面的剖切符号，如图 11-14 所示。

5）当与被剖切图样不在同一张图内时，应在剖切位置线的另一侧注明其所在图纸的编号，如图 11-14 所示，也可在图上集中说明。

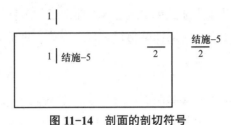

图 11-14　剖面的剖切符号

11.2.8　其他符号

1. 对称符号

对称符号由对称线和两端的两对平行线组成。对称线应用单点长画线绘制；平行线应用细实线绘制，其长度宜为 6～10 mm，每对的间距宜为 2～3 mm；对称线应垂直平分两对平行线，两端超出平行线宜为 2～3 mm，如图 11-15 所示。

2. 连接符号

连接符号应以折断线表示需连接的部位。两部位相距较远时，折断线两端靠图样一侧应标注大写英文字母表示连接编号。两个被连接的图样应用相同的字母编号，如图 11-16 所示。

3. 指北针

指北针的形状，如图 11-17 所示。其圆的直径宜为 24 mm，用细实线绘制；指针头部指向北，并应注写"北"或"N"字，指针的尾部的宽度宜为 3 mm。需用较大直径绘制指北针时，指针尾部的宽度宜为直径的 1/8。

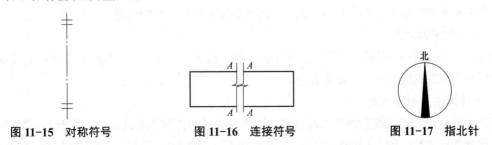

图 11-15　对称符号　　　　图 11-16　连接符号　　　　图 11-17　指北针

11.3　建筑施工图首页图和总平面图

11.3.1　建筑施工图首页图

建筑施工图首页图是建筑施工图的第一张图纸，主要内容包括图纸目录、设计说明、工程做法和门窗表。

1. 图纸目录

图纸目录说明工程由哪几类专业图纸组成，各专业图纸的名称、张数和图纸顺序，以便查阅图纸。看图前应首先检查整套施工图图纸与目录是否一致，防止缺页给识图和施工造成不必要的麻烦。

2. 设计说明

设计说明是对图纸中无法表示清楚的内容用文字加以详细的说明，其主要内容有建设工程概况，建筑设计依据，所选用的标准图集的代号，建筑装修、构造的要求，以及设计人员对施工单位的要求。小型工程的设计说明可以与相应的施工图说明放在一起。

3. 工程做法表和门窗表

（1）工程做法表。工程做法表主要是对建筑各部位构造做法用表格的形式加以详细说明。一般在表中对各施工部位的名称、做法等详细表达清楚，如采用标准图集中的做法，应注明所采用标准图集的代号、做法编号，如有改变，应在备注中说明。

（2）门窗表。门窗表是对建筑物上所有不同类型的门窗统计后列成的表格，以备施工、预算需要。在门窗表中应反映门窗的类型、大小、所选用的标准图集及类型编号，如有特殊要求，应在备注中加以说明。

11.3.2　总平面图

1. 总平面图的形成及作用

假想在建筑地段的上空向下看，所得的水平投影图，即建筑总平面图。

总平面图主要反映出新建建筑物及其周围的总体布局情况，如建筑物的平面形状和层数、与原有建筑物的相对位置、地形地物、周围环境、道路和绿化等，可作为新建房屋定位、施工放线、土方施工及绘制水、暖、电等管线总平面图和施工总平面图的依据。

2. 总平面图的比例

因建筑总平面图所反映的范围较大，常用的比例一般为 1∶500、1∶1 000、1∶2 000、1∶5 000 等，房屋只用外围轮廓线的水平投影表示。

3. 总平面图的图示方法

建筑总平面图是用正投影的原理绘制的，图形主要是以图例的形式表示，建筑总平面图采用《总图制图标准》（GB/T 50103—2010）规定的图例，画图时应严格执行该图例符号，若采用不是标准中的图例，应在建筑总平面图下面说明；建筑总平面图中图线的宽度 b，应根据图样的复杂程度和比例，按《房屋建筑制图统一标准》（GB/T 50001—2017）中图线的有关规定执行；总平面图上的尺寸均以米为单位，并应至少取至小数点后两位。

4. 总平面图中常用的图例符号

总平面图中常用图例符号见表 11-6。

表 11-6　总平面图常用图例

名称	图例	备注
新建建筑物	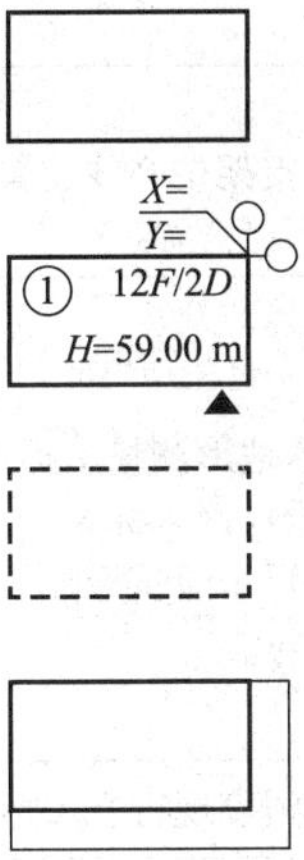 $X=$ $Y=$ ① 12F/2D H=59.00 m	新建建筑物以粗实线表示与室外地坪相接处 ±0.00 外墙定位轮廓线； 建筑物一般以 ±0.00 高度处的外墙定位轴线交叉点坐标定位。轴线用细实线表示，并标明轴线号； 根据不同设计阶段标注建筑编号，地上、地下层数，建筑高度，建筑出入口位置（两种表示方法均可，但同一图纸采用一种表示方法）； 地下建筑物以粗虚线表示其轮廓； 建筑上部（±0.00 以上）外挑建筑用细实线表示； 建筑物上部连廊用细虚线表示并标注位置
原有建筑物	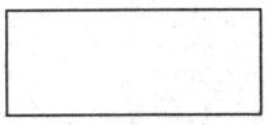	用细实线表示
计划扩建的预留地或建筑物		用中粗虚线表示
拆除的建筑物	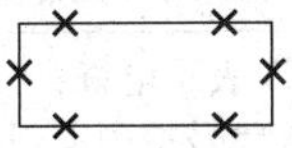	用细实线表示
建筑物下面的通道	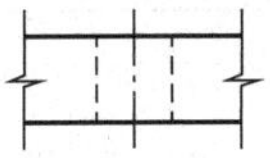	
散状材料露天堆场	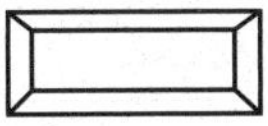	需要时可注明材料名称
其他材料露天堆场或露天作业场	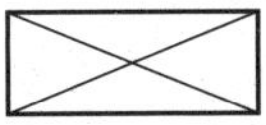	
原有道路	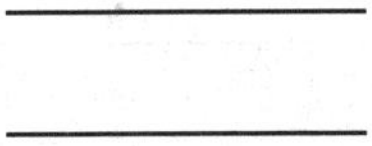	
计划扩建的道路		
拆除的道路	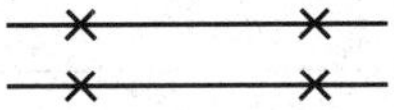	
人行道	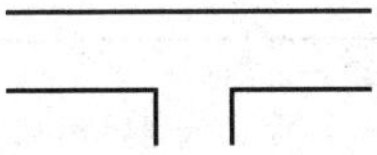	
三面坡式缘石道路	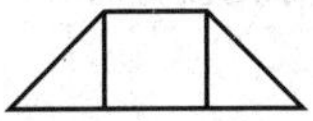	

名称	图例	备注
架空索道		"Ⅰ"为支架位置
斜坡卷扬机道	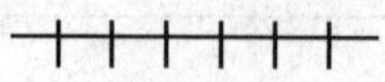	
斜坡栈桥 （皮带廊等）	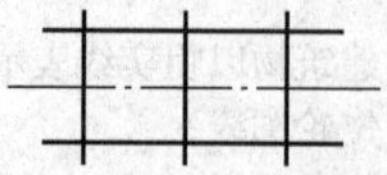	细实线表示支架中心线位置
坐标	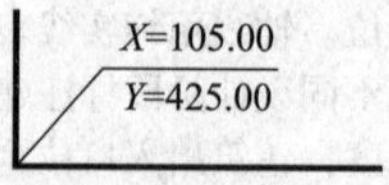 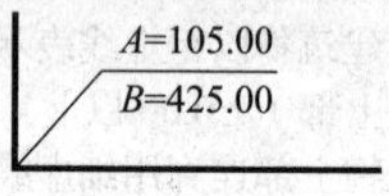 $X=105.00$ $Y=425.00$ $A=105.00$ $B=425.00$	1. 上图表示地形测量坐标系 2. 下图表示自设坐标系 坐标数字平行于建筑标注
管线	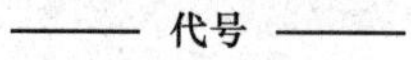 —— 代号 ——	管线代号按国家现行有关标准的规定标注
地沟管线	  —— 代号 —— —— 代号 —— ├ 代号 ┤	
管桥管线	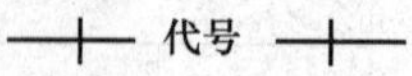 ┼ 代号 ┼	管线代号按国家现行有关标准的规定标注
架空电力、电信线	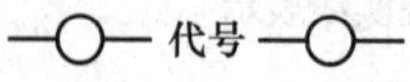 ─○─ 代号 ─○─	1. "○"表示电杆； 2. 管线代号按国家现行有关标准的规定标注
常绿针叶乔木	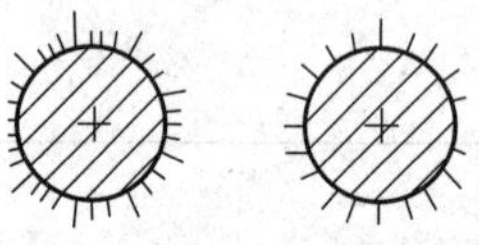	
落叶针叶乔木	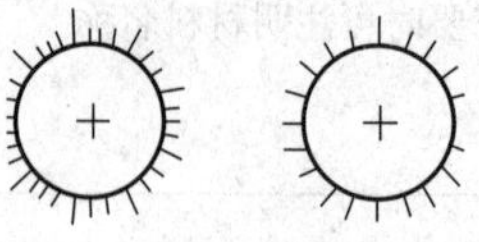	
雨水口	1.  2. 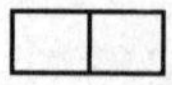 3. 	1. 雨水口 2. 原有雨水口 3. 双落式雨水口
消火栓井		
急流槽	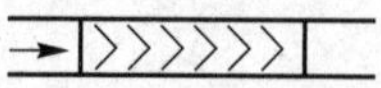 →〉〉〉〉〉	箭头表示水流方向
跌水	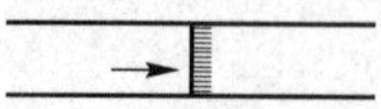 →	

5. 建筑总平面图的图示内容

（1）新建建筑物所处的地形。

（2）新建建筑物的位置，总平面图中应详细地绘制出其定位方式。新建建筑物的定位方式有三种：第一种是利用施工坐标确定新建建筑物的位置；第二种是利用新建建筑物和原有建筑物之间的距离来定位；第三种是利用新建建筑物与周围道路之间的距离确定新建建筑物的位置。

（3）相邻原有建筑物、拆除建筑物的位置和范围。

（4）附近的地形、地物等，如道路、河流、池塘等。

（5）指北针或风向频率玫瑰图。在建筑总平面图中通常利用带有指北针的风向频率玫瑰图，用来表示该地区常年的风向频率和房屋的朝向，如图 11-18 所示。风向频率玫瑰图是根据当地多年平均统计的各个方向吹风次数的百分数，按一定比例绘制的。风的吹向是指从外吹向中心。实线表示全面风向频率，虚线表示按 6、7、8 三个月统计的风向频率。明确风向有助于建筑构造的选用及材料的选用。

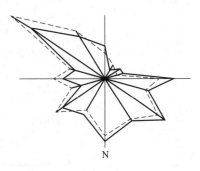

图 11-18　风向频率玫瑰图

（6）绿化规划或管道布置。

（7）补充图例，若图中采用了建筑制图规范中没有的图例时，则应在建筑总平面图下方详细补充图例，并予以说明。

6. 总平面图的识读

以图 11-19 为例，介绍总平面图的识读方法。

（1）看图的图名、比例，熟悉图例。由于总平面图要表达的范围比较大，所以总平面图的绘制比例较小。由图可以看出，其比例为 1：500，图例显示有一幢新建的建筑物，其余为原有道路。

（2）了解建筑工程性质、方位、朝向。由图可知，新建工程为办公楼建筑，六层。从指北针的指向可知，该办公楼为南北朝向，坐北朝南。

（3）了解新建建筑物基本情况、道路布置等。由图可知，该办公楼的总长为 71.00 m，总宽为 21.00 m，两端各向外延伸了 6.30 m，形成了一个接近槽形的平面形状。办公楼三面有道路，东边距办公楼 8.1 m 是宽 18 m 的郑州路，西边距办公楼 7.5 m 是宽为 24 m 的龙鳞路，南边是西苑路。

（4）了解新建建筑物室内外地坪标高、室内外高差。由图中可以看出，新建建筑物室内首层地面的绝对标高是 97.00 m，即底层室内地面标高 ±0.000 相当于绝对标高 97.00 m，室外地坪绝对标高为 96.55 m，从而可知室内外高差为 0.45 m。

（5）了解新建建筑物四周的绿化等情况。由图可以看出，在办公楼前 3 m 处两边各有长为 45 m、宽 4.5 m 的绿化区，办公楼正前方有一座喷泉。

（6）了解经济技术指标。（略）

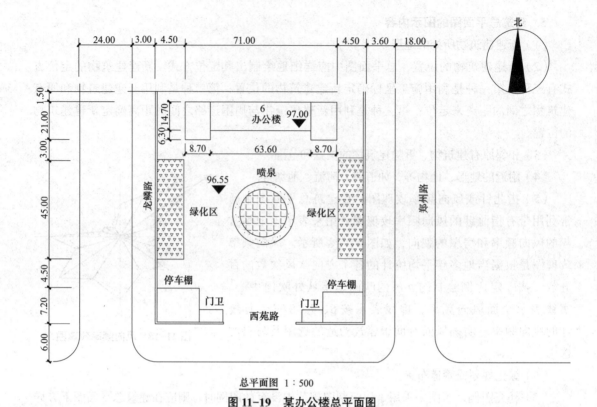

总平面图 1∶500

图 11-19 某办公楼总平面图

11.4 建筑平面图

11.4.1 建筑平面图的形成和作用

建筑平面图就是建筑物形体的水平剖视图，假想用一个水平的剖切平面沿建筑物各层门窗洞口部位（指窗台以上、过梁以下的适当部位）水平剖切开，移去剖切面上半部分，对剖切平面以下的部分进行投影所得的投影图，称为建筑平面图，简称平面图。

视频：建筑平面图（上）　视频：建筑平面图（下）

建筑平面图主要表达房屋的平面形状、大小和房间的布置、墙或柱的位置、厚度、材料、门窗的位置、大小和开启方向等。建筑平面图是施工时定位放线、砌墙、安装门窗、室内装修及编制预算等的重要依据。

11.4.2 建筑平面图的命名

一般情况下，房屋有几层就应画出几层的平面图，并在图下方标明图名，如底层平面图、二层平面图、三层平面图等。图名下方应加一粗实线，图名右方应标注比例。当房屋中间若干层的平面布局、结构布置、构造情况完全一致时，则可共用一个平面图来表达相同布局的若干层，称为"×－×层平面图"或"标准层平面图"。

11.4.3　建筑平面图的图示内容

（1）注明图名和比例，平面图常用 1∶50、1∶100、1∶200 的比例绘制。

（2）定位轴线及编号，凡是承重的墙、柱都必须标注定位轴线，并按顺序予以编号。

（3）房屋的平面形状，内、外部尺寸和总尺寸。

（4）房间的布置、用途及交通联系。

（5）门窗的布置、数量、型号及门的开启方向。

（6）房屋细部构造和设备配置等情况，如台阶、坡道、散水、雨水管、卫生间设备的布置等。

（7）建筑物的平面尺寸及各层楼、地面的标高。建筑物的平面尺寸有内部尺寸和外部尺寸。外部尺寸一般标注三道尺寸线，从里向外第一道尺寸表示细部尺寸；第二道尺寸表示轴线尺寸（开间和进深）；第三道尺寸表示外轮廓总尺寸（总长和总宽）；内部尺寸一般标注一道，表示室内的墙厚、门窗洞口、预留空洞等细部尺寸，不同地面处的标高等。

（8）画出剖面图的剖切符号（只在底层平面图上绘制）及详图索引符号（在需要画详图处）。

（9）在底层平面图上应画出指北针。

11.4.4　建筑平面图的线性规定

被剖到的墙、柱的截面轮廓线用粗实线表示；门窗开启线用中粗实线表示；其余可见构件的轮廓线均用细实线表示。

11.4.5　建筑平面图的识读

以图 11-20 为例说明底层平面图的识读方法和步骤。

（1）读图名、比例，可知是哪一层平面。在平面图下方应注出图名和比例，从图 11-20 中可知是一层平面图，比例为 1∶100。

（2）读指北针，了解建筑物的方位和朝向。图 11-20 中所示建筑正面朝北，背面朝南，所以为坐南朝北。

（3）读定位轴线及编号，了解各承重墙、柱的位置。图 11-20 中有①～⑩轴 10 根横向定位轴线，Ⓐ～Ⓓ轴 4 根纵向定位轴线，定位轴线Ⓒ和Ⓓ之间有一个附加定位轴线①/C。

（4）读房屋的内部平面布置和外部设施，了解房间的分布、用途、数量及相互关系。图 11-20 为综合楼的一层平面图，主要由展厅、办公室、大厅、楼梯间、卫生间、盥洗室和电梯井等部分组成，各部分都标注有名称，平面形状为一矩形。主要出入口大门在北侧，有两个次要出入口；有两部楼梯，两部楼梯上行的梯段被水平剖切面剖断，用 45° 倾斜折断线表示；男女卫生间、盥洗室及电梯间设在最东靠南侧，收发室在大厅左侧，朝南③～⑨为展厅，其余用房为办公室。出入口室外均有 2 级踏步，房屋四周均设有散水，主要出入口右侧设有无障碍设计的坡道和栏杆。

（5）读门、窗及其他构配件的图例和编号，了解它们的位置、类型和数量等情况。门、窗代号分别为 M、C，图 11-20 中大门编号为 M-1，只有 1 个。M-2 有两个，宽度为 1 500 mm，M-3 有 3 个，M-4 有 4 个，卫生间设有 GC-1 两个，宽度为 2 100 mm，C-1 有 11 个，宽度为 2 100 mm，C-6 有 1 个，宽度为 3 000 mm。

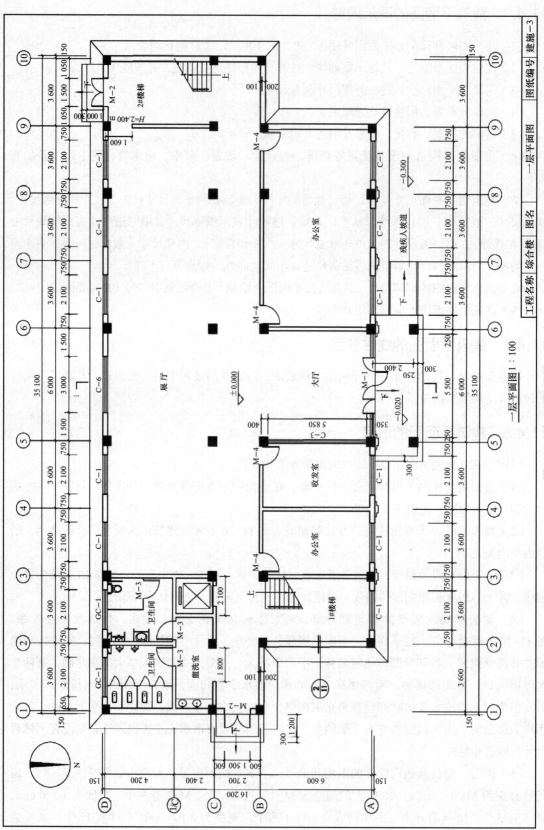

图 11-20 一层平面图

（6）读尺寸和标高，可知房屋的总长、总宽、开间、进深和构配件的型号、定位尺寸及室内外地坪的标高。在平面图中，外墙一般要标注三道尺寸，最外一道为建筑物的总长和总宽，中间一道是轴线间尺寸即表示房的开间和进深，最里面一道为细部尺寸。如图 11-20 中房屋总长为 35 100 mm，总宽为 16 200 mm；房间开间有 3 600 mm、6 000 mm，进深有 2 700 mm、6 600 mm；C-1 窗的定形尺寸为 2 100 mm、定位尺寸为 750 mm 等。此外，还应注出必要的内部尺寸和某些局部尺寸，如图 11-20 中 M-2 门洞的定形尺寸为 1 500 mm、定位尺寸为 600 mm 等。平面图中还应注出楼地面的标高，如图 11-20 中室内设计地面标高为 ±0.000，室外设计地坪标高为 -0.300 mm，室内外高差为 300 mm。

（7）读剖切符号，了解剖切平面的位置和编号及投影方向；读索引符号，了解详图的编号和位置。在图样中的某一局部或构件，如需另见详图时，常常用索引符号注明画出详图的位置、详图的编号及详图所在的图纸编号。图 11-20 中 1-1 剖切位置在 ⑤～⑥ 轴间，剖切后向左投影；图 11-20 中还画出了索引符号 ②/11，表示墙脚部位散水和墙身防潮层的做法的大样详图见建施 -11 第 2 个详图。

（8）读标题栏，可以了解到工程项目名称及内容、设计单位、设计者、绘图者姓名、日期等内容。

以图 11-21 所示来说明二层平面图的识读方法和步骤。

二层平面图的图示内容和方法与一层平面图有些内容相同。不同之处如下：

（1）在二层平面图中，不必再画出一层平面图中已显示的指北针、剖切符号，以及室外地面上的散水、台阶、坡道等。

（2）读建筑内部布置的变化。从图 11-21 中可以看出，二层南侧的展厅变成了三个办公室和一个资料室，大厅的一层和二层是通高布置的，二层平面图中还表达了三个出入口的雨篷，2 号楼梯间靠南的雨篷具体做法见索引符号 ①/11，表示雨篷的具体构造要求见建施 -11 第 1 个详图。

（3）二层平面图中门窗编号、尺寸和标高等与一层平面图有不同的地方。如图 11-21 中室内地面标高为 4.200 m，卫生间的两个 GC-1、2 号楼梯间次要出入口的 M-2 都变为 C-4，宽度没变，南边 ⑤～⑥ 轴线之间的 C-6 变为 C-5，东边的次要出入口 M-2 也变为 C-2，建筑物主要出入口的 M-1 变为 C-5，宽度为 3 000 mm，C-1 都变为 C-4。

（4）二层平面图中，楼梯间上行的梯段被水平剖切面剖断，绘图时用 45° 倾斜折断线分界，画出上行梯段的部分踏步，下行的梯段完整存在。

以图 11-22 为例说明屋顶平面图的识读方法和步骤。

屋顶平面图是屋顶的水平投影图。在屋顶平面图中，一般表明屋顶的形状、凸出屋顶的楼梯间、电梯机房、水箱、管道、烟囱、上人口等的位置和屋面排水方式及排水坡度、女儿墙、雨水口的位置等。

（1）了解屋顶的类型。从屋顶平面图中可以看出，该屋顶一部分为上人屋顶；另一部分为不上人屋顶，上人屋顶的屋面标高为 10.750 m，不上人屋顶的屋面标高为 15.000 m。

（2）了解屋顶的排水方式。从图 11-22 中可以看出，采用有组织排水方式，为内排水，上人屋面为单坡排水，排水坡度为 2%，在南边女儿墙内设有檐沟；不上人屋面部分为双坡排水，排水坡度也为 2%，在南边和北边女儿墙内均设有檐沟；不上人屋面的南边屋面雨水是通过设在女儿墙底的弯管式雨水口及雨水管将雨水导入上人屋面的檐沟，然后通过雨水管排到地下排水系统；上人屋面和不上人屋面檐沟内排水坡度均为 1%，将屋面雨水导入雨水口，经雨水管排到地下排水系统。

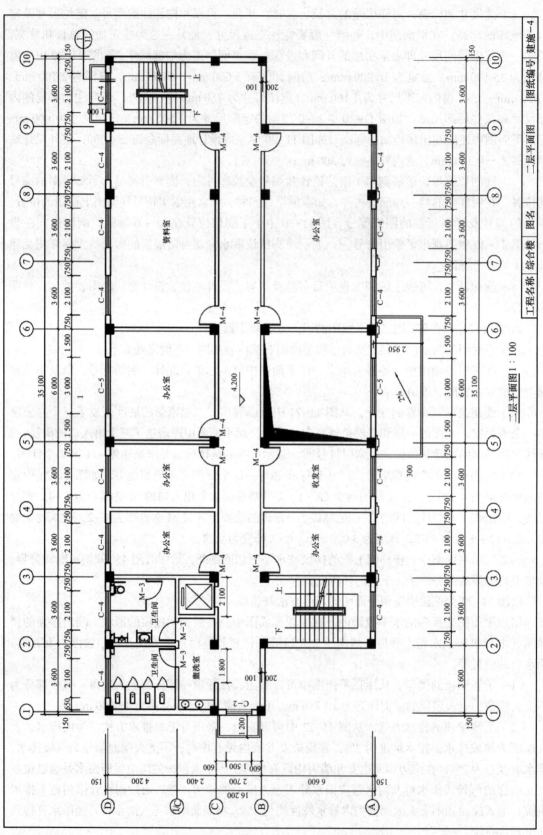

图 11-21 二层平面图

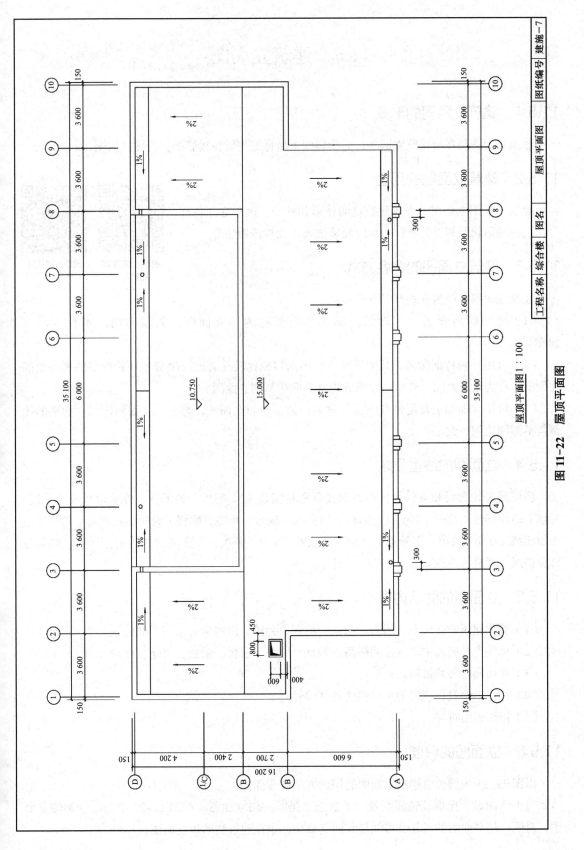

屋顶平面图1 : 100

图 11-22　屋顶平面图

11.5 建筑立面图

11.5.1 建筑立面图的形成

建筑立面图是在与建筑立面平行的投影面上所做的房屋正投影图，简称立面图。

11.5.2 建筑立面图的用途

建筑立面图主要用于表示建筑物的体形和外貌，表示立面各部分构配件的形状及相互关系；表示立面装饰要求及构造做法等。

视频：建筑立 视频：建筑立
面图（上） 面图（下）

11.5.3 建筑立面图的命名方式

建筑立面图的命名方式有以下三种：

（1）可用朝向命名，立面朝向哪个方向就称为某立面图，如朝向南，则称为南立面图。

（2）可用外貌特征命名，其中反映主要出入口或比较显著地反映房屋外貌特征的那一面的立面图，称为正立面图，其余立面图成为背立面图和侧立面图。

（3）可用立面图上首尾轴线的编号命名，如①～⑩立面图、⑩～①立面图等。立面图的比例与平面图比例一致。

11.5.4 立面图的线型要求

房屋最外轮廓线和有较大转折处的投影用粗实线（b）画出，如屋檐、外墙边线及地平线；外墙上凸出凹进的部位（如壁柱、阳台、门窗洞、窗台、雨篷、勒脚、台阶、花台等）轮廓线用中粗实线（$0.5b$）画出；室外地平线用加粗实线（$1.2b$）画出；其余细部如门窗分格线、墙面装饰分格线、栏杆等用细实线（$0.25b$）画出。

11.5.5 立面图的图示内容

（1）表明建筑物的外形、门窗、阳台、雨篷、台阶、雨水管、烟囱等的位置。

（2）标注出外墙各主要部位的标高，如室外地坪、窗台、阳台、雨篷、檐口等。

（3）外墙面的装修做法。

（4）标注出建筑物两端的定位轴线及其编号。

（5）标注索引符号。

11.5.6 立面图的识读

以图 11-23 为例说明建筑立面图的识读方法和步骤。

（1）读图名、比例及轴线编号，了解该图是哪一向立面图。如图 11-23 中为①～⑩轴立面图，对照一层平面图的指北针可知是北向立面面，也是建筑物的正立面图，比例为 1：100。

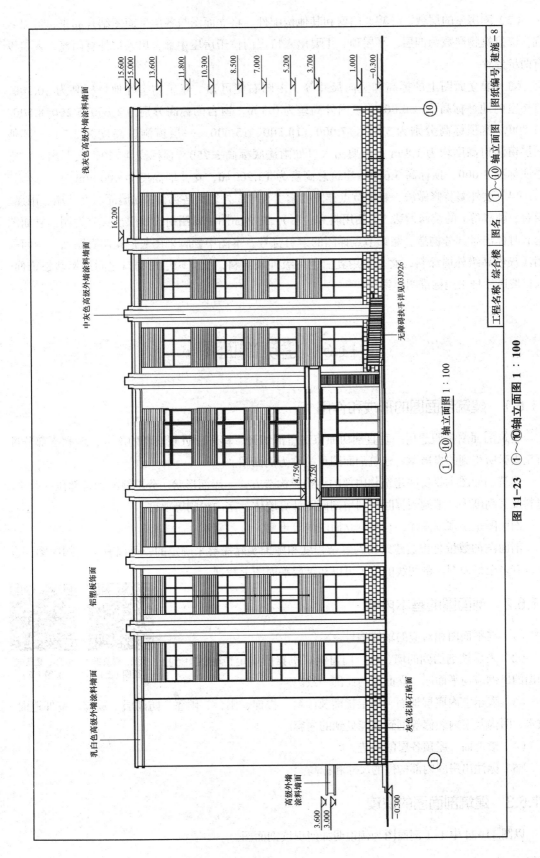

图 11-23　①~⑩轴立面图 1：100

| 工程名称 | 综合楼 | 图名 | ①~⑩轴立面图 | 图纸编号 | 建施-8 |

浅灰色高级外墙涂料墙面

中灰色高级外墙涂料墙面

铝塑板饰面

乳白色高级外墙涂料墙面

高级外墙
涂料墙面

灰色花岗石贴面

无障碍扶手详见03J926

①~⑩轴立面图 1：100

15.600
15.000
13.600
11.800
10.300
8.500
7.000
5.200
3.700
1.000
-0.300
16.200
4.750
3.750
3.600
3.000
-0.300

（2）读房屋的层数、外貌、门窗和其他构配件。将立面图与各层平面图结合起来，可以看到，该建筑物层数为四层，平屋顶。主要出入口大门位于房屋中部，出入口处有雨篷，入口设有两步台阶。

（3）读立面图上的标高和竖向尺寸等。由图右侧可知，建筑物室外地坪标高为 -0.300，首层室内地坪标高为 ±0.000，室内外高差为 0.3 m，窗台的标高分别为 1.000、5.200、8.500、11.800，窗顶标高分别为 3.700、7.000、10.300、13.600，一层窗洞口高度为 2.7 m，其他三层窗洞口高度均为 1.8 m；主要出入口处雨篷底标高 3.750，顶标高 4.750，次要出入口雨篷底标高 3.000，顶标高 3.600；建筑总高度为 15.900 m，女儿墙高度为 600 mm。

（4）读外墙装修做法、装饰节点详图的索引符号。外墙面各部位（如墙面、女儿墙、雨篷、窗台、勒脚等）的装修做法（包括用料和色彩），在立面图中常用引出线引出文字说明。立面图上有时标出各部分构造、装饰节点详图的索引符号。本图中勒脚采用灰色花岗石贴面，墙面采用浅灰色高级外墙涂料，女儿墙用乳白色高级外墙涂料，上下两层窗洞口之间用铝塑板饰面，入口坡道栏杆采用标准图集索引。

11.6　建筑剖面图

11.6.1　建筑剖面图的形成和作用

建筑剖面图是假想用一垂直剖切面将房屋剖切开，移去靠近观察者的部分，对剩下部分进行正投影所得到的投影图。建筑剖面图可简称为剖面图。

建筑剖面图主要反映建筑物内部的结构或构造方式、屋面形状、分层情况和各部位的联系、材料及其高度等。编制预算时可利用剖面图计算墙体、室内粉刷等项目。

剖面图也是基本图样，与平、立面图同等重要。

剖面图的数量是根据建筑物的复杂程度和施工实际需要来确定的，可以有一个剖面图，也可以有多个剖面图。剖切线的位置可以在首层平面图上找到。

11.6.2　剖面图的基本内容

（1）与平面图相对应的轴线编号。

（2）表示被剖切到的墙、柱、门窗洞口机器所属定位轴线。剖面图的比例应与平面图、立面图的比例一致。

视频：建筑剖面图（上）　视频：建筑剖面图（下）

（3）表示室内底层地面、各层楼面及门窗、楼梯、阳台、雨篷、防潮层、踢脚、室外地面、散水、明沟及室内装修等剖到或能见到的内容。

（4）楼地面、屋顶各层的构造。

（5）标注出房屋内部构件的尺寸和标高。

11.6.3　建筑剖面图的识读

以图 11-24 中 1-1 剖面图为例说明如何识读剖面图。

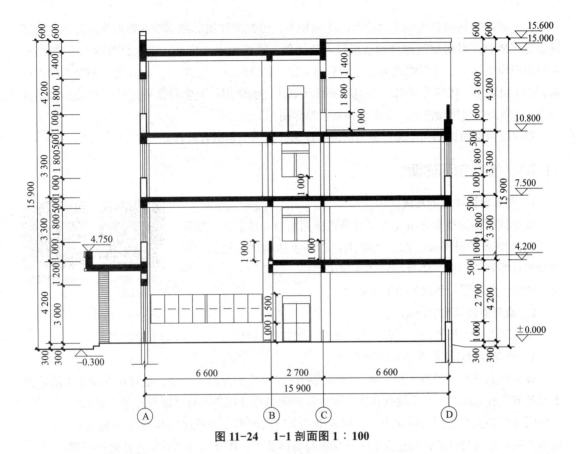

图 11-24　　1-1 剖面图 1：100

（1）读图名、比例、定位轴线，与平面图对照，了解剖切位置、剖视方向。从图 11-24 中可知是 1-1 剖面图、比例为 1：100，对照一层平面图中的剖切符号及其编号可知，该剖面图是在⑤轴与⑥轴之间剖切后向左投影所得到的剖面图。

（2）读剖切到的部位和构配件，在剖面图中应画出房屋室内外地坪以上被剖切到的部位和构配件的断面轮廓线。与平、立面图对照，1-1 剖面图中所表达的被剖切到的部位有：一层平面图中的台阶、大厅、展厅，被剖切到的构配件有大门 M-1、窗 C-6 和门窗过梁；二层平面图中的雨篷、办公室，被剖切到的构配件有墙体、窗 C-5 和门窗过梁；三层平面图中的办公室，被剖切到的构配件有墙体、窗 C-5 和门窗过梁；女儿墙不上人屋顶；其中，剖到的钢筋混凝土楼板、屋顶、过梁、雨篷等涂黑表示。

（3）读未剖切到的可见部分。图中有门、窗、梁、柱等。

（4）读尺寸和标高。在剖面图中，一般应标注剖切部分的一些必要尺寸和标高，图中标注了室内外地面、楼层、雨篷、女儿墙、檐口等标高，以及门窗、窗台高度等。

（5）读索引符号、图例等，了解节点构造做法、楼地面构造层次。

11.7　建筑详图

建筑平面图、立面图、剖面图表达出建筑的外形、平面布局、墙柱楼板及门窗设置和主要尺寸，但因反映的内容范围大，使用的比例较小，因此对建筑的细部构造难以表达清楚。为了满足施工要求，对房屋的细部构造用较大的比例、详细地表达出来，这样的图称为建筑详图，有时也叫作大样图。常用的比例有 1∶25、1∶20、1∶10、1∶5、1∶2、1∶1 等。通常有局部构造详图（如墙身、楼梯等详图）、局部平面图（如住宅的厨房、卫生间等平面图），以及装饰构造详图（如墙面的墙裙做法、门窗套装饰做法等详图）。

现以墙身剖面详图和楼梯详图为例说明建筑详图的图示内容及特点。

11.7.1　墙身剖面详图

1. 墙身剖面详图的形成

墙身剖面详图通常是由几个墙身节点详图组合而成的。它实际上是建筑剖面的局部放大图，主要用以详细表达地面、楼面、屋面和檐口等处的构造，楼板与墙体的连接形式，以及门窗洞口、窗台、勒脚、防潮层、散水等的细部做法。

视频：建筑详图（上）　视频：建筑详图（下）

2. 墙身剖面详图的用途

墙身剖面详图与平面图配合，作为砌墙、室内外装修、门窗立口的重要依据。

3. 墙身剖面详图的内容及识读方法

墙身剖面详图可根据一层平面图剖切线的位置和投影方向来绘制，也可在剖面图上的墙身上取各节点放大绘制。为了简化作图，通常将窗洞口中部用折断符号断开。对一般的多层建筑，当中间各层都完全相同的情况下，可仅画出三个节点即可。即首层地面与外墙体的连接处——墙角节点；楼板与外墙体的连接处——楼板与墙体节点；屋顶与外墙体的连接处——檐口节点。但在标注标高时，应在中间层的节点处标注出所代表的各中间层的标高。

4. 墙身剖面详图的识读实例

现以图 11-25 为例说明墙身详图的识读方法和步骤，一般以自下而上的顺序识读。

（1）了解详图墙身轴线编号和墙体厚度。从图 11-25 中可知该墙体的轴线编号为Ⓐ，墙厚为 370 mm，定位轴线与墙外侧相距 250 mm，与墙内侧相距 120 mm。

（2）标高。从图 11-25 中可以看出，在楼地面层和屋顶板标注标高，在这里要注意，中间层楼面标高 2.800、5.600、8.400、11.200 采用叠加方式简化表达，图样在此范围中只画出中间一层。

（3）墙角节点。墙角节点包括地面构造层做法及墙身防潮层、散水等的做法。

由图 11-25 中可以看出，该建筑物有地下室，地下室底板为钢筋混凝土，最大厚度为 450 mm。地下室顶板即首层楼板为现浇钢筋混凝土。地下室的窗洞口高为 600 mm，洞口上方圈梁兼作过梁，其高度为 300 mm。散水的做法是下面素土夯实并向外放坡，其上是 150 mm 厚的 3∶7 灰土，最上面是 50 mm 厚的 C15 混凝土。一层窗台下暖气槽墙体做法详见 98J3（一）中的详图。

（4）楼板与墙体节点。由图 11-25 中可以看出，楼层的构造层次由下而上依次为现浇钢筋混凝土楼板；20 mm 厚 1∶3 水泥砂浆找平层；20 mm 厚 1∶4 干硬性水泥砂浆结合层；撒素水泥面；8 mm 厚 600 mm×600 mm 斯米克地砖。圈梁与楼板一起浇筑呈矩形截面，宽度与墙体厚度相同，高度为 300 mm，并且兼作过梁。预制水磨石窗台板的做法见 98J4（一）中的详图。

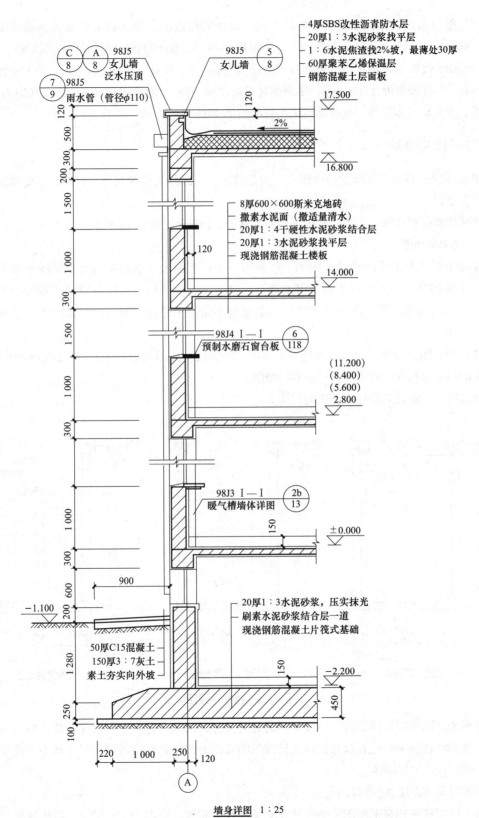

墙身详图 1：25

图 11-25　墙身详图 1：25

（5）檐口节点。由图11-25中可以看出，屋面的构造层次由下而上依次为钢筋混凝土结构层；60 mm厚聚苯乙烯保温层；1：6水泥焦渣找2%坡；20 mm厚1：3水泥砂浆找平层；4 mm厚SBS改性沥青防水层。屋面排水坡度为2%。女儿墙的高度为500 mm，其上有钢筋混凝土压顶（厚度最大处为120 mm，压顶斜坡坡向屋面一侧）。屋面板与其下的圈梁现浇为一体。雨水管、女儿墙泛水压顶、女儿墙均采用标准图集98J5中的详图。

11.7.2 楼梯详图

楼梯详图主要表示楼梯的结构形式、构造做法、各部分的详细尺寸、材料，是楼梯施工放样的主要依据。

楼梯详图包括楼梯平面图、楼梯剖面图和踏步、栏杆（栏板）、扶手详图。

1. 楼梯平面图

楼梯平面图的形成同建筑平面图，也是用一个假想的水平剖切平面在该层往上引的第一楼梯段中剖切开，移去剖切平面及以上部分，将余下的部分按正投影的原理所得到的水平投影图，称为楼梯平面图。楼梯平面图实际是建筑平面图中楼梯间部分的局部放大。绘制比例常用1：50。

楼梯平面图一般分层绘制，有底层平面图、中间层平面图和顶层平面图。如中间各层中某层的平面布置与其他层相差较多，应专门绘制。

现以图11-26说明楼梯平面图的识读方法。

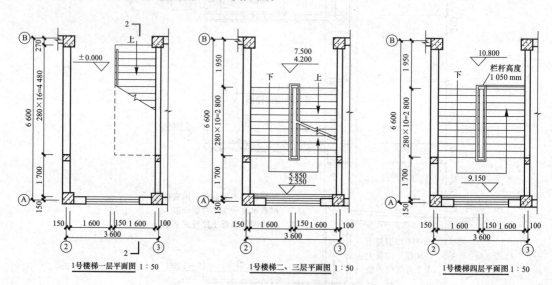

图11-26 楼梯平面图

楼梯平面图中应标注的尺寸有楼梯间的开间与进深尺寸、休息平台尺寸、楼梯段与楼梯井尺寸、楼梯栏杆扶手的位置尺寸，以及楼梯间的楼地面和休息平台的标高尺寸和上下楼梯的步级数，并应标注定位轴线。

具体的识读方法及步骤如下：

（1）读楼梯在建筑平面图中的位置及有关轴线的布置。由图11-26可知，该楼梯位于横向轴线②～③和纵向轴线Ⓐ～Ⓑ之间。

（2）读楼梯的平面形式和楼梯间开间、进深方向尺寸及踏步尺寸。图 11-26 中该楼梯为双跑楼梯，楼梯间开间为 3 600 mm，进深为 6 600 mm，楼梯段宽度为 1 600，中间平台宽度为 1 700 mm，二、三、四层楼层平台宽度为 1 950 mm，楼梯井宽度为 150 mm，踏面宽为 280 mm。

（3）读楼梯间各层楼层平面、休息平台的标高。该楼梯楼层平台标高分别为 4.200、7.500、10.800，中间平台的标高分别为 2.550、5.850、9.150。

（4）读平面图中梯段的投影。在楼梯平面图中，通常把梯段长度尺寸与踏面数、踏面宽的尺寸合并写在一起。如图 11-26 中一层楼梯平面图中的 280×16 = 4 480（mm），表示该梯段有 16 个踏面，每个踏面宽为 280 mm，梯段长为 4 480 mm。

（5）读楼梯间墙、柱、门、窗的平面位置、编号和尺寸。为了满足自然采光，楼梯间有向室外开窗，结合建筑平面图可知，一层楼梯间窗为 C-1，其他层均为 C-4。

（6）了解楼梯剖面图在楼梯底层平面图中的剖切位置。由图 11-26 可知，剖切位置在一层楼梯平面图的第一梯段，投影方向向左。

2. 楼梯剖面图

楼梯剖面图的形成与建筑剖面图相同，用一个假想的铅垂剖切平面，沿各层的一个梯段及楼梯间的门窗洞口剖开，向另一个未剖切的梯段方向投影，所得到的剖面图称为楼梯剖面图。它应能完整、清晰地表示出各梯段踏步级数、梯段类型、平台、栏杆（栏板）等的构造及它们的相互关系。标注出各层楼（地）的标高，楼梯段的高度及其踏步的级数和高度。楼梯段高度通常用踏步的高度乘以踏步的级数表示，如剖面图中底层第一梯段的高度为 150×17 = 2 550（mm）。楼梯剖面图的剖切符号应标注在楼梯间底层平面图上。

从图 11-27 中能看出，该楼梯共有六个楼梯段，底层第一梯段有 17 级踏步，其他各梯段均为 11 级踏步。每个踏步的尺寸都是宽为 280 mm，高为 150 mm，扶手高度为 900 mm。剖面图中应注明地面、平台、楼面的标高 ±0.000、2.550、4.200、5.850、7.500、9.150、10.800。

3. 踏步、栏杆（栏板）、扶手详图

楼梯栏杆、扶手、踏步面层和楼梯节点的构造在用 1∶50 的绘图比例绘制的楼梯平面图和剖面图中仍然不能表示得十分清楚，还需要用更大比例画出节点放大图。

图 11-28 所示是楼梯节点详图，它能详细表明楼梯梁、板、踏步、栏杆和扶手的细部构造。

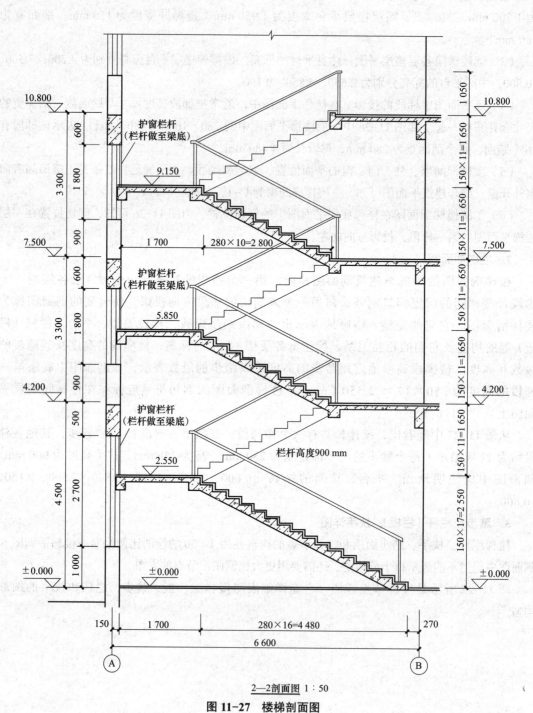

2—2剖面图 1 : 50

图 11-27 楼梯剖面图

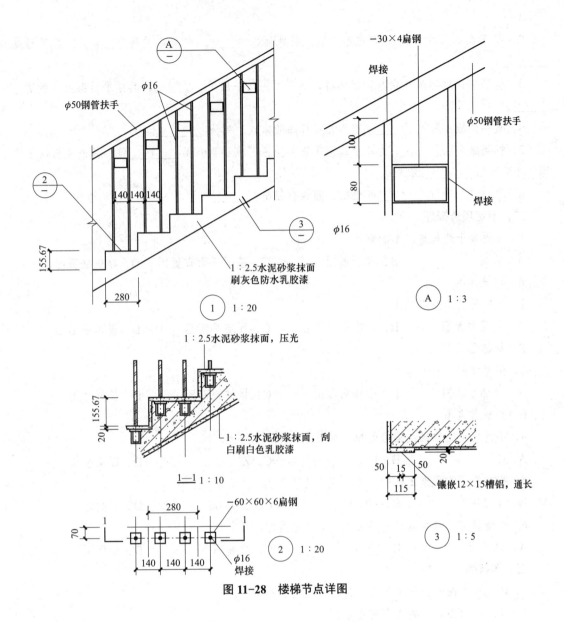

图 11-28 楼梯节点详图

模块小结

本模块主要讲解建筑施工图的内容，包括建筑施工图的分类及编排顺序、建筑施工图的规定和常用符号、建筑施工图首页图和总平面图、建筑平面图、建筑立面图、建筑剖面图、建筑详图的形成、作用、图示内容及识读方法等。通过本模块的学习，学生应能够识读并绘制一套完整的建筑施工图。

课后习题

一、填空题

1. 建筑工程施工图纸包括＿＿＿＿＿、＿＿＿＿＿、＿＿＿＿＿三大类。

2．平面图的尺寸标注一般分为三道，最外面_____，中间一道是_____，最里面是_____。

3．标高有绝对标高和相对标高两种，总平面图上一般用_____，其他平面图上一般用_____。

4．建筑图纸一般把_____定为相对标高的零点，写为_____。

5．标高数字以_____为单位，总平面图上注写到小数点后_____位，其他平面图上注写到小数点后_____位。

6．详图符号是用_____线绘制，圆的直径是_____。

二、不定项选择题

1．下面属于建筑施工图的有（　　　　）。

A．首页　　　　　　　B．总平面图　　　　C．基础平面布置图　　D．建筑立面图

E．建筑详图

2．建筑平面图的组成为（　　　　）。

A．底层平面图　　　　B．标准层平面图　　C．顶层平面图　　　　D．屋顶平面图

E．局部平面图

3．楼梯详图一般包括（　　　　）。

A．楼梯平面图　　　　B．楼梯立面图　　　C．楼梯剖面图　　　　D．楼梯详图

E．楼梯首页图

4．不能用于定位轴线编号的拉丁字母是（　　　　）。

A．O　　　　　　　　B．I　　　　　　　　C．Z　　　　　　　　D．以上全部

5．相对标高的零点正确的注写方式为（　　　　）。

A．＋0.000　　　　　B．-0.000　　　　　C．±0.000　　　　　D．无规定

6．外墙装饰材料和做法一般在（　　　　）上表示。

A．首页图　　　　　　B．平面图　　　　　C．立面图　　　　　　D．剖面图

三、简答题

1．建筑施工图的作用是什么？包括哪些内容？

2．建筑剖面图的主要内容有哪些？

3．墙身节点详图主要是用来表达建筑物上哪些部位的？

4．楼梯详图的主要内容是什么？

四、实践题

观察你的宿舍楼，试绘制出底层平面图。

参考文献

［1］中华人民共和国住房和城乡建设部. GB/T 50001—2017 房屋建筑制图统一标准［S］. 北京：中国建筑工业出版社，2018.

［2］中华人民共和国住房和城乡建设部. GB 50016—2014 建筑设计防火规范（2018 年版）［S］. 北京：中国计划出版社，2015.

［3］中华人民共和国住房和城乡建设部. GB 55037—2022 建筑防火通用规范［S］. 北京：中国计划出版社，2023.

［4］高远，张艳芳. 建筑构造与识图［M］. 3 版. 北京：中国建筑工业出版社，2015.

［5］徐秀香，董羽，刘英明. 建筑构造与识图［M］. 3 版. 北京：化学工业出版社，2021.

［6］闫培明. 建筑识图与建筑构造［M］. 大连：大连理工大学出版社，2012.

［7］赵庆双. 房屋建筑学［M］. 北京：中国电力出版社，2022.

［8］付云松，李晓玲. 房屋建筑学［M］. 北京：中国水利水电出版社，2009.

［9］唐洁. 建筑构造［M］. 北京：中国水利水电出版社，2013.

［10］何培斌. 民用建筑设计与构造［M］. 3 版. 北京：北京理工大学出版社，2022.

［11］苏炜. 建筑构造［M］. 大连：大连理工大学出版社，2020.

［12］张朝晖，张春娟. 建筑工程入门［M］. 北京：中国水利水电出版社，2009.

［13］马琳. 建筑构造与识图［M］. 武汉：武汉理工大学出版社，2017.

［14］刘丘林，吴承霞. 装配式建筑施工教程［M］. 北京：北京理工大学出版社，2021.

［15］郝光普. 装配式建筑构件连接技术［M］. 秦皇岛：燕山大学出版社，2023.

［16］刘学军，詹霜颖，班喜鹏. 装配式建筑概论［M］. 重庆：重庆大学出版社，2020.

［17］蒋筱瑜. 绿色建筑施工图识读［M］. 重庆：重庆大学出版社，2021.

［18］胡文斌. 教育绿色建筑及工业建筑节能［M］. 昆明：云南大学出版社，2019.

［19］肖芳. 建筑构造［M］. 2 版. 北京：北京大学出版社，2016.